普通高等院校新形态系列规划教材

单片机原理与接口技术
——基于STC在应用可编程的IAP15F2K61S2单片机

◎ 编著 潘萍 潘凌云

大连理工大学出版社
Dalian University of Technology Press

图书在版编目(CIP)数据

单片机原理与接口技术：基于STC在应用可编程的IAP15F2K61S2单片机 / 潘萍，潘凌云编著. -- 大连：大连理工大学出版社，2025.2.(2025.2重印) -- ISBN 978-7-5685-5348-3

Ⅰ.TP368.1

中国国家版本馆CIP数据核字第2024S7E988号

DANPIANJI YUANLI YU JIEKOU JISHU：
JIYU STC ZAIYINGYONG KEBIANCHENG DE
IAP15F2K61S2 DANPIANJI

大连理工大学出版社出版

地址：大连市软件园路80号　邮政编码：116023
营销中心：0411-84707410　84708842　邮购及零售：0411-84706041
E-mail：dutp@dutp.cn　URL：https://www.dutp.cn

辽宁星海彩色印刷有限公司印刷　　　　大连理工大学出版社发行

幅面尺寸：185mm×260mm	印张：14.5	字数：351千字
2025年2月第1版		2025年2月第2次印刷

责任编辑：孙兴乐　　　　　　　　　　　　　责任校对：齐　欣
　　　　　　　　　封面设计：张　莹

ISBN 978-7-5685-5348-3　　　　　　　　　　　　定　价：49.80元

本书如有印装质量问题，请与我社营销中心联系更换。

前言

随着数字化与智能化的加速发展,微控制器作为嵌入式系统的核心组件,已深度融入工业控制、智能家居、汽车电子、医疗设备等多个关键领域,成为推动智能化转型的关键要素。51单片机凭借其成熟的技术、简洁的架构和高效的性能,成为嵌入式系统领域的经典选择,深受学习者和开发者的青睐,是入门与应用开发的首选。

本教材以STC15系列中的IAP15F2K61S2单片机为核心,全面讲解其硬件架构与编程应用。在内容设计上,围绕"蓝桥杯"全国软件和信息技术专业人才大赛单片机设计与开发竞赛平台,以基础理论为起点,逐步引导学生深入掌握接口技术,并通过对芯片底层逻辑的深入剖析,助力学生从根本上理解单片机的工作原理,所有应用案例均以"蓝桥杯"全国软件和信息技术专业人才大赛单片机设计与开发竞赛平台为载体,编程思路保持系统性与一致性,从基础代码编写到复杂功能实现逐步递进,让学生在熟悉竞赛环境的同时,掌握扎实的编程方法,为参与实际竞赛和未来相关工程实践筑牢根基。

本教材共分为7章,其中第1章介绍STC15单片机硬件基础,包括单片机概述、体系结构及开发环境与平台,帮助学生建立对单片机的初步认知。第2章讲述C51程序设计基础,为后续编程学习筑牢根基。第3章深入探讨中断系统和定时/计数器,这是单片机的重要功能模块。第4章和第5章分别阐述人机交互接口设计和总线接口技术,展示单片机在实际应用中的多种接口方式。第6章着重讲解串行通信,这是单片机与外部设备通信的重要手段。第7章讲解基于"蓝桥杯"单片机开发板的综合应用,通过实际案例巩固所学知识,全面提升学生的综合运用能力。每章均配备了精心设计的习题,大部分题目来源于历届竞赛题,便于学生巩固知识点、检验学习效果,提高竞赛实战经验。

教材中所有案例均在单片机设计与开发竞赛平台和Keil μVision5环境下测试通过,读者可以扫描例题旁边的二维码进行下载。同时,教材配备课件和微课教学资源,相关视频已在学银在线发布,读者可通过线上、线下结合的方式,灵活自主地学习,打破时间与空间的限制。

本教材由潘萍、潘凌云编著,黄慧敏、朱智平、陈琦参与了编写。具体编写分工如下:第1章、第3章及前6章的例题由潘萍编写;第2章由陈琦编写;第4章由潘萍和潘凌云编写;第5章由潘萍和黄慧敏编写;第6章由朱智平编写;第7章由潘凌云编写。全书由潘萍统稿并定稿。

本教材得到了湖南省社会科学成果评审委员会项目(XSP2023JYC282)、湖南省普通高等学校教学改革研究项目(HNJG—20231458)、湖南省哲学社会科学基金一般项目(编号:21YBA256)和教育部产学合作协同育人项目(202102371045)的资助。感谢"蓝桥杯"全国软件和信息技术专业人才大赛组委会在本教材编写过程中提供的帮助。

  本教材既可以作为高等院校电子信息类、计算机类、电气自动化与机电一体化等专业的单片机课程教材,也可以作为工程技术人员、单片机设计与开发竞赛参赛人员的参考书。

  在编写本教材的过程中,编者参考、引用和改编了国内外出版物中的相关资料及网络资源,在此表示深深的谢意!相关著作权人看到本教材后,请与出版社联系,出版社将按照相关法律的规定支付稿酬。

  限于水平,书中仍有疏漏和不妥之处,敬请专家和读者批评指正,以使教材日臻完善。

编著者

2025 年 2 月

所有意见和建议请发往:dutpbk@163.com
欢迎访问高教数字化服务平台:https://www.dutp.cn/hep/
联系电话:0411-84708445　84708462

CT107D电路原理图　　　微课视频

目录

第1章　STC15 单片机硬件基础 ·· 1
1.1　单片机概述 ·· 1
1.2　IAP15F2K61S2 单片机体系结构 ·· 4
1.3　单片机的开发环境与平台 ·· 19
习题 ·· 36

第2章　C51 程序设计基础 ··· 37
2.1　C51 程序语言特点 ··· 37
2.2　C51 的数据类型 ·· 38
2.3　C51 的基本运算 ·· 41
2.4　C51 的基本语句 ·· 45
2.5　C51 的指针 ·· 52
2.6　C51 的函数 ·· 58
2.7　IAP15F2K61S2 单片机的 I/O 口程序设计实例 ································· 64
习题 ·· 74

第3章　IAP15F2K61S2 单片机的中断系统和定时/计数器 ············ 75
3.1　中断系统概述 ·· 75
3.2　IAP15F2K61S2 单片机的中断系统 ··· 76
3.3　IAP15F2K61S2 单片机的外部中断程序设计实例 ····························· 85
3.4　IAP15F2K61S2 单片机的定时/计数器 ·· 89
3.5　IAP15F2K61S2 单片机的定时/计数器程序设计实例 ························· 95
习题 ·· 97

第4章　IAP15F2K61S2 单片机的人机交互接口设计 ·················· 99
4.1　数码管显示接口设计 ·· 99
4.2　液晶显示接口设计 ·· 117
4.3　键盘接口电路设计 ·· 125
习题 ·· 133

第5章　IAP15F2K61S2 单片机总线接口技术 ⋯⋯ 135
5.1　IIC 总线接口技术 ⋯⋯ 135
5.2　单总线接口技术 ⋯⋯ 156
5.3　时钟芯片扩展 ⋯⋯ 167
习题 ⋯⋯ 175

第6章　IAP15F2K61S2 单片机串行通信 ⋯⋯ 177
6.1　通信基础知识 ⋯⋯ 177
6.2　IAP15F2K61S2 单片机的串行口 ⋯⋯ 180
6.3　IAP15F2K61S2 单片机串行口 1 的工作方式 ⋯⋯ 183
6.4　IAP15F2K61S2 单片机串行口程序设计实例 ⋯⋯ 188
习题 ⋯⋯ 191

第7章　基于"蓝桥杯"单片机开发板的综合应用 ⋯⋯ 192
7.1　单片机设计与开发综合应用(一) ⋯⋯ 192
7.2　单片机设计与开发综合应用(二) ⋯⋯ 205
习题 ⋯⋯ 221

参考文献 ⋯⋯ 225

第1章 STC15 单片机硬件基础

本章主要介绍单片机的概念、STC15 单片机的特点与体系结构、Keil C51 集成开发环境与 Proteus 仿真软件的使用方法、STC 仿真器在线仿真的配置与 IAP15F2K61S2 开发平台。

1.1 单片机概述

1.1.1 认识单片机

单片机是典型的嵌入式计算机系统,是采用超大规模集成电路技术把中央处理器(CPU)、存储器(RAM/ROM)、输入/输出设备集成到一块硅片上而构成的微型计算机系统,也称单片微型计算机(Single Chip Microcomputer)。

单片机具有集成度高、体积小、使用方便、功耗低、可靠性高等特点,且有唯一的专门为嵌入式应用而设计的体系结构和指令系统,接少量的外接电路,就可以实现相应的控制功能,满足各种中、小型对象的嵌入式应用要求。

单片机自 20 世纪 70 年代问世以来,发展非常迅速,其产品也呈现多样化。按照用途可以分为专用型单片机和通用型单片机。专用型单片机是根据某些特殊用途设计的,出厂时程序已经固化好,适合大批量生产。通用型单片机能够向用户提供所有可开发的资源(ROM、RAM、I/O)等。按 CPU 处理位数可分为 4 位单片机、8 位单片机、16 位单片机、32 位单片机等。目前市场上 4 位单片机基本上淘汰了,8 位单片机主要应用在中、低端控制应用中,并且在未来较长一段时间内仍是一个主流机型。

随着科技的发展,单片机的种类很多。常用的 8 位单片机有 51 系列、PIC 系列、AVR 系列等。其中最为典型的是英特尔公司于 20 世纪 80 年代初推出的 MCS-51 系列单片机。该系列单片机的 CPU 为 8 位,有 4 K 字节的程序存储器(ROM)、128 字节的数据存储器(RAM)、4 个 8 位并行接口、1 个全双工串行接口和 2 个 16 位的定时/计数器,寻址范围为

64 K。目前市场上的51单片机都是基于MCS-51系列单片机的8051内核而衍生出来的。

1.1.2　STC15系列单片机

STC单片机是深圳宏晶有限公司推出的增强型8051单片机,有STC89、STC90、STC12、STC15等系列。指令代码完全兼容传统的基本型8051单片机,速度比基本型快8～12倍。STC15系列单片机支持在系统编程(In-System Programming,ISP)和在应用中编程(In-Application Programming,IAP)技术,可分STC15Fxx、STC15Lxx、STC15Wxx等子系列。根据单片机工作电压、存储器空间、内部功能等不同,各子系列又包含多款单片机。STC官方数据手册给出了STC15单片机的命名规则,如图1-1所示。

```
xxx 15 x 2K xx xx - 28 x - xxxxx xx
                                    │
                                    └─ 管脚数
                                       如44、40、32、28、20
                              └───── 封装类型
                                     如LQFP、PDIP、SOP、SKDIP、QFN、TSSOP
                          └───────── 工作温度范围
                                     I:工业级,-40~85 ℃
                                     C:商业级,0~70 ℃
                      └───────────── 工作频率
                                     28:工作频率可到28 MHz
                                     30:工作频率可到30 MHz
                 └──────────────── S2字样:2组高速异步串行通信端口UART(可同时使用),
                                         SPI功能,
                                         内部EEPROM功能,
                                         A/D转换功能(PWM还可当D/A使用),
                                         CCP/PWM/PCA功能
                                  S字样:1组高速异步串行通信端口UART,
                                        SPI功能,
                                        内部EEPROM功能,
                                        无A/D转换功能(PWM还可当D/A使用),
                                        无CCP/PWM/PCA功能
                                  AS字样:1组高速异步串行通信端口UART,
                                         SPI功能,
                                         内部EEPROM功能,
                                         A/D转换功能(PWM还可当D/A使用),
                                         CCP/PWM/PCA功能
             └────────────────── 程序空间大小,如:
                                 08是8 K字节,16是16 K字节,24是24 K字节,32是32 K字节,48是48 K字节,
                                 56是56 K字节,60是60 K字节,61是61 K字节,63是63.5 K字节等
        └──────────────────── SRAM空间大小:2 K=2 048字节
      └─────────────────────── 工作电压
                               F:5.5~4.5 V
                               L:2.4~3.6 V
   └──────────────────────── STC 1T8051,同样的工作频率时,速度是普通8051的8~12倍
 └───────────────────────── STC:用户不可将用户程序区的程序FLASH当EEPROM使用,但有专门的EEPROM
                            IAP:用户可将用户程序区的程序FLASH当EEPROM使用
                            IRC:用户可将用户程序区的程序FLASH当EEPROM使用,且使用内部24 MHz时钟或外部晶振
```

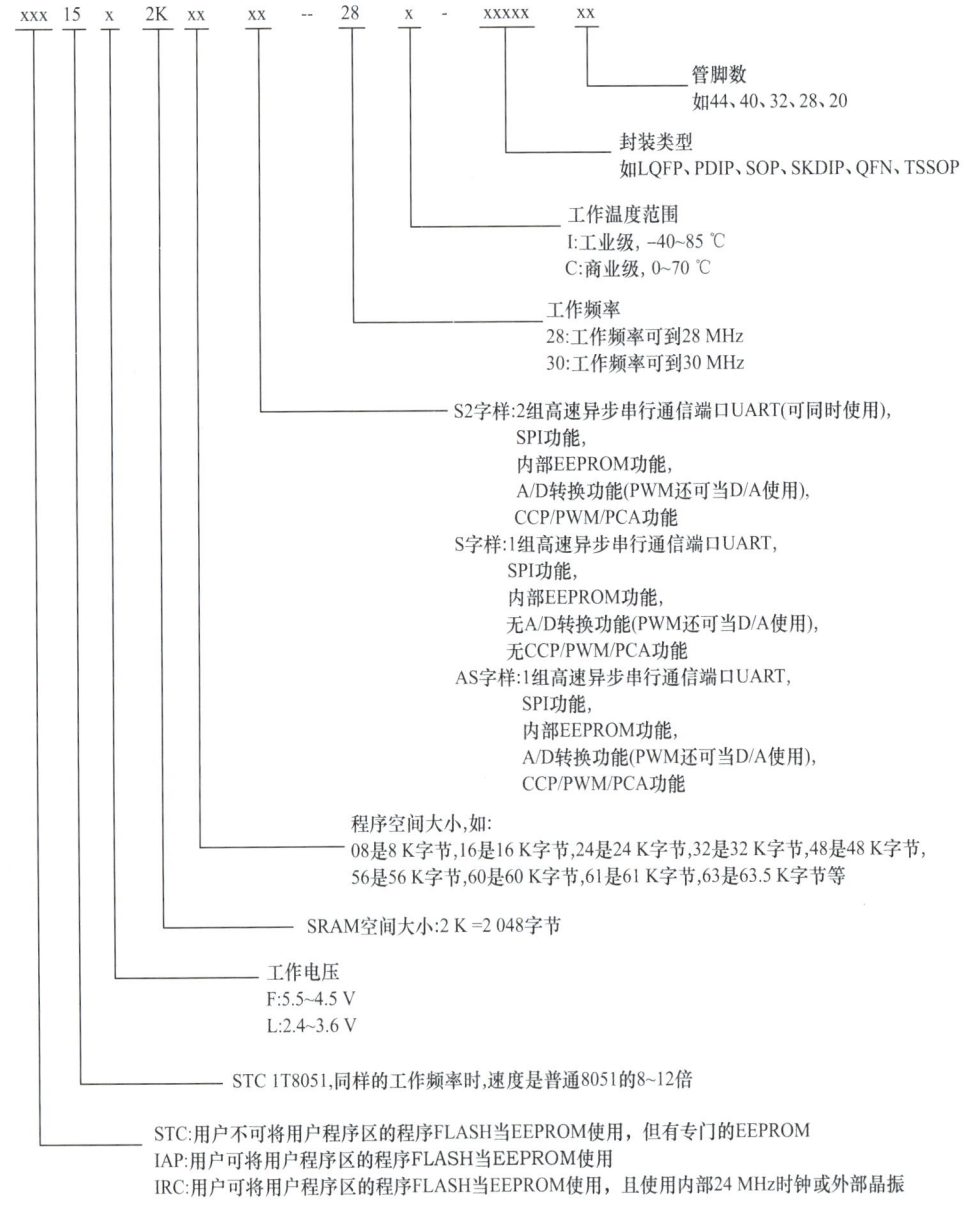

图1-1　STC15单片机的命名规则

本教材将以蓝桥杯全国软件和信息技术专业人才大赛单片机开发与设计所使用的开发板为平台,系统介绍 IAP15F2K61S2 单片机的工作原理和应用,其完整名称为 IAP15F2K61S2-28I-LQFP44,如图 1-2 所示。

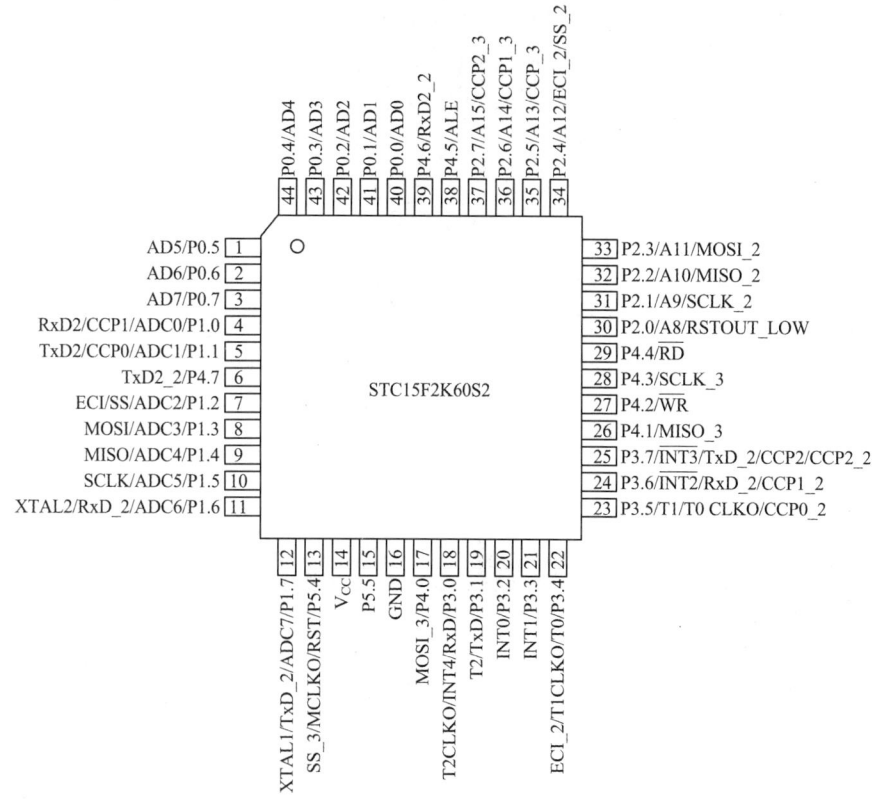

图 1-2 IAP15F2K61S2 的封装

(1)IAP15:该单片机为 1T8051 单片机,同样的工作频率下,其速度是普通 8051 的 8～12 倍,用户可以将用户程序区的程序 FLASH 当 EEPROM 使用,运行过程中写入 FLASH 的数据具有掉电不丢失功能。

(2)F:该单片机工作电压为 5.5～4.5 V。可以直接和 TTL 器件连接。

(3)2K61:随机存取存储器大小为 2 K 字节,程序存储器空间大小为 61 K。

(4)S2:该单片机具有两组高速异步串行通信端口 UART、一组 SPI、内部 EEPROM、A/D 转换、CCP/PCA/PWM 功能,封装类型为 LQFP 贴片封装,管脚数为 44。

(5)28I:工作频率可到 28 MHz,为工业级芯片,工作温度范围为 -40～85 ℃。

(6)LQFP44,封装类型为四方扁平式封装技术,管脚数为 44。

为了实现标准 8051 学习板的仿真功能,开发板上对 IAP15F2K61S2 进行了转接,转换后的引脚排布 STC89C52、STC90C52 和 STC12C5160S2 引脚排布基本一致。IAP15F2K61S2 转 STC89C52/90C52/12C5A60S2 仿真用转换板如图 1-3 所示。

注意:由于内置高精准 R/C 时钟(5～40 MHz 可设),不需要外部晶振,XTAL1 和 XTAL2 悬空。

WR 和 RD 引脚对应的是 P4.2 和 P4.4,不是传统的 P3.6 和 P3.7。

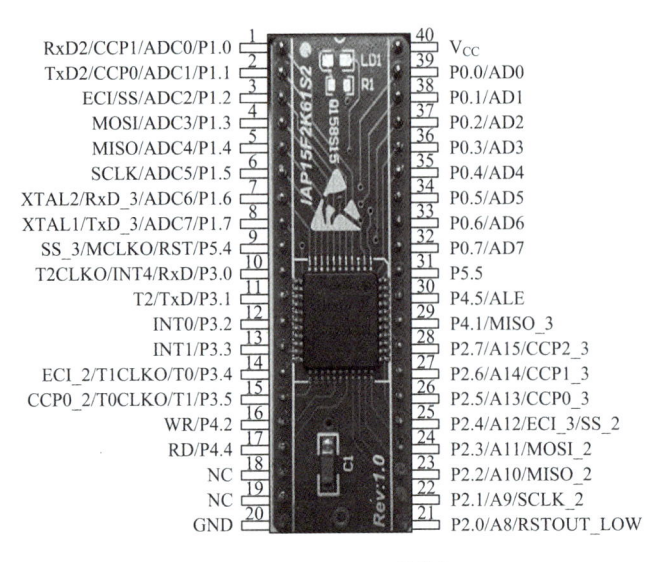

图 1-3　IAP15F2K61S2 转换板

1.2　IAP15F2K61S2 单片机体系结构

1.2.1　IAP15F2K61S2 单片机的内部结构

IAP15F2K61S2 单片机是 STC 生产的单时钟/机器周期(1T)的单片机,是在应用中编程的超高速增强型 51 单片机,除了兼容传统 8051 单片机外,还增加了很多片内资源,其内部结构如图 1-4 所示。主要包含中央处理器(CPU)、程序存储器(Flash)、数据存储器、3 个 16 位可重装定时/计数器(T0、T1、T2)、1 个掉电唤醒专用定时器、1 个 8 路高速 10 位 A/D 转换器、1 个看门狗电路、2 个高速异步串行通信口(UART)、1 组高速同步串行通信端口(SPI)、3 路捕获/比较单元(CCP/PCA/PWM)、5 个外部中断源、6 个 I/O 端口(P0~P5)、专用复位电路和片内高精度 R/C 时钟等模块。

除此之外,该单片机还具有以下特性:

(1) 大容量片内 EEPROM,擦写次数 10 万次以上。

(2) ISP/IAP,在系统可编程/在应用可编程,无须编程器/仿真器(自身就是仿真器)。

(3) 共 8 通道 10 位高速 ADC,速度可达 30 万次/秒,8 路 PWM 还可当 8 路 D/A 使用。

(4) 3 通道捕获/比较单元(CCP/PWM/PCA),利用 CCP/PCA 高速脉冲输出功能可实现 3 路 9~16 位 PWM,利用定时器 T0、T1 或 T2 的时钟输出功能可实现高精度的 8~16 位 PWM。

(5) 内部高可靠复位,ISP 编程时 16 级复位门槛电压可选,可彻底省掉外部复位电路。

(6) 工作频率范围:5~28 MHz,相当于普通 8051 的 60~336 MHz。

(7) 内部高精度 R/C 时钟(±0.3%),±1%温飘(−40~+85 ℃),常温下温飘±0.6%

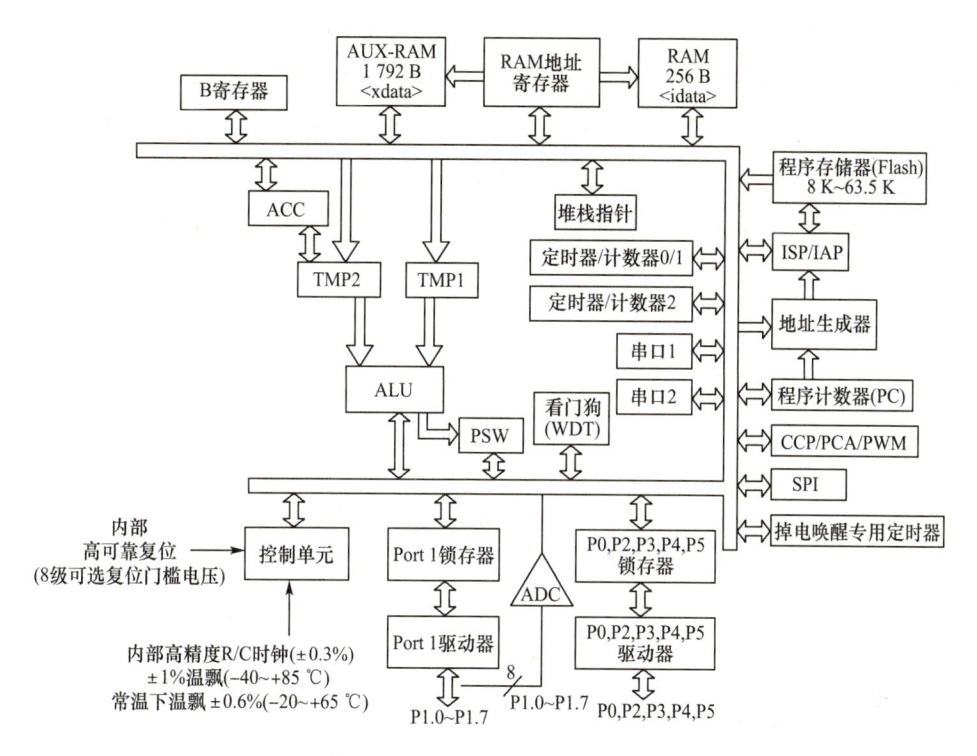

图 1-4　IAP15F2K61S2 内部结构框图

(-20～+65 ℃),ISP 编程时内部时钟从 5～30 MHz 可设。

(8)不需外部晶振和外部复位,还可对外输出时钟和低电平复位信号。

(9)两组完全独立的高速异步串行通信端口,分时切换可当九组串口使用。

(10)一组高速同步串行通信端口 SPI。

(11)支持 RS485 下载。

(12)低功耗设计:低速模式、空闲模式、掉电模式/停机模式,并且有多种唤醒方式。

(13)共 6 个定时器,3 个 16 位可重装载定时/计数器,并可独立实现对外可编程时钟输出,另外引脚 f_{osc} 可将系统时钟对外分频输出,2 路 CCP 还可再实现 2 个定时器。

(14)比较器,可当 1 路 ADC 使用,可做掉电检测,并可产生中断。

(15)42 个通用 I/O 口,复位后为准双向口/弱上拉,同时可设置成四种模式:准双向口/弱上拉,强推挽/强上拉,仅为输入/高阻,开漏。每个 I/O 口驱动能力均可达到 20 mA。

1.2.2　IAP15F2K61S2 单片机存储器

IAP15F2K61S2 单片机的存储器采用哈佛结构,程序存储器和数据存储器分开编址。分 4 个物理上相互独立的存储空间:61 KB 的程序 Flash 存储器、1 KB 的数据 Flash 存储器、256 B 的内部数据存储器和内部 1 792 B 扩展数据存储器等。Flash 存储器擦写次数为 10 万次以上,大大提高了芯片利用率,降低了开发成本。

IAP15F2K61S2 系列单片机的存储器结构如图 1-5 所示。

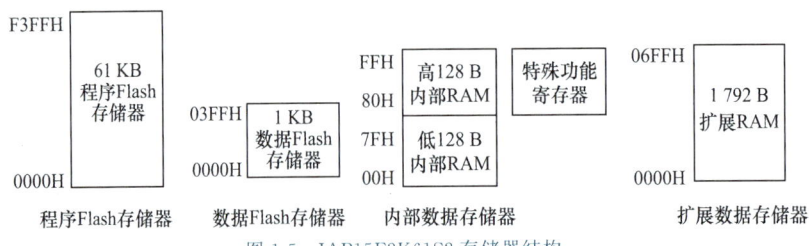

图 1-5 IAP15F2K61S2 存储器结构

1. 程序 Flash 存储器

IAP15F2K61S2 单片机片内集成了 61 KB 的程序 Flash 存储器,用于存放用户程序、常数和表格等,地址范围为 0000H~F3FFH。在程序 Flash 存储器中有一些特殊的单元用作存放程序的起始地址和中断源的入口地址(也称中断向量地址)。如 0000H 单元是单片机复位后,程序的起始入口地址,此时程序计数器 PC 的值也为 0000H。IAP15F2K61S2 单片机有 14 个中断源,每个中断源都有一个固定的入口地址,如 0003H 是外部中断 0 的入口地址,000BH 是定时/计数器中断的入口地址。采用 C51 程序语言进行程序设计时,开发者只须提供中断入口编号,中断入口地址由编译系统(Keil μVision)自动完成。IAP15F2K61S2 单片机的中断入口地址详见第 3 章。

2. 数据 Flash 存储器

IAP15F2K61S2 单片机片内集成了 1 KB 的数据 Flash 存储器件,与程序 Flash 空间是分开的。利用 IAP 技术可将内部 DateFlash 当 EEPROM 使用。用于存放一些应用中需要经常修改、掉电后又能保持不变的数据,地址范围为 0000H~03FFH。数据 Flash 被分成 2 个扇区,地址分别为:0000H~01FFH 和 0200H~03FFH,每个扇区 512 字节,擦除操作按扇区进行。在用户程序中,可以对数据 Flash 区进行字节读、写及扇区擦除操作。对同一次修改的数据建议放在同一个扇区之内,非同一次修改的数据放在不同的扇区。

3. 内部数据存储器

IAP15F2K61S2 单片机片内集成了 256 B 的内部 RAM 和 1 792 B 的内部扩展 RAM,用于存放程序执行的中间结果和过程数据。其中 256 B 内部 RAM 的地址范围为 00H~FFH。按功能划分为低 128 B 内部 RAM 区(00H~7FH)、高 128 B 内部 RAM 区(80H~FFH)和特殊功能寄存器区(80H~FFH)。其内部数据 RAM 区分布见表 1-1。

表 1-1 **IAP15F2K61S2 单片机内部数据 RAM 区分布**

高 128 B	80H~FFH	用户 RAM 区 和堆栈区	特殊功能寄存器区 (80H~FFH)
低 128 B	30H~7FH		通用 RAM 区
	20H~2FH	可位寻址区	128 个位地址 (00H~7FH)
	00H~1FH	工作寄存器 3	工作寄存器区
		工作寄存器 2	
		工作寄存器 1	
		工作寄存器 0	

(1) 低 128 B

低 128 B 内部 RAM 地址范围为 00H～7FH，分为工作寄存器区、可位寻址区、用户 RAM 和堆栈区，可直接寻址，也可间接寻址。其中 00H～1FH 字节单位为 4 组 R0～R7 的工作寄存器，每组有 8 个字节单元。用户可以通过程序状态字 PSW 寄存器中的 RS1 和 RS0 来设置 CPU 当前工作寄存器区。单片机上电或复位时，CPU 当前寄存器为 0 区。

可位寻址区 20H～2FH 共有 16 个地址单元，共 128 位地址，范围为 00H～7FH，可以进行字节寻址，也可进行位寻址。如对字节地址为 20H 的第 4 位进行寻址可用 03H 表示，也可用 20H.3 表示。地址 30H～7FH 为通用 RAM 区，共 80 B，一般作为用户 RAM 区和堆栈区。

(2) 高 128 B

高 128 B 内部 RAM 地址为 80H～FFH，一般用作数据缓冲区，采用间接寻址。特殊功能寄存器(Special Function Register，SFR)区是一个具有特殊功能的 RAM 区，用来对片内的各功能模块进行管理和控制，其地址与高 128 B 内部 RAM 地址相同，都为 80H～FFH，但在物理上是独立的。SFR 虽占用了 128 B 地址空间，但有实际意义的只有 81 B，其余地址为保留单元，对这些地址，用户不能使用。对 SFR 进行访问只可采用直接寻址。字节地址能被 8 整除的单元是可以进行位寻址的。如对特殊功能寄存器 P0 的第 2 位进行写 1 操作，可以用 P0=0x02，也可写 P01=1。IAP15F2K61S2 单片机在传统 8051 单片机基础上增加了新的特殊功能寄存器(SFR)，见表 1-2。

表 1-2　　IAP15F2K61S2 单片机新增的 SFR

SFR	寄存器名	D7	D6	D5	D4	D3	D2	D1	D0	地址	复位状态
(1) 可位寻址 SFR(34)												
P4	P4 口寄存器	P47	P46	P45	P44	P43	P42	P41	P40	C0H	11111111B
P5	P5 口寄存器	—	—	P55	P54	P53	P52	P51	P50	C8H	xx111111B
AUXR	辅助寄存器	T0x12	T1x12	UART_M0x6	T2R	T2_C/T	T2x12	EXTRAM	S1ST2	8EH	00000000B
AUXR1	辅助寄存器 1	S1_S1	S1_S0	CCP_S1	CCP_S0	SPI_S1	SPI_S0	0	DPS	A2H	00000000B
P_SW1	外设端口切换寄存器 1	S1_S1	S1_S0	CCP_S1	CCP_S0	SPI_S1	SPI_S0	0	DPS	A2H	00000000B
CLK_DIV	时钟分频控制寄存器	MCKO_S1	MCKO_S1	ADRJ	Tx_Rx	MCLKO_2	CLKS2	CLKS1	CLKS0	97H	00000000B
BUS_SPEED	数据总线速度控制寄存器						EXRT1	EXRT0		A1H	xxxxxx10B
P1ASF	P1 口模拟功能控制寄存器	P17ASF	P16ASF	P15ASF	P14ASF	P13ASF	P12ASF	P11ASF	P10ASF	9DH	00000000B
P_SW2	外设端口切换寄存器	EAXSFR	0	0	0	—	S4_S	S3_S	S2_S	BAH	00000000B

(续表)

SFR	寄存器名	D7	D6	D5	D4	D3	D2	D1	D0	地址	复位状态
IE2	中断控制寄存器		ET4	ET3	ES4	ES3	ET2	ESPI	ES2	AFH	x0000000B
IP2	中断优先级寄存器	—	—	—	PX4	PPWMFD	PPWM	PSPI	PS2	B5H	xxx00000B
INT_CLKO	时钟输出寄存器		EX4	EX3	EX2	MCKO_S2	T2CLKO	T1CLKO	T0CLKO	8FH	x0000000B
WKTCH	掉电唤醒定时器高位		WKTEN							ABH	01111111B
WDT_CONTR	看门狗控制寄存器	WDT_FLAG	—	EN_WDT	CLR_WDT	IDLE_WDT	PS2	PS1	PS0	C1H	0x000000B
S2CON	串口2控制寄存器	S2SM0	—	S2SM2	S2REN	S2TB8	S2RB8	S2TI	S2RI0	9AH	00000000B
ADC_CONTR	A/D转换控制寄存器	ADC_POWER	SPEED1	SPEED0	ADC_FLAG	ADC_START	CHS2	CHS1	CHS0	BCH	00000000B
SPSTAT	SPI状态寄存器	SPIF	WCOL	—	—	—	—	—	—	CDH	00xxxxxxB
SPCTL	SPI控制寄存器	SSIG	SPEN	DORD	MSTR	CPOL	CAPHA	SPR1	SPR0	CEH	00000100B
IAP_CMD	ISP/IAP命令寄存器	—	—	—	—	—	—	MS1	MS0	C5H	xxxxxx00B
IAP_CONTR	ISP/IAP控制寄存器	IAPEN	SWBS	SWRST	CMD_FAIL	—	WT2	WT1	WT0	C7H	0000x000B
CCON	PCA控制寄存器	CF	CR	—	—	CCF3	CCF2	CCF1	CCF0	D8H	00xx0000B
CMOD	PCA模式寄存器	CIDL	—	—	—	—	CPS1	CPS0	ECF	D9H	0xxx0000B
CCAPM0	PCA模块0工作模式寄存器	—	ECOM0	CAPP0	CAPN0	MAT0	TOG0	PWM0	ECCF0	DAH	x0000000B
CCAPM1	PCA模块1工作模式寄存器	—	ECOM1	CAPP1	CAPN1	MAT1	TOG1	PWM1	ECCF1	DBH	x0000000B
CCAPM2	PCA模块2工作模式寄存器	—	ECOM2	CAPP2	CAPN2	MAT2	TOG2	PWM2	ECCF2	DCH	x0000000B

(续表)

SFR	寄存器名	D7	D6	D5	D4	D3	D2	D1	D0	地址	复位状态
PCA_PWM0	PCA模块0的PWM寄存器	EBS0_1	EBS0_0	—	—	—	—	EPPC0H	EPC0L	F2H	xxxxxx00B
PCA_PWM1	PCA模块1的PWM寄存器	EBS1_1	EBS1_0	—	—	—	—	EPPC1H	EPC1L	F3H	xxxxxx00B
PCA_PWM2	PCA模块2的PWM寄存器	EBS2_1	EBS2_0	—	—	—	—	EPC2H	EPC2L	F4H	xxxxxx00B
PWMCFG	PWM配置	—	CBTADC	C7INI	C6INI	C5INI	C4INI	C3INI	C2INI	F1H	00000000B
PWMCR	PWM控制	ENPWM	ECBI	ENC7O	ENC6O	ENC5O	ENC4O	ENC3O	ENC2O	F5H	00000000B
PWMIF	PWM中断标志	—	CBIF	C7IF	C6IF	C5IF	C4IF	C3IF	C2IF	F6H	x0000000B
PWMFDCR	PWM外部异常控制	—	—	ENFD	FLTFLIO	EFDI	FDCMP	FDIO	FDIF	F7H	xx000000B
CMPCR1	比较器控制寄存器1	CMPEN	CMPIF	PIE	NIE	PIS	NIS	CMPOE	CMPRES	E6H	00000000B
CMPCR2	比较器控制寄存器2	INVCMPO	DISFLT	LCDTY5	LCDTY4	LCDTY3	LCDTY2	LCDTY1	LCDTY0	E7H	00000000B

(2)不可位寻址SFR(33)

SFR	寄存器名	D7	D6	D5	D4	D3	D2	D1	D0	地址	复位状态
P0M0	P0模式寄存器0									94H	00000000B
P0M1	P0模式寄存器1									93H	00000000B
P1M0	P1模式寄存器0									92H	00000000B
P1M1	P1模式寄存器1									91H	00000000B
P2M0	P2模式寄存器0									96H	00000000B
P2M1	P2模式寄存器1									95H	00000000B
P3M0	P3模式寄存器0									B2H	00000000B
P3M1	P3模式寄存器1									B1H	00000000B

（续表）

SFR	寄存器名	位定义								地址	复位状态
		D7	D6	D5	D4	D3	D2	D1	D0		
P4M0	P4 模式寄存器 0									B4H	00000000B
P4M1	P4 模式寄存器 1									B3H	00000000B
P5M0	P5 模式寄存器 0									CAH	xxx00000B
P5M1	P5 模式寄存器 1									C9H	xxx00000B
WKTCL	掉电唤醒定时器低位									AAH	11111111B
S2BUF	串口 2 数据缓冲器									9BH	xxxxxxxxB
SADDR	从机地址寄存器									A9H	00000000B
SADEN	从机地址掩膜寄存器									B9H	00000000B
ADC_RES	A/D 转换结果高 8 位									BDH	00000000B
ADC_RESL	A/D 转换结果低 2 位									BEH	00000000B
SPDAT	SPI 数据寄存器									CFH	00000000B
IAP_DATA	ISP/IAP 数据寄存器									C2H	11111111B
IAP_ADDRH	ISP/IAP 地址寄存器高位									C3H	00000000B
IAP_ADDRL	ISP/IAP 地址寄存器低位									C4H	00000000B
CL	PCA 基准寄存器低位									E9H	00000000B
CH	PCA 基准寄存器高位									F9H	00000000B

(续表)

SFR	寄存器名	D7	D6	D5	D4	D3	D2	D1	D0	地址	复位状态
CCAP0L	PCA 模块 0 低 8 位捕获寄存器									EAH	00000000B
CCAP1L	PCA 模块 1 低 8 位捕获寄存器									EBH	00000000B
CCAP2L	PCA 模块 2 低 8 位捕获寄存器									ECH	00000000B
CCAP0H	PCA 模块 0 高 8 位捕获寄存器									FAH	00000000B
CCAP1H	PCA 模块 1 高 8 位捕获寄存器									FBH	00000000B
CCAP2H	PCA 模块 2 高 8 位捕获寄存器									FCH	00000000B
IAP_TRIG	ISP/IAP 命令触发寄存器									C6H	xxxxxxxxB
T2H	定时器 2 高 8 位寄存器									D6H	00000000B
T2L	定时器 2 低 8 位寄存器									D7H	00000000B

(3) 内部扩展 RAM

IAP15F2K61S2 单片机内部除了有 256 B 外,还集成了 1 792 B 的扩展 RAM,地址范围为 0000H～06FFH,可用于存放数据。对其进行访问,类似于传统的 8051 单片机访问片外 RAM,但不占用 P0、P2、ALE/P4.5、$\overline{\text{WR}}$/P4.2、$\overline{\text{RD}}$/P4.4 引脚。在 C 语言中,可使用 xdata 声明存储类型。如:unsigned char xdata k＝0。也可以通过辅助寄存器 AUXR 的 EXTRAM 位进行设置。当 EXTRAM＝0 时,允许使用内部扩展 RAM。当 EXTRAM＝1 时,允许访问片外 RAM,禁止访问内部扩展 RAM,默认 EXTRAM＝0。辅助寄存器 AUXR 的数据格式见 3.4.1 小节。

1.2.3 IAP15F2K61S2 单片机的 I/O 端口

IAP15F2K61S2 单片机总共有 6 个 I/O 端口,开发板采用的是 LQFP44 封装,管脚数为 44。经过转接板后,除了没有 P3.6、P3.7、P4.0、P4.3、P4.6、P4.7 引脚外,其他引脚功能完全相同,转接后的引脚共 36 个:P0(P0.0～P0.7)、P1(P1.0～P1.7)、P2(P2.0～P2.7)、P3(P3.0～P3.5)、P4(P4.1、P4.2、P4.4、P4.5)、P5(P5.4～P5.5)。IAPAP15F2K61S2 单片机复位后,所有 I/O 引脚默认为 I/O 功能,使用方法和传统的 8051 单片机相同,如果使用复用功能,需配置相关的 SFR。

1. I/O口的工作模式

作为I/O功能时,6个端口均可由软件配置成4种工作模式:

- 准双向口/弱上拉(标准8051输出模式)
- 推挽输出/强上拉
- 仅为输入(高阻)
- 开漏输出

单片机复位后,所有I/O口为准双向口/弱上拉工作模式。每个口的工作模式由PnM1、PnM0(n=0～5)2个控制寄存器中的相应位控制。如P1M1.7和P1M0.7对P1.7引脚进行设置,P1M1.0和P1M0.0对P1.0引脚进行设置。I/O口工作模式设置见表1-3。

表1-3　　　　　　　　　　　I/O口工作模式设置

PnM1[7:0]	PnM0[7:0]	I/O口工作模式(n=0～5)
0	0	准双向口/弱上拉(传统8051模式),灌电流可达20 mA,拉电流为150～270 μA
0	1	推挽输出(强上拉输出,可达20 mA,要加限流电阻)
1	0	仅为输入(高阻)
1	1	开漏输出,由于内部上拉电阻断开,要外加上拉电阻才能拉高。此模式可用于5 V器件与3 V器件电平转换

若设置P1.7为开漏模式,P1.6为强推挽输入、输出模式,P1.5为高阻输入模式,P1.4、P1.3、P1.2、P1.1和P1.0为弱上拉模式,则可以使用下面的代码进行设置:

```
P1M1=0xa0;          //10100000
P1M0=0xc0;          //11000000
```

IAP15F2K61S2单片机每个I/O口在准双向口/弱上拉、推挽输出和开漏输出模式都能承受20 mA的灌电流,在推挽模式能输出20 mA的拉电流,但应外接470 Ω～1 kΩ的限流电阻,整个芯片的工作电流不要超过90 mA。

几个特殊引脚的使用说明:

(1)P1.7/XTALA1/RXD_3/ADC6、P1.6/XTALA2/TXD_3/ADC7引脚。单片机复位后,所有I/O口均为准双向口/弱上拉工作模式。但是当P1.7、P1.6引脚用于外接晶振或时钟电路时,它们上电复位后为高阻模式。

(2)P5.4/RST/SS_3/MCLKO引脚。P5.4引脚既可用作普通I/O口,也可用作复位输入RST,默认为I/O,如将P5.4设置为复位模式,需要在STC-ISP软件设置P5.4引脚的功能,复位设置如图1-6所示,如只取消勾选"复位脚用作I/O口",按复位键效果不是很明显。

(3)P2.0/RSTOUT_LOW/A8引脚。P2.0引脚在单片机上电复位后可以输出低电平,也可以输出高电平,需要采用STC-ISP软件对P2.0引脚进行设置,如图1-6所示。当单片机的工作电压V_{CC}低于上电复位门槛电压(3 V单片机在1.8 V附近,5 V单片机在3.2 V附近)时,P2.0引脚输出低电平。当单片机的工作电压V_{CC}高于上电复位门槛电压时,单片机首先读取用户在ISP烧录程序时的设置,如用户勾选"P2.0脚上电复位后为低电平(不选为高电平)",则P2.0引脚上电复位后输出低电平,不勾选则P2.0引脚上电复位后输出高电平。

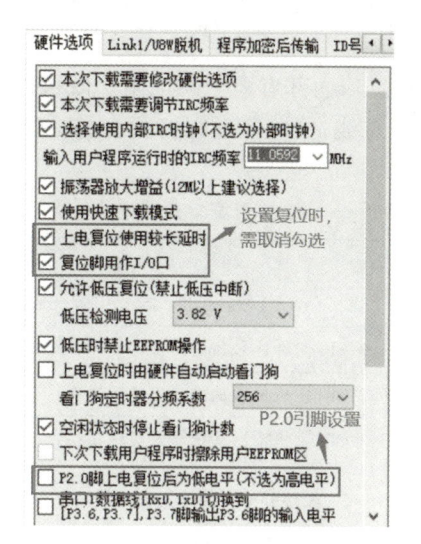

图 1-6　P5.4 复位功能和 P2.0 引脚电位设置

2. I/O 口的复用功能

IAP15F2K61S2 单片机封装有 LQFP-44、LQFP-32、QFN-32、TSSOP-20、SOP-28、SKDIP-28、PDIP-40 等形式，这里以 LQFP-44 为例进行介绍。IAP15F2K61S2-LQFP-44 单片机在传统 8051 单片机基础上增加了 P4 和 P5 两个端口。6 个 I/O 口共 42 个 I/O 引脚，P0~P4[Pn.0~Pn.7(n=0~4)]每个端口各有 8 个 I/O 引脚，P5(P5.4~P5.5)有 2 个 I/O 引脚。除了 P5.5(15 引脚)、V_{CC}(14 脚)和 GND(16 脚)引脚外，其他引脚均具有 2 个或以上复用功能。

（1）P0 口

P0 口可以作为输入/输出口，是一个 8 位的准双向口，内部有弱上拉电阻，不需要外接上拉电阻，也可以作为地址/数据复用总线使用。当 P0 口作为地址/数据复用总线访问外部存储器时，P0 口是低 8 位地址线[A7~A0]及数据线的[D7~D0]复用总线。16 位地址总线由 P2 和 P0 口提供。

（2）P1 口

单片机 P1 口可作为普通 I/O 口，也具有 A/D 转换器模拟电压输入口、捕获/比较/脉宽调制、SPI 通信、串口 2 和时钟 2 输出等功能，具体复用功能见表 1-4。

表 1-4　　　　　　　　　　　　P1 口引脚复用功能

I/O 名称	复用功能			
P1.0	ADC0	8 路模拟通道	RxD2(串口 2 数据接收)	CCP1(捕获/比较/脉宽调制通道 1)
P1.1	ADC1	^	TxD2(串口 2 数据发送)	CCP0(捕获/比较/脉宽调制通道 0)
P1.2	ADC2	^	ECI(PCA 计数器外部脉冲输入)	SS(SPI 接口从机选择信号端)
P1.3	ADC3	^	MOSI(SPI 接口主出从入端)	
P1.4	ADC4	^	MISO(SPI 接口主入从出端)	
P1.5	ADC5	^	SCLK(SPI 接口的时钟信号)	
P1.6	ADC6	^	XTAL2(外接晶体)	RxD_3(串口 1 数据接收端备用切换)
P1.7	ADC7	^	XTAL1(外接晶体)	TxD_3(串口 1 数据发送端备用切换)

(3) P2 口

P2 口是一个 8 位的准双向口,内部有弱上拉电阻。既可以作为输入/输出口,也可以作为地址高 8 位[A15～A8]地址总线,同时还具有捕获/比较/脉宽调制、SPI 通信等功能。具体复用功能见表 1-5。

表 1-5　　　　　　　　　　　　　　P2 口引脚复用功能

I/O 名称	复用功能			
P2.0	A8	访问外部存储器时,作为高 8 位地址总线	RSTOUT_LOW(复位后输出低电平引脚,STC-ISP 软件设置)	
P2.1	A9	^	SCLK_2(SPI 时钟信号备用切换)	
P2.2	A10	^	MISO_2(SPI 主机输入从机输出备用切换)	
P2.3	A11	^	MOSI_2(SPI 主机输出从机输入备用切换)	
P2.4	A12	^	ECI_3(PCA 模块外部时钟输入备用切换)	SS_2(SPI 从机选择信号备用切换)
P2.5	A13	^	CCP0_3(捕获/比较/脉宽调制通道 0 备用切换)	
P2.6	A14	^	CCP1_3(捕获/比较/脉宽调制通道 1 备用切换)	
P2.7	A15	^	CCP2_3(捕获/比较/脉宽调制通道 2 备用切换)	

(4) P3 口

P3 口既可以用作通用 I/O 口,还具有以下复用功能,见表 1-6。

表 1-6　　　　　　　　　　　　　　P3 口引脚复用功能

I/O 名称	复用功能			
P3.0	$\overline{INT4}$(外部中断 4,下降沿触发)	RxD(串口 1 数据接收)	T2CLKO(T2 时钟输出)	
P3.1	T2(T2 外部计数脉冲输入)	TxD(串口 1 数据发送)		
P3.2	INT0(外部中断 0 输入)			
P3.3	INT1(外部中断 1 输入)			
P3.4	T0(T0 外部输入)	ECI_2(PCA 模块外部时钟输入备用切换)	T1CLKO(T1 时钟输出)	
P3.5	T1(T1 外部输入)	CCP0_2(捕获/比较/脉宽调制通道 0 备用切换)	T0CLKO(T0 时钟输出)	
P3.6	$\overline{INT2}$(外部中断 2,下降沿触发)	CCP1_2(捕获/比较/脉宽调制通道 1 备用切换)	RxD_2(串口 1 数据接收备用切换)	
P3.7	$\overline{INT3}$(外部中断 3,下降沿触发)	CCP2_2(捕获/比较/脉宽调制通道 2 备用切换)	TxD_2(串口 1 数据发送备用切换)	CCP2(捕获/比较/脉宽调制通道 2)

(5) P4 口

P4 口既可以用作通用 I/O 口,还具有以下复用功能,见表 1-7。

表 1-7　　　　　　　　　　　　　　P4 口引脚复用功能

I/O 名称	复用功能
P4.0	MOSI_3(SPI 主机输出从机输入备用切换)
P4.1	MISO_3(SPI 主机输入从机输出备用切换)

(续表)

I/O 名称	复用功能
P4.2	$\overline{WR}$(外部数据写入,低电平有效)
P4.3	SCLK_3(SPI 时钟备用切换)
P4.4	$\overline{RD}$(外部数据读出,低电平有效)
P4.5	ALE(地址锁存引脚。在扩展外部存储器时,该引脚用于锁存低 8 位地址,使 P0 口作为低 8 位地址和 8 位数据总线,P2 作为高 8 位地址总线)
P4.6	RxD2_2(串口 2 数据接收端备用切换)
P4.7	TxD2_2(串口 2 数据发送端备用切换)

(6)P5 口

P5 口有 P5.4 和 P5.5 两个引脚。P5.4 可以配置外部复位 RST、可编程主时钟输出 MCLKO 或 SPI 从机时的从机片选输入端备用切换 SS_3。P5.5 没有复用功能。

说明:本教材所用的 IAP15F2K61S2 经转接板转接后,P3 只留下了 P3.0~P3.5,P4 口只留下了 P4.1,P4.2,P4.4,P4.5,除了 18、19 引脚悬空和 40、20 引脚接 V_{CC}、GND 以外,总共 36 个 I/O 引脚。

1.2.4　IAP15F2K61S2 单片机的时钟与复位

1. IAP15F2K61S2 单片机的时钟

IAP15F2K61S2 单片机的时钟可以选择内部高精度 RC 时钟和外部时钟(外部输入时钟或外接晶体振荡器产生的时钟)两种时钟源。出厂时默认为内部高精度 RC 时钟(±0.3%)。可通过 STC-ISP 软件中的"选择使用内部 IRC 时钟"进行设置,勾选则为内部时钟,时钟频率 f_{osc} 在 5~35 MHz 内选择,如图 1-7 所示。不勾选,则为外部时钟。外部时钟可由 P1.6(XTAL2)和 P1.7(XTAL1)两个引脚外接晶振电路产生,C_1 和 C_2 的取值一般为 5~47 pF,典型值为 30 pF。也可由 P1.6(XTAL2)悬空,P1.7(XTAL1)输入外部时钟信号产生。外部时钟电路如图 1-8 所示。

图 1-7　内部 IRC 时钟频率选择

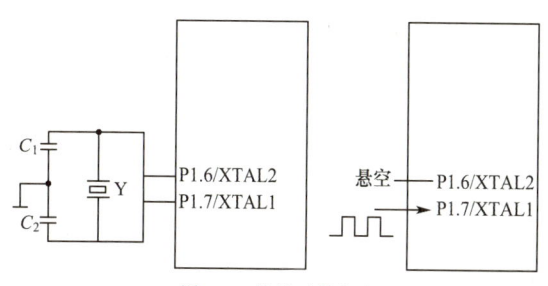

图 1-8　外部时钟电路

两种时钟源产生的时钟称为主时钟。如希望降低系统功耗,使单片机在较低频率下工作,主时钟需经过一个可编程时钟分频器进行分频,分频后的时钟称为系统时钟。该时钟为 CPU、定时器、串口、SPI、CCP/PCA/PWM、A/D 等内部接口电路提供工作时钟信号。主时钟分频系数由时钟分频控制寄存器 CLK_DIV 进行设置,其数据格式见表 1-8。

表 1-8　　　　　　　　　　　CLK_DIV 寄存器的数据格式

CLK_DIV	D7	D6	D5	D4	D3	D2	D1	D0
(97H)	MCKO_S1	MCKO_S0	ADRJ	Tx_Rx	MCLKO_2	CLKS2	CLKS1	CLKS0

CLK_DIV 寄存器中的 CLKS2、CLKS1 和 CLKS0 与时钟分频系数的关系见表 1-9。

表 1-9　　　　　　　　　　　时钟分频系数的设置

CLKS2	CLKS1	CLKS0	系统时钟
0	0	0	不分频,f_{OSC}
0	0	1	二分频,$f_{OSC}/2$
0	1	0	四分频,$f_{OSC}/4$
0	1	1	八分频,$f_{OSC}/8$
1	0	0	十六分频,$f_{OSC}/16$
1	0	1	三十二分频,$f_{OSC}/32$
1	1	0	六十四分频,$f_{OSC}/64$
1	1	1	一百二十八分频,$f_{OSC}/128$

IAP15F2K61S2 单片机的主时钟 f_{OSC} 可以从 P5.4 引脚引出,主时钟的频率由 CLK_DIV 寄存器中的 MCKO_S1 和 MCKO_S0 进行设置,见表 1-10。

表 1-10　　　　　　　　　　　主时钟输出的设置

MCKO_S1	MCKO_S0	系统时钟
0	0	主时钟禁止对外输出时钟
0	1	主时钟对外输出时钟频率=f_{OSC}
1	0	主时钟对外输出时钟频率=$f_{OSC}/2$
1	1	主时钟对外输出时钟频率=$f_{OSC}/4$

2. IAP15F2K61S2 单片机的复位

复位是单片机的初始化工作,IAP15F2K61S2 单片机的复位都是高电平复位,有外部 RST 引脚复位、掉电复位/上电复位、MAX810 专用复位电路、软件复位、内部低压检测复位、看门狗复位和程序地址非法复位等 7 种方式,下面分别进行介绍。

(1)外部 RST 引脚复位

从外部向 RST 引脚施加一定宽度的脉冲信号即可实现单片机的复位。IAP15F2K61S2 单片机的 P5.4 也是 RST 复用引脚,默认为 I/O 口,设置为复位功能时见 1.2.3 小节中"几个特殊引脚的使用说明"部分。当 RST 复位引脚拉高并维持 24 个时钟加 20 μs 后,单片机进入复位状态,当 RST 引脚回到低电平后,单片机结束复位状态,并将 IAP_CONTR 寄存器中的 SWBS 置 1,同时从系统 ISP 监控程序区启动。IAP_CONTR 寄存器的数据格式见表 1-11。

表 1-11　　　　　　　　　　　IAP_CONTR 寄存器的数据格式

IAP_CONTR	D7	D6	D5	D4	D3	D2	D1	D0
(C7H)	IAPEN	SWBS	SWRST	CMD_FAIL	—	WT2	WT1	WT0

SWBS：软件复位程序启动区选择位。SWBS＝0，系统从用户应用程序区启动。SWBS＝1，系统从 ISP 监控程序区启动。SWBS 要与 SWRST 直接配合才可以实现。

SWRST：软件复位控制位。SWRST＝1，软件控制产生复位，单片机自动复位。SWRST＝0 则不操作。

(2) 掉电复位/上电复位与 MAX810 专用复位电路

当 IAP15F2K61S2 单片机的电源电压 V_{CC} 低于掉电复位/上电复位检测门槛电压时(5 V 单片机对应 3.2 V，3.3 V 单片机对应 1.8 V)，单片机复位。当内部 V_{CC} 上升至上电复位检测门槛电压以上后，延迟 32 768 个时钟，复位状态结束，IAP_CONTR 寄存器中的 SWBS 位置 1，同时从系统 ISP 监控程序区启动。外部 RST 引脚复位电路和上电复位电路如图 1-9 所示。

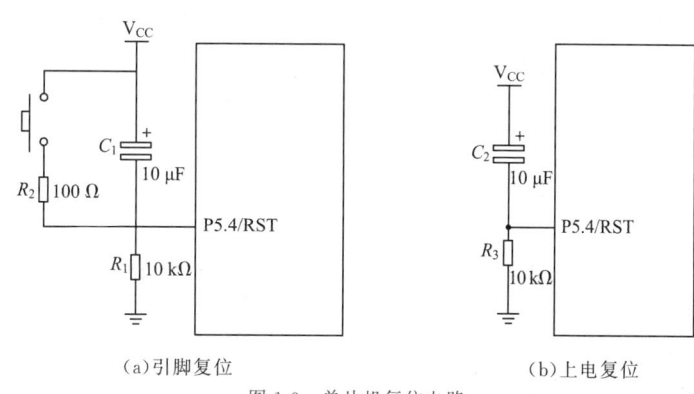

(a) 引脚复位　　(b) 上电复位

图 1-9　单片机复位电路

IAP15F2K61S2 单片机内部集成了 MAX810 专用复位电路，当在掉电复位/上电复位后产生约 180 ms 复位延时时，复位才被解除。复位解除后，IAP_CONTR 寄存器中的 SWBS 位置 1，同时从系统 ISP 监控程序区启动。

(3) 软件复位

单片机允许过程中，有时会根据需要进行软件复位，IAP15F2K61S2 单片机软件复位是通过 IAP_CONTR 寄存器中的 SWBS 和 SWRST 来实现的。当 SWBS＝1 时，从 ISP 监控程序区启动，当 SWBS＝0 时，从用户应用程序区启动。当 SWRST＝1 时，产生软件复位信号，当 SWRST＝0 时，则不操作。如使软件复位到 ISP 监控程序区开始执行程序，则 IAP_CONTR＝0x60，如使软件复位到用户应用程序区开始执行程序，则 IAP_CONTR＝0x20。

(4) 内部低压检测复位

IAP15F2K61S2 单片机除了上电复位检测门槛电压外，还有一组更可靠的内部低压检测门槛电压。IAP15F2K61S2 单片机内置 8 级可选的低压检测门槛电压，可通过 STC-ISP 软件进行设置。在"低压检测电压"选项中可选择 5 V 单片机复位门槛电压，常温下工作频率在 20 MHz 以上时，选择 4.32 V 电压；工作频率在 12 MHz 以下时，可以选择 3.82 V 电压。勾选低压复位选项后，当电源电压 V_{CC} 低于内部低压检测门槛电压时，功率控制寄存器 PCON 中的低压检测标志位 LVDF 自动为 1，可产生复位，PCON 寄存器的数据格式见 3.2.2 小节。

PCON 寄存器有低压检测位(LVDF)，同时也是低压检测中断请求标志位。

在正常工作和空闲工作状态时，当内部工作电压 V_{CC} 低于低压检测门槛电压时，硬件自动为 1。该位需用软件清 0。

在进入掉电工作状态前，如果中断允许寄存器 IE 中的低压检测中断允许位 ELVD＝0，即禁止低压检测中断，则在进入掉电模式后，该低压检测电路不工作以降低功耗。如 ELVD＝1，即允许低压检测中断，则在进入掉电模式后，该低压检测电路继续工作，在内部工作电压 V_{CC} 低于低压检测门槛电压后，产生低压检测中断，可将 MCU 从掉电状态唤醒。在电压偏低时，建议勾选"低压禁止 EEPROM 操作"。STC-ISP 中内部低压检测复位设置如图 1-10 所示。

(5)看门狗(WDT)复位

IAP15F2K61S2 单片机内置看门狗电路(WDT)，如果 CPU 不在规定的时间内按要求访问看门狗电路，就认为 CPU 处于异常状态，强迫 CPU 复位，因此可以利用 WDT 来监视程序是否正常运行。WDT 复位功能可以在 STC-ISP 软件中进行设定，如图 1-11 所示。也可以由看门狗控制寄存器 WDT_CONTR 来设定，WDT_CONTR 寄存器的数据格式见表 1-12。

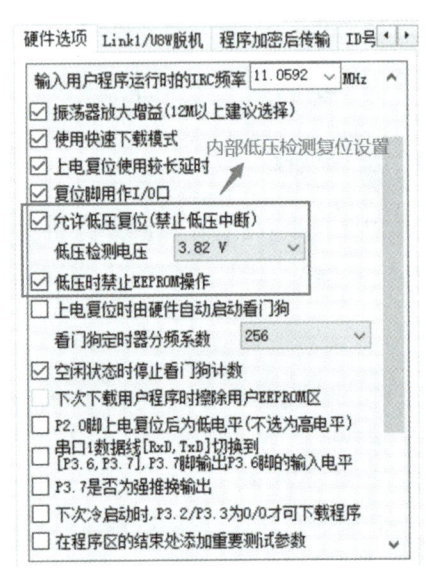

图 1-10　内部低压检测复位设置 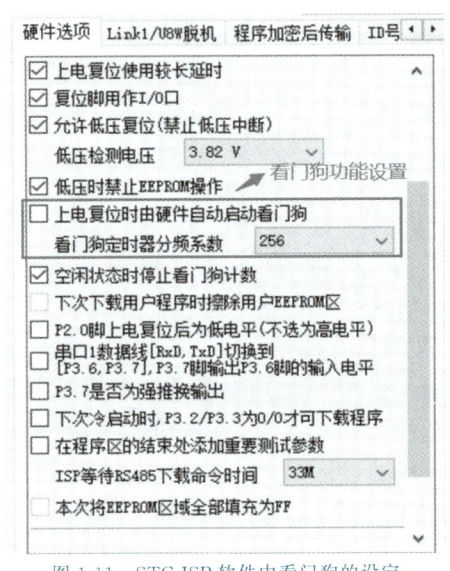　　　　图 1-11　STC-ISP 软件中看门狗的设定

表 1-12　　　　　　　　　　WDT_CONTR 寄存器的数据格式

WDT_CONTR (C1H)	D7	D6	D5	D4	D3	D2	D1	D0
	WDT_FLAG	—	EN_WDT	CLR_WDT	IDLE_WDT	PS2	PS1	PS0

WDT_FLAG：看门狗溢出标志位，当溢出时，该位由硬件置 1，可用软件将其清 0。

EN_WDT：看门狗允许位，EN_WDT＝1 时，看门狗启动。EN_WDT＝0 时，禁止看门狗启动。

CLR_WDT：看门狗清 0 位，CLR_WDT＝1 时，看门狗将重新计数。硬件将自动清 0。

IDLE_WDT：看门狗空闲位，IDLE_WDT＝1 时，看门狗定时器在空闲模式运行；为 0

时,看门狗定时器在空闲模式时停止运行。

PS2、PS1、PS0:看门狗定时器预分频系数设定位。时钟频率为 11.059 2 MHz、12 MHz、20 MHz 时,WDT 预分频系数与溢出时间的关系见表 1-13。根据预分频系数,可算出看门狗溢出时间。WDT 溢出时间 $=(12\times 2^{15}\times$ 预分频系数$)/f_{\mathrm{OSC}}$。

表 1-13　　　　　　　　　WDT 预分频系数与溢出时间的关系

PS2	PS1	PS0	预分频系数	看门狗溢出时间(ms)		
				$f_{\mathrm{OSC}}=11.059\ 2$ MHz	$f_{\mathrm{OSC}}=12$ MHz	$f_{\mathrm{OSC}}=20$ MHz
0	0	0	2	71.1	65.5	39.3
0	0	1	4	142.2	131.1	78.6
0	1	0	6	213.3	196.6	118.0
0	1	1	8	284.4	262.1	157.3
1	0	0	16	568.9	524.3	314.6
1	0	1	32	1 137.8	1 048.6	629.1
1	1	0	64	2 275.6	2 097.2	1 258.3
1	1	1	128	4 551.1	4 194.3	2 516.6

(6)程序地址非法复位

如果程序指针 PC 指向的地址超过了有效程序空间的大小,就会引起程序地址非法复位。程序地址非法复位状态结束后,单片机将根据复位前 IAP_CONTR 寄存器中 SWBS 位的值选择是从用户应用程序区启动,还是从系统 ISP 监控程序区启动。如果复位前 SWBS=1,则从系统 ISP 监控程序启动;SWBS=0,则从用户应用程序启动。

1.3 单片机的开发环境与平台

1.3.1 Keil C51 集成开发环境

Keil C51 是美国 Keil Software 公司出品的 51 系列兼容单片机 C 语言软件开发系统,提供了包括 C 编译器、宏汇编、连接器、库管理和一个功能强大的仿真调试器等在内的完整开发方案,通过 uvision 集成开发环境将各部分组合在一起。Keil C51 软件提供了丰富的库函数和功能强大的集成开发调试工具,支持 PLM、汇编和 C 语言的程序设计,生成的目标代码效率高,采用 Windows 界面,易于操作和使用。本教材将以侧重嵌入式系统开发的 Keil uvision5 版本为例介绍 Keil C51 集成开发环境的使用方法。

1. 添加 STC 系列单片机数据库

首先安装 Keil μvision5 软件(以下简称 Keil 软件),这里将 Keil 软件安装到了 D 盘,路径为 D:\Keil_v5。由于 Keil 软件不带 STC 系列单片机,为了能在 Keil 软件选择 STC 系列单片机,需要利用 STC-ISP 在线编程软件将 STC 系列单片机添加到 Keil 软件中。首先在

STC-ISP 右上方选择"Keil 仿真设置"标签,单击"添加型号和头文件到 Keil 中"按钮,打开浏览文件夹对话框。在对话框中选择安装路径"D:\Keil_v5",单击"确定"按钮,STC-ISP 提示"STC MCU 型号添加成功!",即 STC 系列单片机数据库添加成功,如图 1-12 所示。

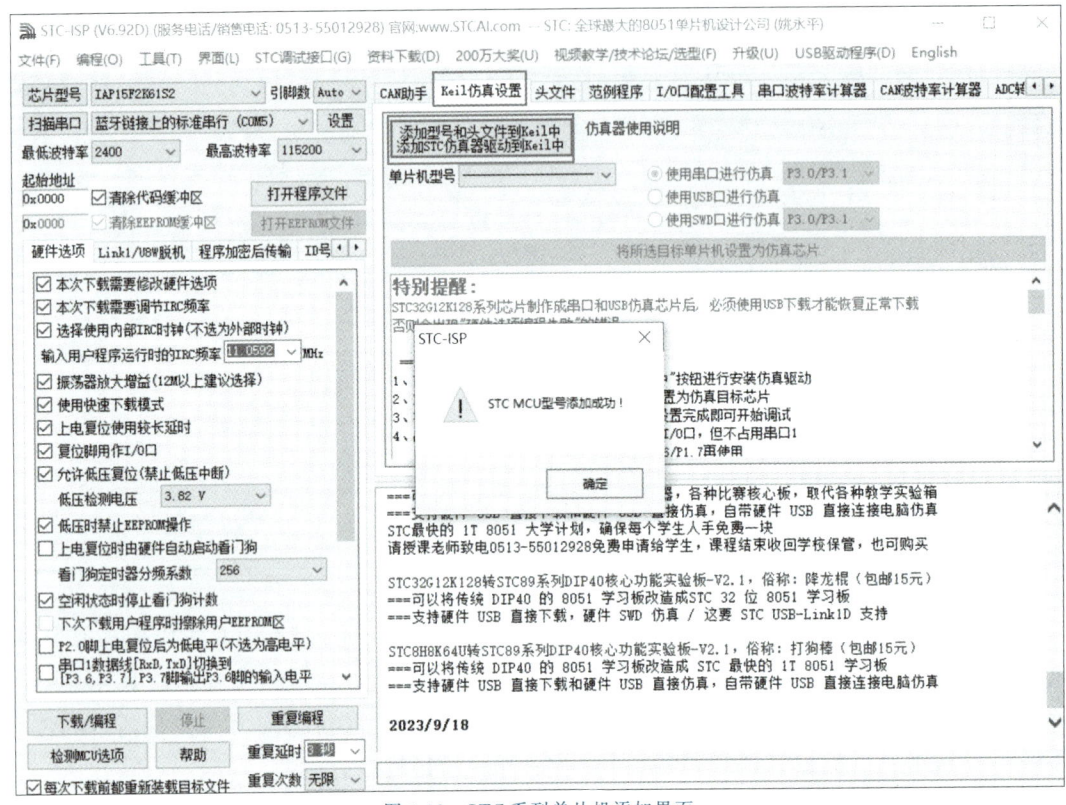

图 1-12 STC 系列单片机添加界面

STC MCU 添加成功也表示 STC 头文件和 STC Monitor 51 仿真驱动程序 stcmon51.dll 已成功安装在 D:\Keil_v5\C51 路径下的 STC 和 BIN 文件夹中。

2. 新建一个工程项目文件

为了便于工程管理,可以对每个工程建立一个文件夹。运行 Keil 软件,进入集成开发环境主界面。单击"Project"菜单下的"New Vision Project…",在出现的对话框中,将路径选择已创建的"单片机练习"文件夹,并命名"工程1",保持默认类型". uvproj",单击"保存"按钮。这时会弹出"Select Device for Target"对话框,如图 1-13 所示。在 Device 标签下选择"STC MCU Database"选项,从 MCU 列表中选择"STC15F2K60S2 Series",单击"OK"按钮。系统会将 STARTUP. A51 启动文件复制到当前创建的工程文件中,单击"否"按钮,如图 1-14 所示。

注意:采用 C51 源程序时,项目对加载 STARTUP. A51 启动文件不做要求,但是,如果采用汇编源程序文件,为不影响源文件的编译和调试,需要将 STARTUP. A51 启动文件添加到项目中。

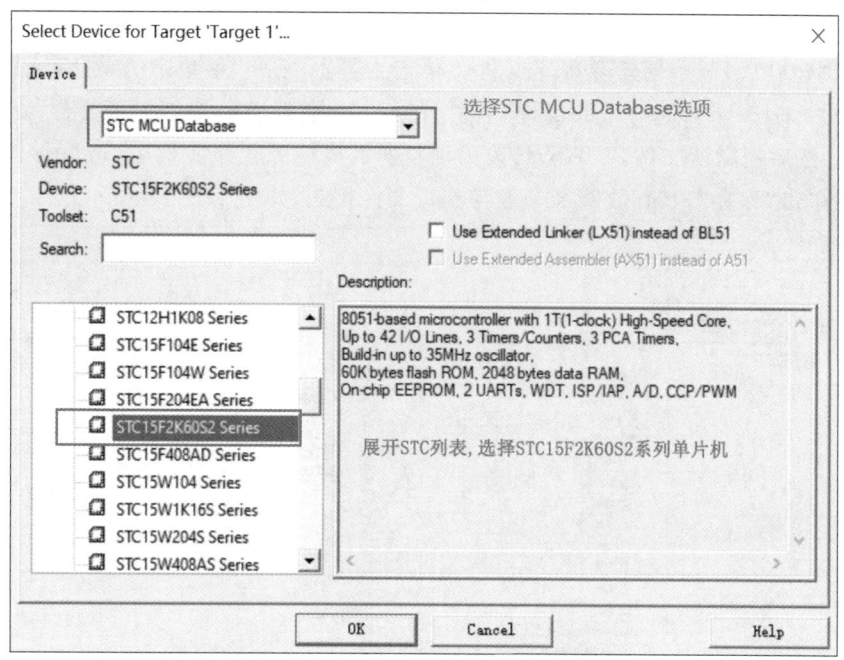

图 1-13　STC15F2K60S2 单片机的选择

图 1-14　初始化程序的选择

紧接着出现如图 1-15 所示的项目主界面,在该界面左上方可以看出当前项目的存储位置和项目文件名(E:\单片机练习\工程 1.uvproj)。单击"Target 1"前面的＋号,可以展出 Source Group 1(源文件组 1)。

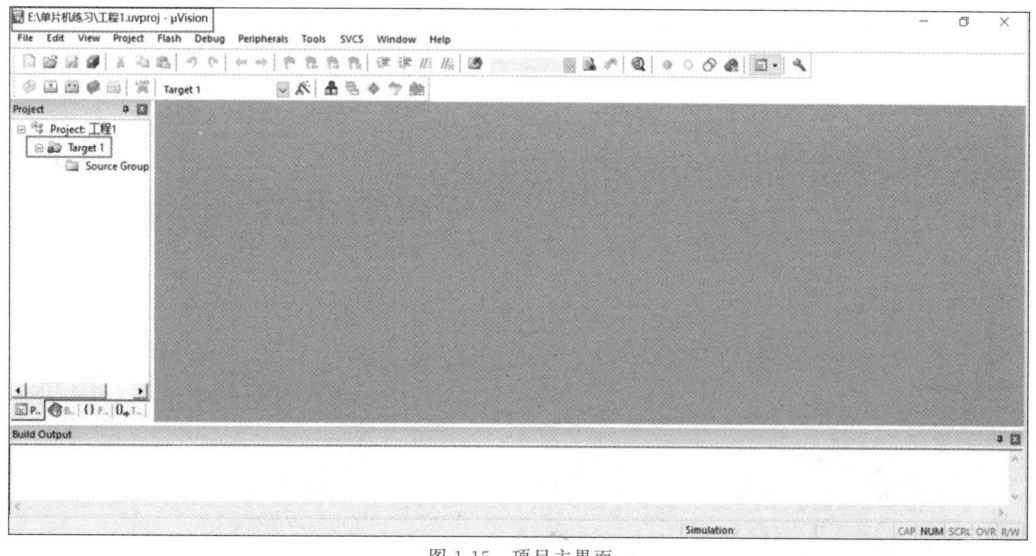

图 1-15　项目主界面

3. 创建、添加源文件

工程创建好后,开始创建源程序文件。单击主界面"File"菜单下方的 New 图标(也可以按快捷键 Ctrl+N,或选择 File 菜单内的"New…"),将建立一个新的源文件,默认文件名为 Text1。然后把默认文件名(Text1)改为项目所需要的源程序文件名,这里命名为 excel-1.c。然后单击"保存",其存放路径一般与项目文件相同,如图 1-16 所示。

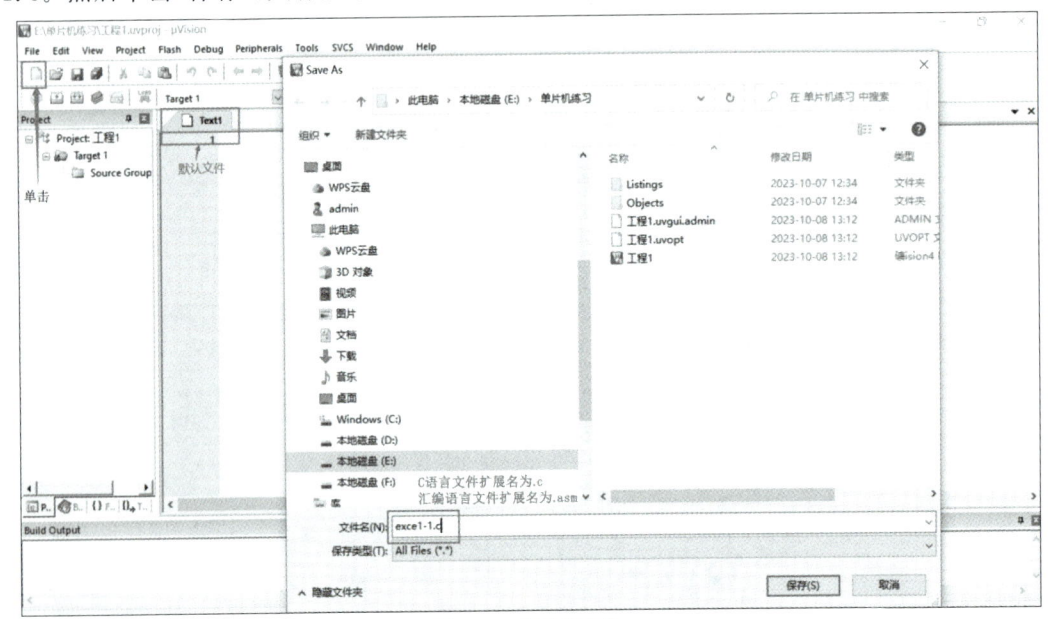

图 1-16 创建源文件

注意:文件名可以是汉字、字母、数字,但文件类型(扩展名)如果是 C 语言文件只能是.c,汇编语言文件只能是.asm,扩展名不区分大小写。

源文件创建成功后,需要加载到工程项目中进行统一管理。右键单击 Source Group 1 选项(也可以双击"Source Group 1"),选择"Add Existing Files to Group 'Source Group 1'",在出现的对话框中直接双击 excel-1.c 文件(或者选中 excel-1.c 文件,单击"Add"按钮)将文件加入工程,最后单击"Close"按钮,关闭对话框。源文件的添加方法如图 1-17 所示。

(a)单击文件添加选项　　(b)选中要添加的文件

图 1-17 源文件的添加方法

在如图 1-18 所示代码编辑界面中输入代码。IDE 默认字体大小为 10 号字体，可以在配置选项中进行修改。如图 1-19 所示，单击界面右上角的"Configuration"快捷按钮（或者从菜单中打开，Edit->Configuration），弹出"Configuration"对话框，单击"Colors&Fonts"选项，按照图中的提示修改字体，这里选 16 号字体，修改后的效果如图 1-20 所示。

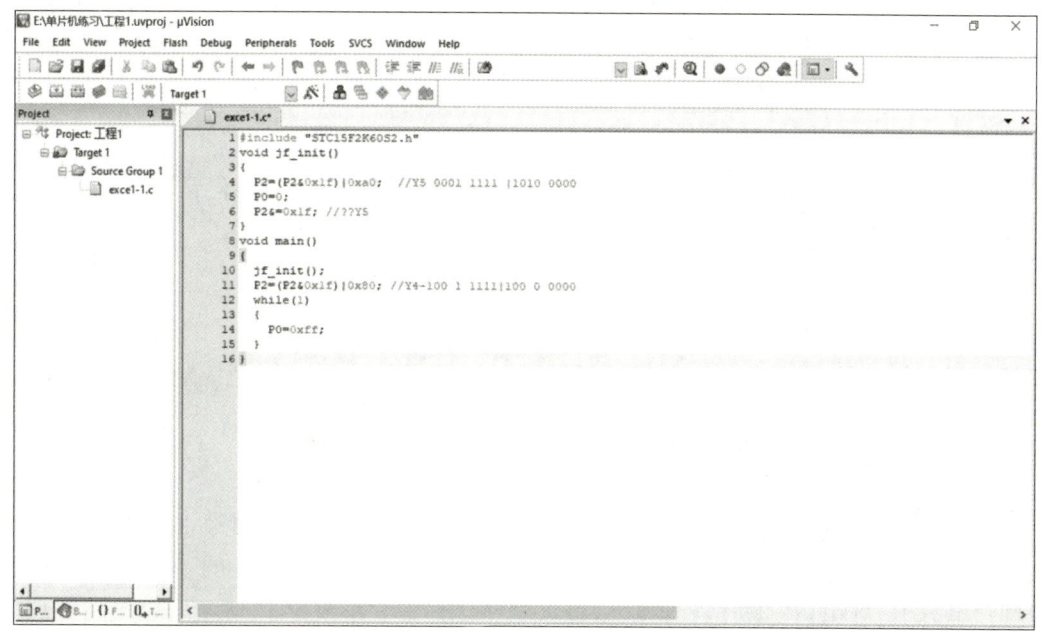

图 1-18　代码编辑界面

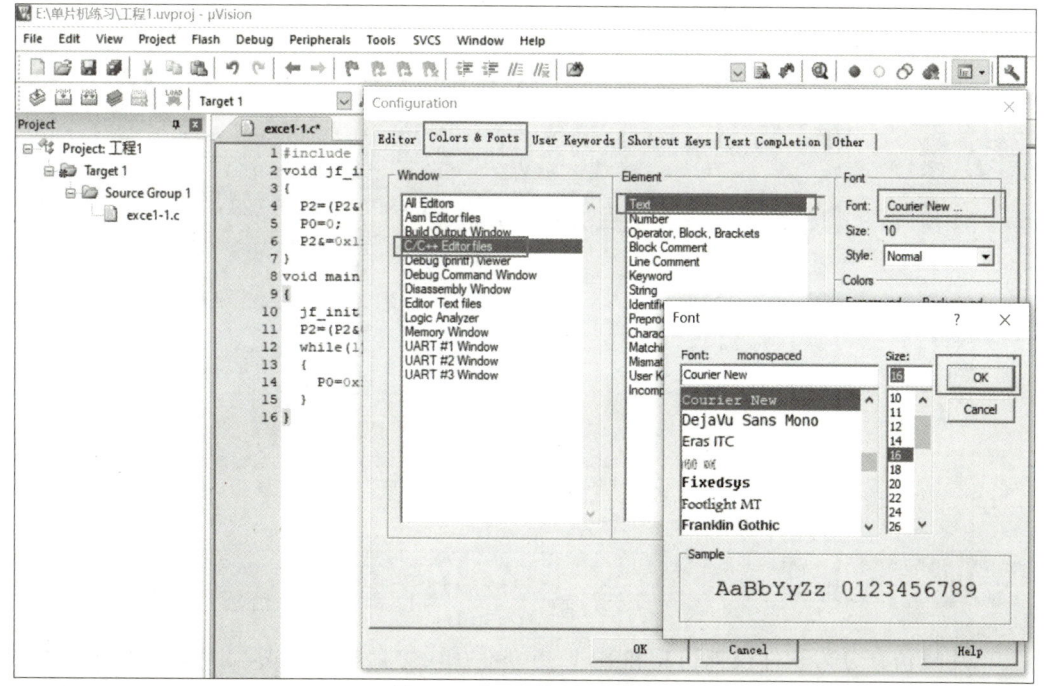

图 1-19　代码字体大小的修改

注意：如果是 asm 源程序文件，修改字体和颜色需选择"Asm Editor files"选项。代码编辑窗口默认背景色是白色，由于 Keil 不支持修改主题，就只能在这里修改背景色来调节。

图 1-20　修改后的代码编辑界面

4. 工程环境设置、编译与调试

(1) 环境设置

单击文本编辑框上面的"Options for Target…"快捷按钮(或者右键单击"Target1"选择"Options for Target 'Target1'…"选项),打开目标选项对话框,如图 1-21 所示。开发板上时钟频率为 12 MHz,在 Target 标签下,将 Xtal(MHz)的大小改为 12。

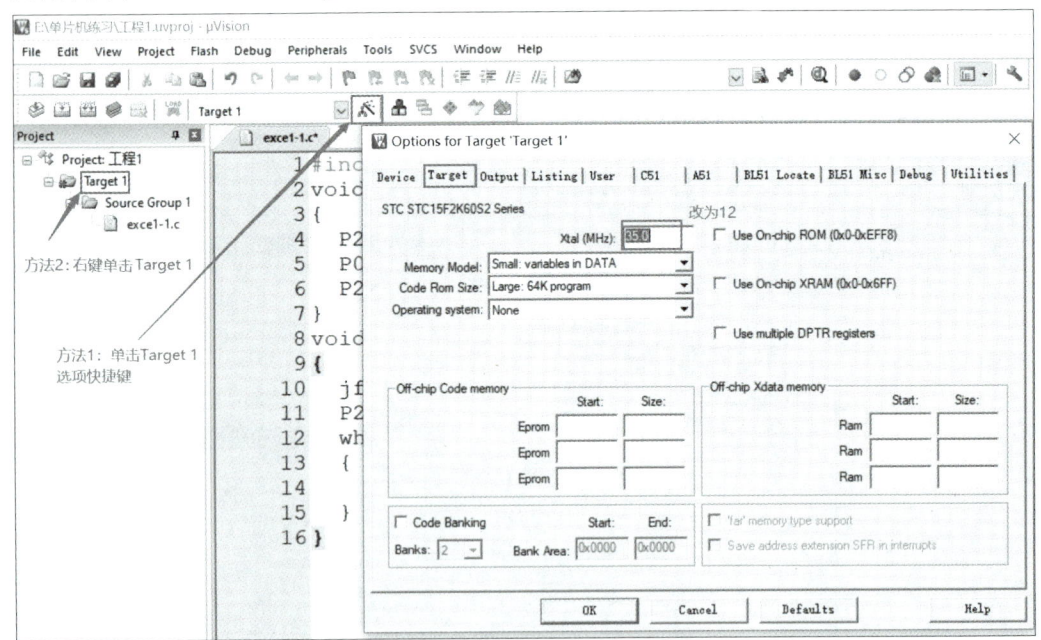

图 1-21　目标选项对话框界面

单片机仿真分为软件模拟仿真和 STC 仿真器在线仿真两种方式,如果是软件模拟仿真需创建生成十六进制文件,STC 仿真器在线仿真则不需要。该功能同样需要在目标选项对话框设置,选择 Output 标签,勾选"Creat HEX File"复选框,表示当前项目编译连接完成之后生成一个 HEX 文件,如图 1-22 所示。

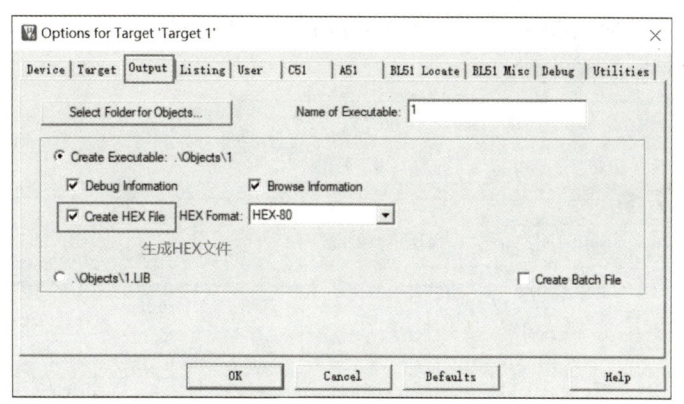

图 1-22　HEX 文件的创建

选择 Debug 标签,配置 uvision 调试器。这里先讲软件仿真,选择 Use Simulator,如图 1-23 所示。STC 仿真器在线仿真设置方法将在 1.3.2 节中进行讲解。

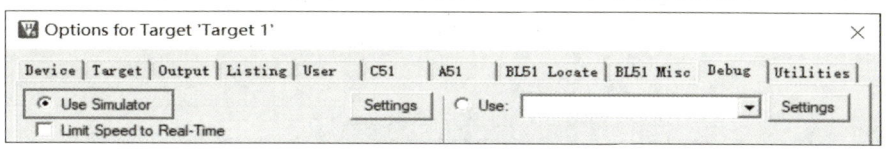

图 1-23　Keil 软件仿真设置

(2)编译与调试

环境设置完成后,单击生成工具栏中的"Build"按钮编译连接目标程序,主界面下方的编译输出窗口显示编译结果,如图 1-24 所示。当出现 0 错误 0 警告时,代表编译成功。如果提示发生错误或者警告,可以双击某一行进行定位,根据错误提示信息查找纠正错误后重新编译,直到编译成功,之后可以看到 E:\单片机练习\Objects\工程 1.hex 已经生成,文件名和工程名相同。然后可以将 HEX 文件下载到 Proteus 仿真环境下运行,也可以用烧录下载软件 STC-ISP 把此 HEX 文件下载到开发板的单片机运行。

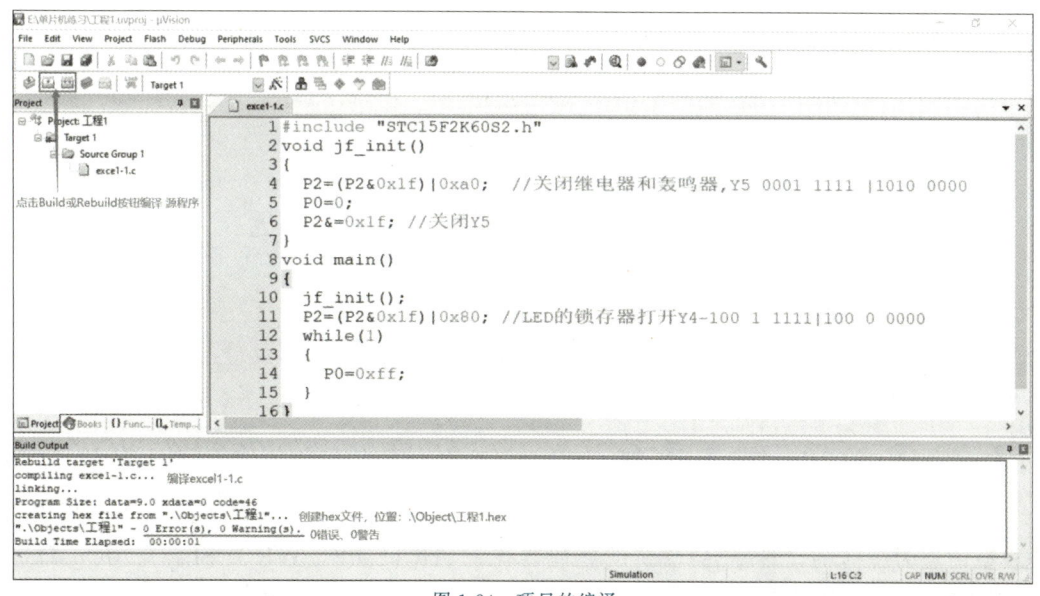

图 1-24　项目的编译

如果运行达不到预期效果,这时需要对程序进行调试,找出程序存在的逻辑错误。单击工具栏中"Start/Stop Debug Session"快捷按钮即可进入调试界面,如图 1-25 所示。程序运行工具栏提供了五种运行方式。

图 1-25 项目的调试

(1)Run:全速运行,有断点时运行到断点处停止。
(2)Step:单步运行,执行到子函数时,会进入子函数,一条条执行。
(3)StepOver:单步运行,执行到子函数时,不进入,将函数作为一条语句全速执行。
(4)StepOut:跳出函数,程序若在子函数内部运行,则会跳出返回主程序。
(5)Run to Cursorline:运行到光标处。

调试过程中可以观察一些窗口来实时了解程序执行的情况,调试窗口主要包括观察窗口寄存器窗口(Resister Window)、存储器窗口(Memory Window)、观察窗口(Watch Window)、串口窗口(Serial Window)等。这些窗口都可以通过单击"View"菜单进行选择。单击"Peripherals"菜单下"I/O-Ports"中的"Port0"和"Port2"选项,可以看到 P0 和 P2 寄存器的运行结果,如图 1-26 所示。

图 1-26 P0 和 P2 寄存器的运行结果

运行结果中的"√"表示该位的值为 1,反之为 0。

注意:在调试过程中如果发现了错误,可以直接修改源程序,但是修改后需要退出调试环境,重新对程序进行编译,HEX 文件才会进行更新。

1.3.2 Proteus 仿真平台

Proteus 软件是由英国 Labcenter Electronics 公司开发的一款集电路仿真、PCB 设计和虚拟模型仿真为一体的设计平台,支持的处理器有 51、HC11、PIC、AVR、MSP430、ARM、DSP、STM32 等,编译方面,支持 IAR、Keil 和 MATLAB 等多种编译器。本教材所使用的 Proteus 软件为 Proteus Pro 8.13 中文版。下面以 LED 闪烁为例讲述 Proteus 软件的基本操作。

1. 新建项目

打开 Proteus 软件,单击"文件"菜单栏中的新建工程或新建工程快捷按钮,在出现的"新建工程向导"对话框中可以修改工程名字和工程保存路径,如图 1-27 所示。接着一直按向导默认选项单击 Next 按钮,直到对话框出现 Finish 按钮,单击 Finish 按钮,工程创建完成。原理图绘制界面如图 1-28 所示,绘图工具栏对应的选项见表 1-14。

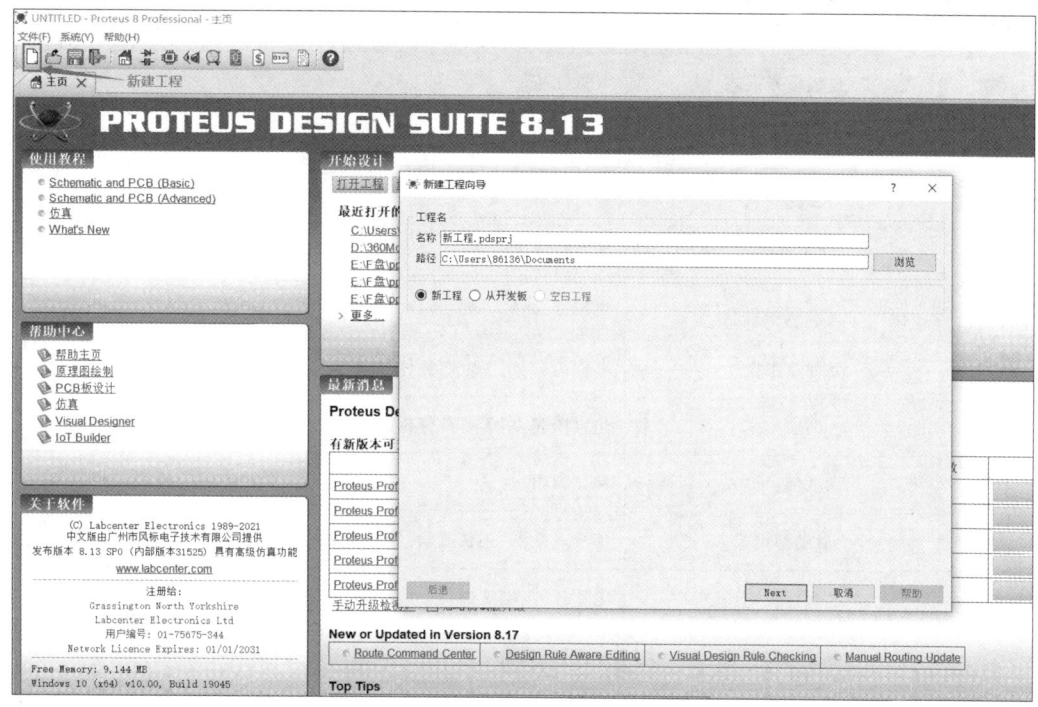

图 1-27 工程创建界面

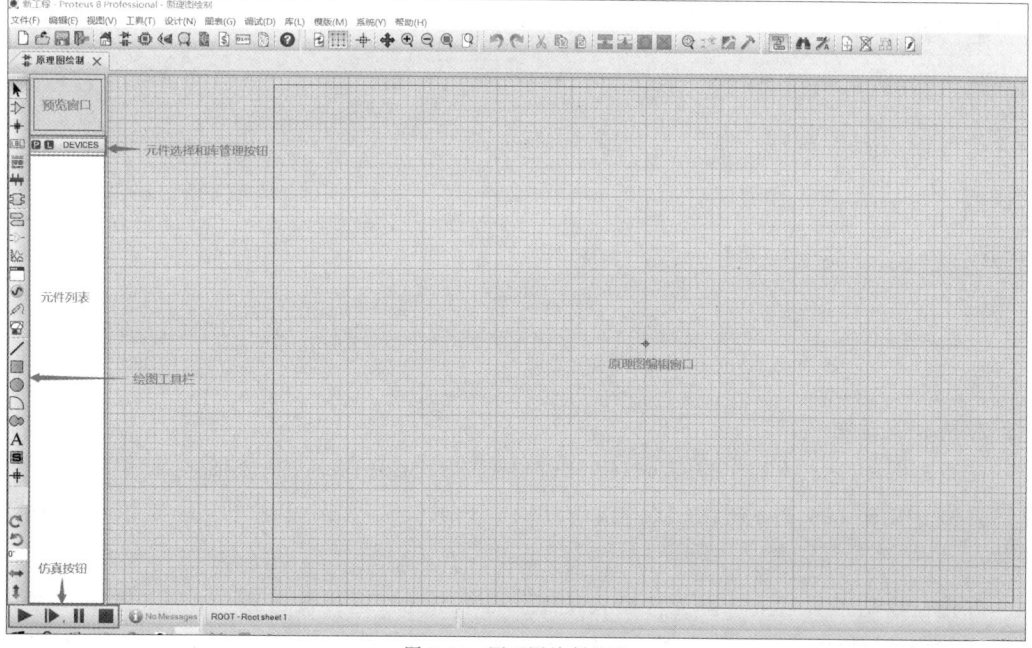

图 1-28 原理图绘制界面

表 1-14　　　　　　　　　　　　绘图工具栏对应的选项

符号	模式	含义
	选择模式	用于即时编辑元件参数
	元件模式	选择元件
	节点模式	放置连接点
	连线标号模式	放置标签
	文字脚本模式	放置文本
	总线模式	用于绘制总线
	子电路模式	用于放置子电路
	终端模式	终端接口：V_{CC}、地、输出、输入等
	元件管脚模式	器件引脚：用于绘制各种引脚
	图表模式	仿真图表：用于各种分析
	调试弹出模式	调试弹出
	激励源模式	信号发生器：正弦波信号、脉冲信号等
	探针模式	电压探针、电流探针
	虚拟仪器模式	示波器、逻辑分析仪等
	二维直线模式	画各种直线
	二维方框图形模式	画各种方框
	二维圆形图形模式	画各种圆
	二维弧形图形模式	画各种圆弧
	二维闭合图形模式	画各种多边形
	二维文本图形	画各种文本
	二维图形符号模式	画符号
	二维图形标记模式	画原点等

2. 绘制原理图

在原理图中添加 AT89C51、74HC573、74HC138、74HC02、LED、排阻（RESPACK-8）等器件。由于 Proteus Pro 8.13 软件没有 IAP15F2K61S2 型号单片机，这里用 AT89C52 代替。

首先在绘图工具栏上选择元件模式按钮，单击元件选择按钮，出现如图 1-29 所示的元件选择界面，在"Keywords"标签处写入以上器件的关键字，如 AT89C51 的关键字可写

*89*51*,在"Showing local results"标签处即可看到查询的结果,选中需要的元件,单击确定,将元件放置到原理图编辑窗口,双击元件,可以编辑元件属性。在绘图工具栏上选择终端模式按钮,单击电源 POWER 和 GROUND 两个选项,将电源放到原理图编辑窗口中。元件添加后,在元件列表栏可以看到原理图编辑窗口中所有的元件。

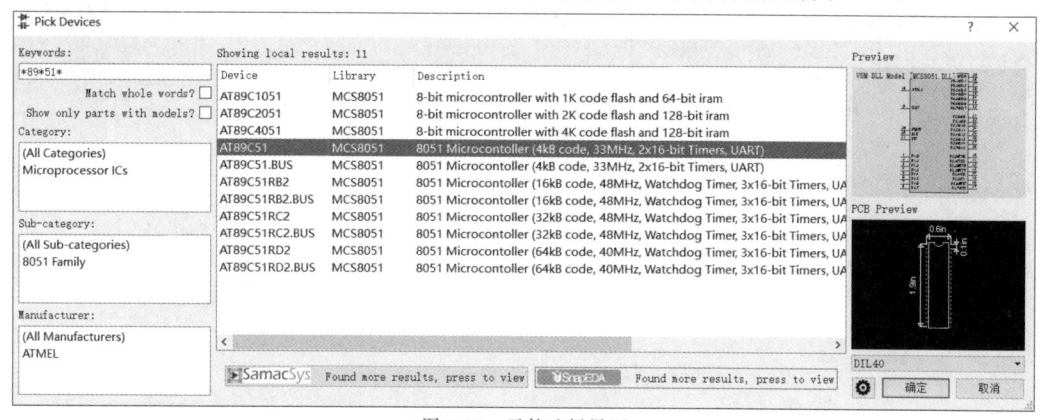

图 1-29 元件选择界面

元件布局后将鼠标放在元器件引脚上进行布线。这里采用网络标号形式。在绘图工具栏上选择连线标号模式按钮[LBL],在引脚连接线上单击调出编辑连线标号对话框,如图 1-30 所示,在字符串标签处输入标号名称。

图 1-30 编辑连线标号对话框

如果标号具有一定的连续性,可以采用自动标注功能。单击菜单栏中的工具,选择属性赋值工具选项,或者在英文输入法下,按键盘 A 键也可以调出属性赋值工具对话框。输入指令:net=xx#,其中 xx 代表不变值,# 代表增量。如输入 net=P0#,如图 1-31 所示。单击确定后,单击对应的导线即可自动添加标号。绘制后的 LED 电路原理图如图 1-32 所示。

图 1-31 标号属性对话框

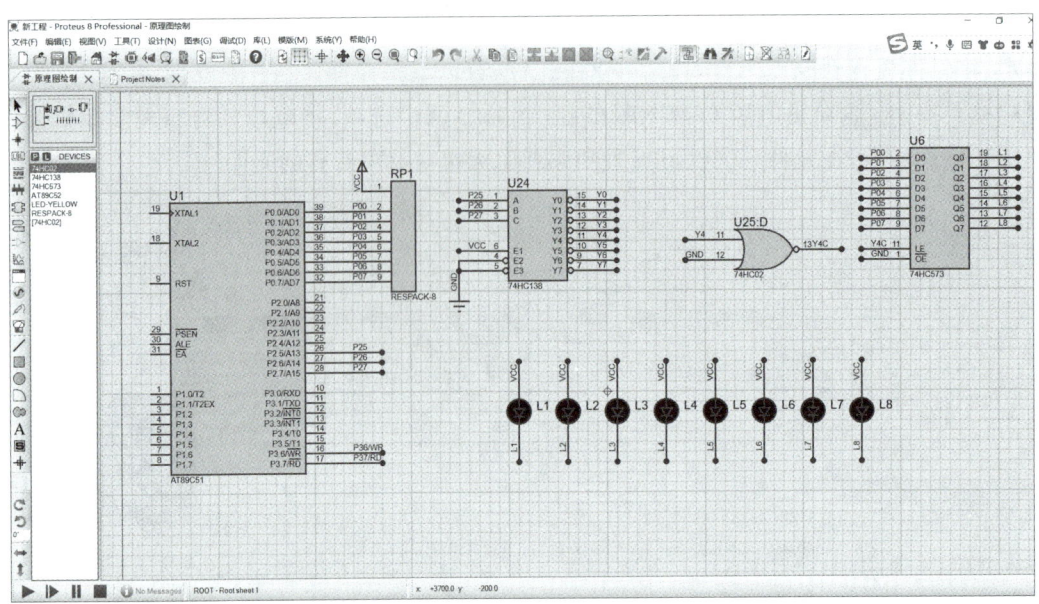

图 1-32　LED 电路原理图

3. 仿真运行

原理图绘制完成后，双击 AT89C51 单片机，在弹出的编辑元件对话框中选择 Program File 标签加载 LED 闪烁程序对应的 HEX 文件，单击确定按钮，如图 1-33 所示。最后单击左下角的开始按钮，即可实现程序的仿真，LED 灯开始闪烁，运行效果如图 1-34 所示。

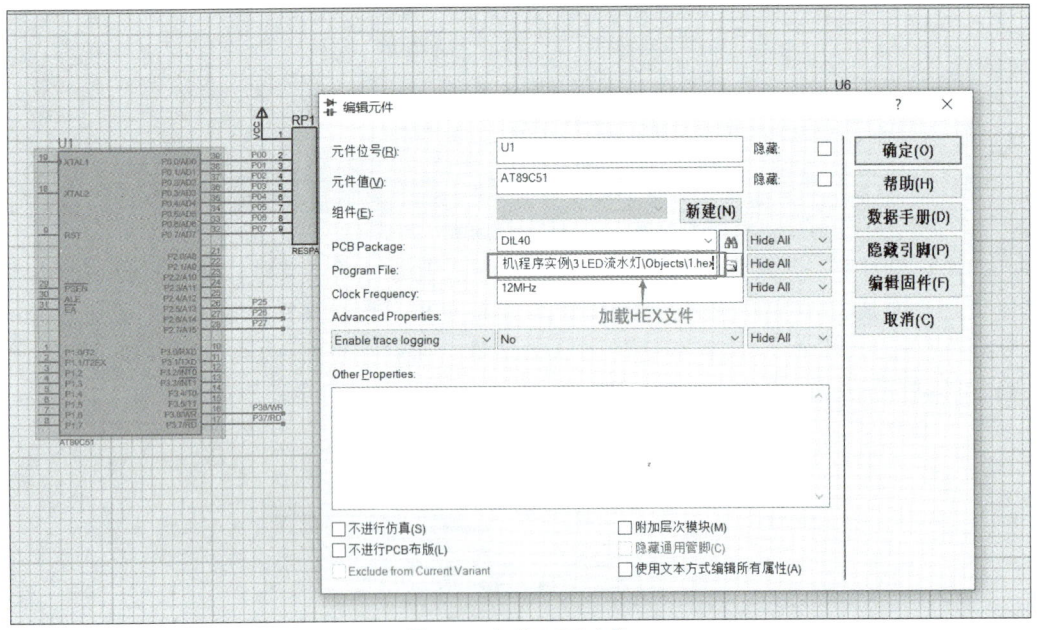

图 1-33　加载 HEX 文件

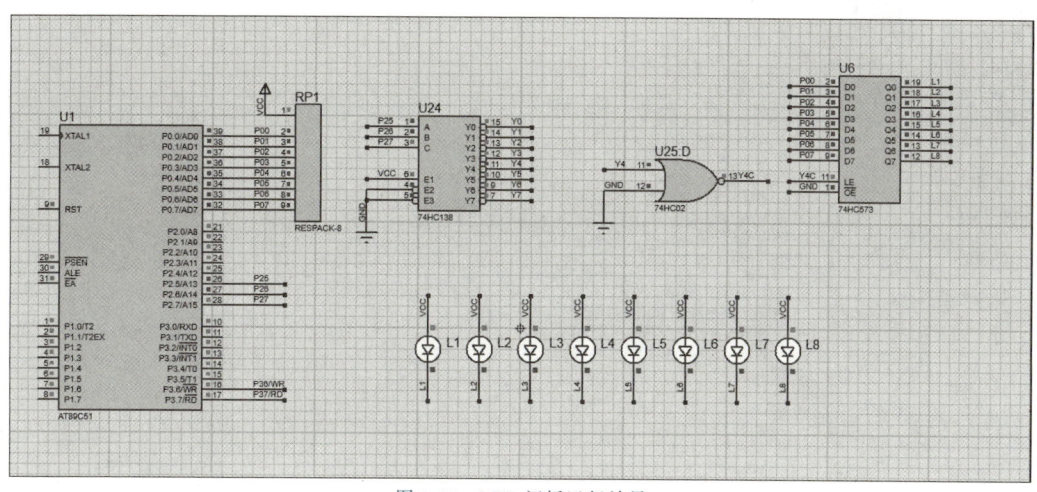

图 1-34　LED 闪烁运行效果

1.3.3　STC 仿真器在线仿真

STC 仿真器在线仿真需要将 IAP15F2K61S2 单片机设置为 Keil 仿真器,具体操作步骤如下:

1. USB 串口驱动安装

电脑和开发板的通信是通过 USB 转接串口实现的,须先安装 USB 转接串口 CH340 的驱动。一般情况下,USB 串口线插入计算机 USB 接口后,Windows 会自动检测安装 CH340 驱动,如果没有自动安装,须双击 CH341SER.exe 进行手动安装,出现如图 1-35 所示提示信息即安装成功。

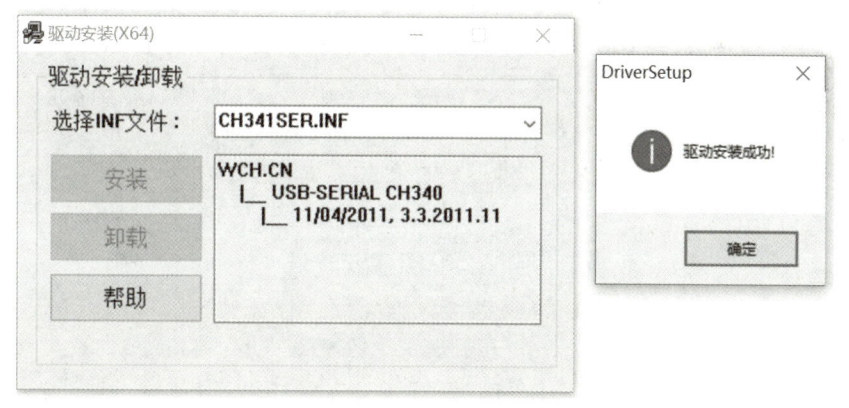

图 1-35　USB 串口驱动的安装

在计算机设备管理器,可以查看 USB 转接的模拟串口号,如图 1-36 所示,这里是 COM3。利用 STC-ISP 软件下载程序时,必须按此串口号来设置在线编程或下载程序的串口号。

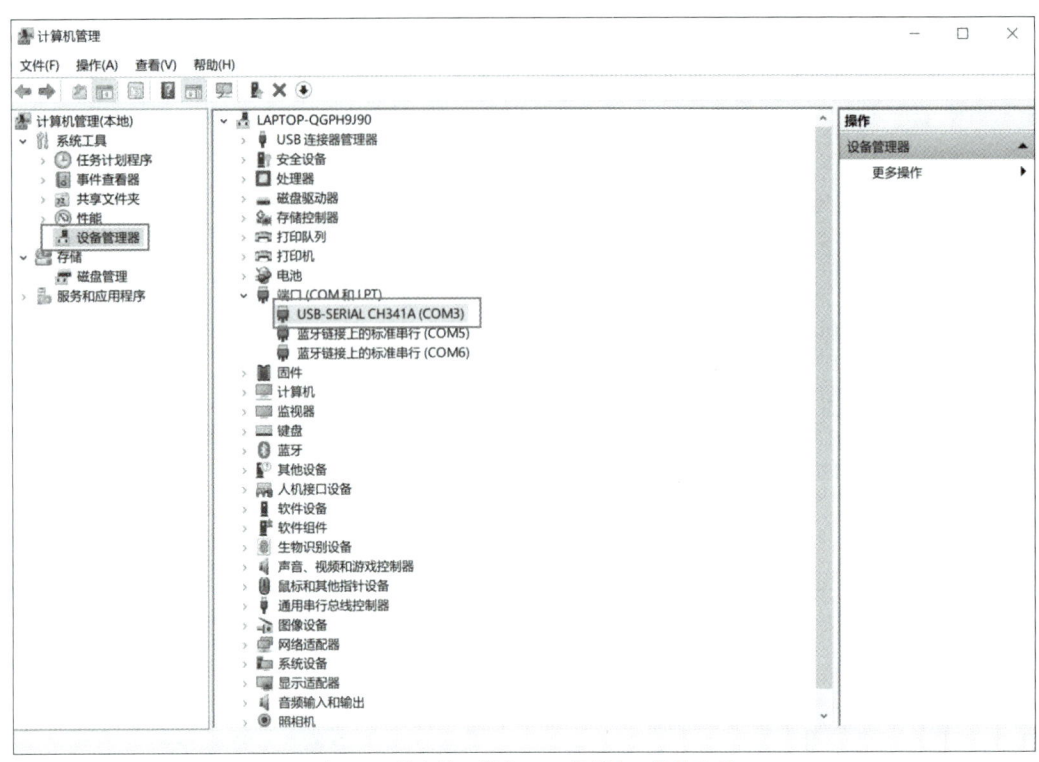

图 1-36　设备管理器中 USB 模拟串口号的查看

2. 硬件仿真驱动方式选择

打开工程 1.uvision 文件，在目标选项对话框中选择 Debug 标签，如图 1-37 所示。选择"Use"按钮，在仿真驱动下拉列表中选择"STC Monitor-51 Driver"项，如果是标准型 51 单片机，须选择"Keil Monitor-51Driver"。然后单击"Settings"按钮，这里的串口号要和 USB 转接的模拟串口号一致，选 COM3，波特率默认为 115 200，如图 1-38 所示。

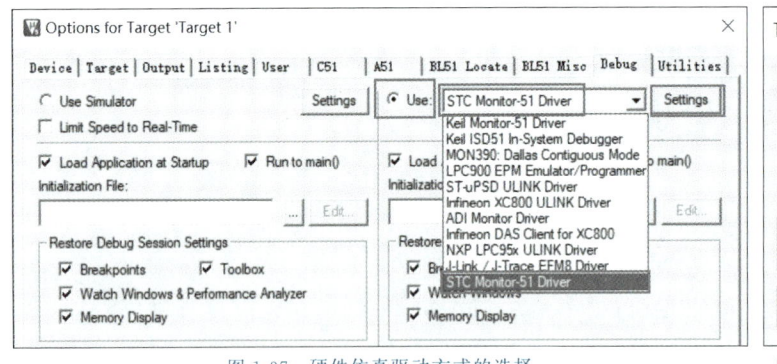

图 1-37　硬件仿真驱动方式的选择　　　　图 1-38　COM 端口的设置

3. 创建仿真芯片 IAP15F2K61S2

运行 STC-ISP 软件，芯片型号选择 IAP15F2K61S2，扫描串口为 USB-SERIAL CH340 (COM8)，这时在"Keil 仿真设置"标签下，单片机型号会自动地转换为 IAP15F2K61S2。由于前面已经在 Keil 中添加了 STC 系列单片机数据库，这里无须再添加。单击"将所选目标单片机设置为仿真芯片"，即启动"下载/编程"功能，按下开发板上的电源按钮，STC-ISP 检测到单片机后开始下载仿真程序，当程序下载完成后仿真器便制作完成，如图 1-39 所示。

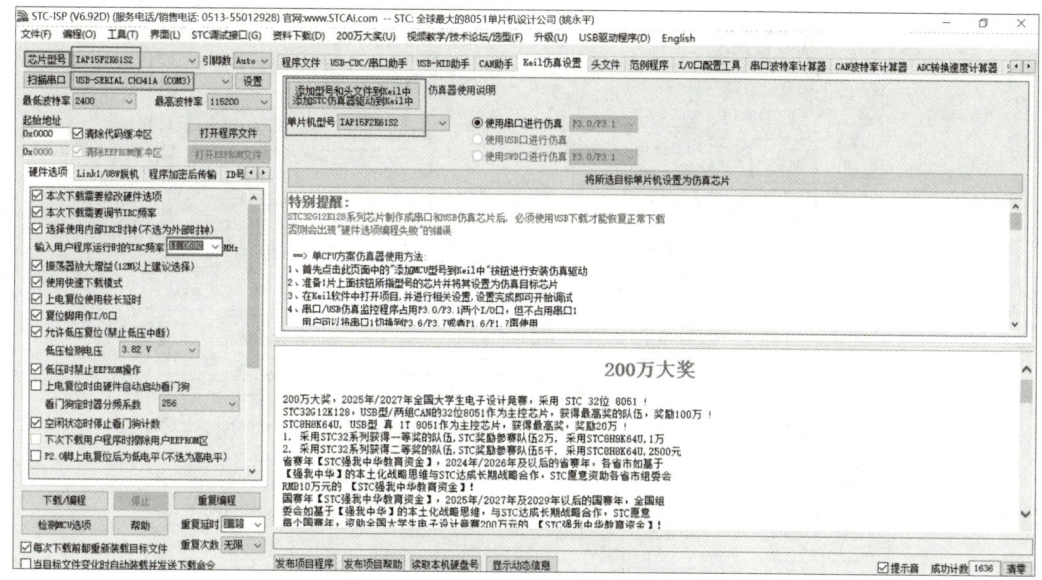

图 1-39　IAP15F2K61S2 仿真芯片的创建

1.3.4　硬件平台——IAP15F2K61S2 开发板

本教材所有实例基于蓝桥杯全国软件和信息化技术专业人才大赛单片机开发与设计竞赛平台(以下简称开发板),该开发板以 IAP15F2K61S2 为核心芯片,配备了丰富的外围接口,简化框图如图 1-40 所示,各接口功能在开发板上的布局如图 1-41 所示。开发板的原理图见前言二维码。

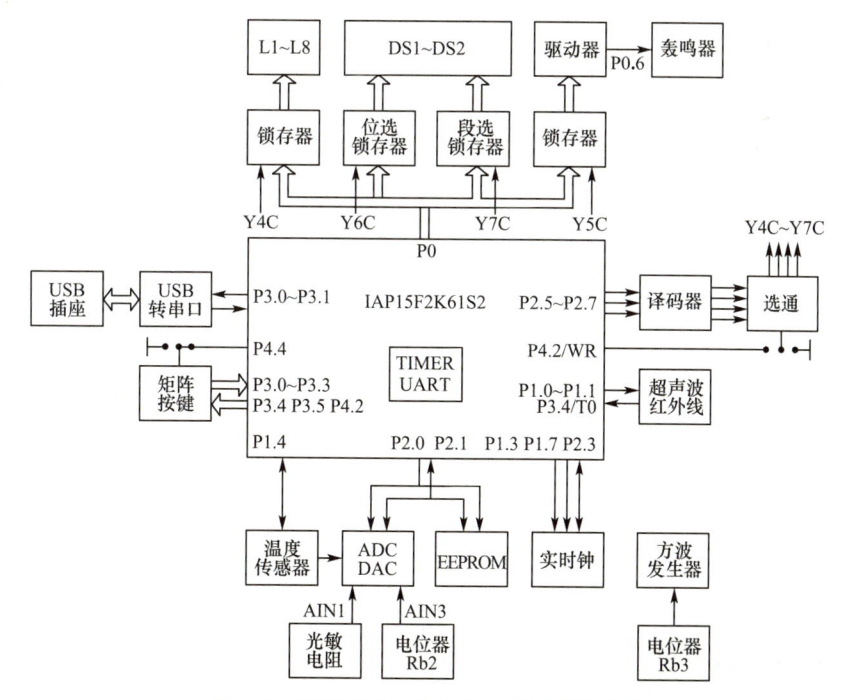

图 1-40　IAP15F2K61S2 单片机开发板简化框图

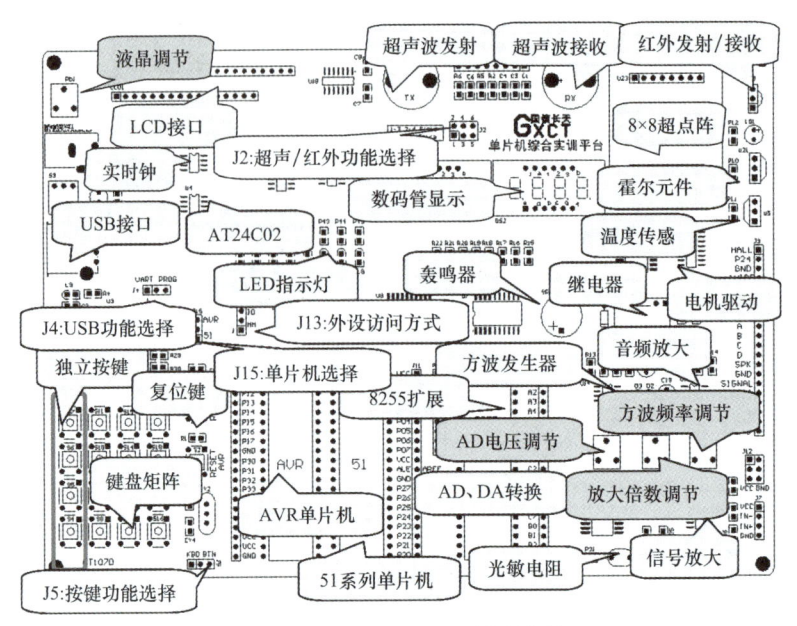

图 1-41 IAP15F2K61S2 开发板布局

1. 功能模块

IAP15F2K61S2 单片机开发板主要由以下基本功能模块组成：

(1) 单片机芯片配置 40 脚 STC15 系列单片机插座；采用宏晶公司最新 STC15 系列 IAP15F2K61S2 单片机。

(2) 显示模块 4 配置 8 路 LED 输出；配置 8 位 8 段共阳数码管；配置 LCD1602、LCD12864 和 TFT 液晶接口。

(3) 输入/输出模块配置 4×4 键盘矩阵，其中 16 个按键可通过跳线配置为独立按键；配置 ULN2003 功率放大电路，驱动继电器、轰鸣器、步进电机、直流电机。

(4) 传感模块配置红外一体头 1838 及红外发射管；配置光敏电阻；配置数字温度传感器 DS18B20 接口。

(5) 电源 USB 和外接 8~12 V 直流电源双电源供电。

(6) 通信功能板载 USB 转串口功能，可以完成单片机与 PC 的串行通信。板载 RS232 串口功能，可以完成单片机与 PC 的串行通信。单总线扩展，可以外接其他单总线接口器件。IIC 总线，可以做 IIC 总线实验。

(7) 电子日历功能配置电子日历芯片 PCF8563。

(8) 程序下载板载 USB、串口下载功能，不需要另外配备编程器；可以对支持串行下载功能的芯片进行程序下载。

(9) STC15 系列内置 8 通道高速 10 位 A/D 转换器、3 路 PWM 输出，可当 3 路 D/A 使用。

(10) 其他单片机全部端口可外接，方便系统扩展。

2. 电路模块的连接关系

开发板上，各单元电路的连接关系见表 1-15。

表 1-15　　　　　　　IAP15F2K61S2 单片机开发板模块连接关系

MCU 引脚	连接	设备	名称	功能说明
P3.0～P3.3	行线	矩阵按键	S4～S19	用户按键 S4～S19
P3.4、P3.5、P4.2、P4.4	列线			
P0.0～P0.7	数据			LED、数码管和驱动器公用
P2.5～P2.7	Y4C	LED	L1～L8	LED 锁存器使能
	Y5C	驱动器	ULN2003	驱动器锁存器使能
	Y6C	数码管	DS1～DS2	数码管位选锁存器使能
	Y7C			数码管段选锁存器使能
P1.0～P1.1	J2.1-J2.3/J2.2-J2.4	超声波		超声波发送/接收
	J2.3-J2.5/J2.4-J2.6	紫外线		红外线发送/接收
P1.3、P1.7、P2.3	RST/SCK/IO	实时钟	DS1302	
P1.4	DQ	温度传感器	DS13B20	
P2.0/P2.1	SCL/SDA	EEPROM	AT24C02	
		ADC/DAC	PCF8591	CH1-光敏,CH3-Rb2
P3.4	J3.15-J3.16	方波发生器	555N	Rb3

3. 跳线说明

(1)超声/红外功能选择跳线(J2)

1、3 短接,2、4 短接:选择超声波测距功能。

3、5 短接,4、6 短接:选择红外发射/接收功能。

(2)USB 功能选择(J4)

1、2 短接:选择 UART 功能,USB 接口用作串行通信。

2、3 短接:选择 PROG 功能,通过 USB 接口对 AT89S52 编程。

(3)按键功能选择(J5)

1、2 短接:选择 4x4 键盘功能。

2、3 短接:选择 S4～S7 四个独立按键功能。

(4)外设访问方式选择(J13)

1、2 短接:选择存储器映射模式。

2、3 短接:选择 I/O 口直接控制模式。

(5)外设访问方式选择(J15)

1、2 短接:选择 51 系列单片机。

2、3 短接:选择 AVR 系列单片机。

4. 电位器功能说明

(1)电位器 Rb1:用于调节液晶模块的显示清晰度。

(2)电位器 Rb2:调节电压值,用于 PCF8591 芯片 AIN3 通道输入。

(3)电位器 Rb3:调节 555 输出信号的频率。

(4)电位器 Rb4:用于调节信号放大模块的放大倍数。

习 题

❶ _____ 资源是 IAP15F2K61S2 单片机不具备的。
A. ADC　　　　　　B. DAC　　　　　　C. EEPROM　　　　D. 内部 RC 振荡器

❷ _____ C51 关键字能够实现指定工作寄存器区。
A. interrupt　　　　B. code　　　　　　C. using　　　　　　D. reentrant

❸ 单片机内部反应程序运行状态或运算结果的特征寄存器是_____。
A. PC　　　　　　　B. PSW　　　　　　C. SP　　　　　　　D. A

❹ MCS-51 单片机扩展外部存储器时,P2 口可作为_____。
A. 8 位数据输入口　　　　　　　　　　B. 8 位数据输出口
C. 输出高 8 位地址　　　　　　　　　　D. 输出低 8 位地址

❺ 以下关于 IAP15F2K61S2 单片机的说法中正确的是_____。
A. 所有 I/O 口都具有 4 种工作模式
B. 支持 7 种寻址方式
C. 支持 7 种复位方式
D. 提供了 8 个 A/D 输入通道,12 位 A/D 转换精度

❻ 8051 单片机的 P0 口,当使用外部存储器时它是一个_____。
A. 传输高 8 位地址口　　　　　　　　　B. 传输低 8 位地址口
C. 传输高 8 位数据口　　　　　　　　　D. 传输低 8 位地址/数据口

❼ 关于单片机下列说法错误的有_____。
A. IAP15F2K61S2 单片机复位后,P0～P3 口状态为低电平
B. 具有 PWM 功能的单片机可通过滤波器实现 DAC 功能
C. IAP15F2K61S2 可以使用内部 RC 振荡器,也可以使用外部晶振工作
D. 所有单片机的程序下载都需要冷启动过程

❽ STC15 系列单片机的 I/O 具有_____工作模式。
A. 双向口模式　　　B. 推挽输出模式　　C. 高阻输入模式　　D. 开漏输出模式

❾ 简述 IAP15F2K61S2 单片机和 MCS-51 单片机的异同点。

❿ 什么是单片机的在系统编程(ISP)和在线应用编程(IAP)。

⓫ 将开发板同计算机进行连接,练习开发板在线仿真的配置方式。

第 2 章　C51 程序设计基础

本章主要介绍 C51 程序语言的数据类型、存储类型、基本语句、指针、函数和单片机的 I/O 口程序设计实例。

2.1　C51 程序语言特点

一个典型的单片机 C51 程序示例如下：

```
#include<stdio.h>                      //头文件
void main()                             //主函数
{
    float a;                            //定义 a 为单精度浮点型变量
    double b;                           //定义 b 为双精度浮点型变量
    a=1134.5678;                        //赋值
    b=5890.1;
    printf("a=%f\nb=%f\n",a,b);         //打印输出结果
}
```

本例中，首先初始化两个变量，然后打印输出变量的值。从中可以看出，单片机 C51 程序语言和 C 语言非常类似，这给用户的学习和使用带来了方便。

如图 2-1 所示，与汇编语言相比，C51 程序语言在结构上更易理解，可读性强，且开发速度快，可靠性高，便于移植。因此，使用 C51 程序语言进行单片机系统的开发，可以缩短开发周期，降低开发成本。

单片机 C51 程序语言特点很多，总结起来主要有以下几点：

(1) 单片机 C51 程序语言兼备高级语言与低级语言的优点，语法结构和标准 C 语言基本一致。其规模适中，语言简洁，便于学习。

(2) 单片机 C51 程序语言提供了完备的数据类型、运算符以及函数。

```
LIANXI.ASM
main: mov dptr,#0ff7fh   ;送控制字 a输出，b输出，方式0
      mov a,#80h
      movx @dptr,a
      mov dptr,#0ff7ch   ;灭灯
      mov a,#0ffh
      movx @dptr,a
      mov dptr,#0ff7dh
      mov a,#0ffh
      movx @dptr,a
      LJMP loop;

loop: mov dptr,#0ff7ch   ;红灯全亮，ba口送0db6h
      mov a,#0b6h
      movx @dptr,a
      mov dptr,#0ff7dh
      mov a,#0dh
      movx @dptr,a
      acall delay
```

(a)汇编语言示例

```
//例1利用定时器0工作方式1，在实验板上实现D1---D8以300ms进行流动。
#include "reg51.h"
#include <intrins.h>
typedef unsigned char u8;
u8 n,i;
void ds0_init()
{
  TMOD=0x01;
  TH0=(65536-50000)/256;
  TL0=(65536-50000)%256;
  ET0=1;
  EA=1;
  TR0=1;
}
void main()
{
  ds0_init();
```

(b)C51 程序语言示例

图 2-1　汇编语言与 C51 程序语言对比示例

(3)C51 程序语言是一种结构化程序设计语言，程序结构简洁明了。

(4)C51 程序语言的可移植性好。

(5)C51 程序语言生产的代码执行效率高，比汇编语言便于理解和代码交流。

(6)单片机 C51 程序语言开发速度快，可以明显缩短开发周期。

而 C51 程序语言与标准 C 语言的相同点和差异之处如下：

(1)相同点：语法规则、程序结构、编程方法。

(2)差异之处：数据结构(数据类型、存储模式)、中断处理、端口扩展。

2.2　C51 的数据类型

数据是单片机操作的对象，是具有一定格式的数字，数据的格式称为数据类型。数据类型是 C51 程序语言最基本的组成部分。在 C51 程序语言中，每个变量在使用之前必须定义其数据类型。数据类型的字长和取值范围见表 2-1。

表 2-1　数据类型的字长和取值范围

关键字	数据类型	长　度	值　域
字符型	unsigned char	单字节	0～255
	(signed)char	单字节	−128～+127
整型	unsigned int	双字节	0～65 535
	(signed)int	双字节	−32 768～+32 767
	unsigned long	4 字节	0～4 294 967 295
	(signed)long	4 字节	−2 147 483 648～+2 147 483 647
实型	float	4 字节	$\pm1\times10^{-38}$～$\pm3\times10^{38}$
指针型	*	1～3 字节	对象的地址
位型	bit	位	0 或 1
访问 SFR 数据类型	sfr	单字节	0～255
	sfr16	双字节	0～65 535
	sbit	位	0 或 1

1. 字符型 char

51单片机是8位单片机,其存储单元和寄存器均为一字节,因此,在51单片机程序设计中,常用 unsigned char 类型来定义 0~255 的整数。

2. 整型 int

在程序设计中,如果估计变量的取值范围超过字符型表示的范围,可将变量定义为整型。

3. 长整型 long

长整型 long 分为带有符号长整型(signed)long 和无符号长整型 unsigned long,占 4 字节存储容量。程序设计中,如果估计变量取值范围超过 int 型所能表示的范围,可将变量定义为此类型。

4. 位类型 bit

位类型 bit 是 C51 程序语言扩充的数据类型,利用它可定义一个位标量,但不能定义位指针,也不能定义位数组。bit 类型占一个位的存储容量,只有 0 或 1 两种取值。位变量必须定位在 51 单片机片内 RAM 的可位寻址空间中,也就是字节地址为 20H~2FH 的 16 个字节单元,每一字节的每一个位都可以单独寻址,共有 128 个位。

格式:bit bit_name=[0 或 1];

位地址(00H~7FH)定位在 51 单片机片内 RAM 的可位寻址区,具体值由编译器分配。

5. 特殊功能寄存器型

单片机内部包含各种寄存器,如各种控制寄存器、状态寄存器及 I/O 口锁存器、定时器、串行端口数据缓冲器等,它们离散地分布在 80H~FFH 的地址空间,这些寄存器统称为特殊功能寄存器(Special Function Registers,SFR)。特殊功能寄存器类型 sfr 和 sfr16 就是用于定义这些特殊功能寄存器的。

格式:sfr/sfr16 sfr_name=字节地址常数;

如:sfr P0=0x80;   //P0 口的地址为 0x80

sfr16 DPTR=0x0082;   //指定 DPTR 的地址 DPL=0x82,DPH=0x83

部分 SFR 具有位地址,如 PSW 寄存器通过如下格式定义了与这些位地址相关的变量,见表 2-2。

表 2-2　PSW 寄存器的数据格式

PSW	D7	D6	D5	D4	D3	D2	D1
(D0H)	CY	AC	F0	RS1	RS0	OV	F1
位地址	0xD7	0xD6	0xD5	0xD4	0xD3	0xD2	0xD1

6. 可寻址位型

sbit 是 C51 程序语言中的一种扩充数据类型,利用它可以访问单片机内部的 RAM 中的可寻址位或特殊功能寄存器中的可寻址位。sbit 常用于定义并行口的单独使用的位。例如,将并行口 P1 的第 1、2 位分别定义为 LED1、LED2,相关程序段如下:

```
sbit LED1=P1^1;
sbit LED2=P1^2;
```

注意:一个 sbit 只能定义一个端口,下面的定义方式是错误的:

sbit LED1=P1^1,LED1=P1^2;

IAP15F2K61S2 单片机对应的头文件为"STC15F2K60S2.h",头文件"STC15F2K60S2.h"中定义了全部 sfr/sfr16 和 sbit 变量。在 C51 编译器中需用预处理命令"♯include"STC15F2K60S2.h""把该头文件包含到 C51 程序中,如图 2-2 所示。

```
1  #include "STC15F2K60S2.h"
2  #define u16 unsigned int
3  void delay(u16 k)  //200*kus=0.2 ms计算
4  {
5      u16 i,j;
6      for(i=k;i>0;i--)
7      {
8          for(j=182;j>0;j--);
9      }
10 }
11 void jf_init()
12 {
13     P2=(P2&0x1f)|0xa0;   //关闭继电器和蜂鸣器,Y5
14     P0=0;
15     P2=P2&0x1f;
16 }
17 void main()
```

图 2-2　STC15F2K60S2.h 头文件预处理

7. 存储器类型

C51 变量定义的四要素如图 2-3 所示。

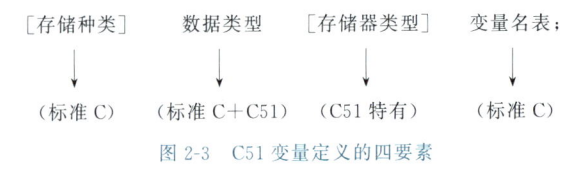

[存储种类]　数据类型　[存储器类型]　变量名表;
　　↓　　　　　　↓　　　　　　↓　　　　　　↓
　(标准 C)　　(标准 C+C51)　　(C51 特有)　　(标准 C)

图 2-3　C51 变量定义的四要素

括号项——可以缺省(但需有缺省值)

(1)存储种类

• auto(自动型)——变量的作用范围在定义它的函数体或语句块内。执行结束后,变量所占内存即被释放。

• extern(外部型)——在一个源文件中被定义为外部型的变量,在其他源文件中需要通过 extern 说明方可使用。

• static(静态型)——利用 static 可使变量定义所在的函数或语句块执行结束后,其分配的内存单元继续保留。

• register(寄存器型)——将变量对应的储存单元指定为通用寄存器,以提高程序运行速度。

(2)存储器类型

C51 变量的存储器类型和取值范围见表 2-3。其中 data 存储器是默认存储器类型,数据存取速度也最快。

表 2-3　　　　　　　　　　C51 变量的存储器类型和取值范围

存储器类型	取值范围
data(最快)	默认存储器类型,低 128 字节内部 RAM(00H～7FH 地址空间)
bdata(快)	可位寻址内部 RAM,BDATA 区(20H～2FH 地址空间),允许位和字节混合访问
idata(快)	256 字节内部 RAM,间接寻址 IDATA 区(00H～FFH 地址空间),允许访问全部内部单元

(续表)

存储器类型	取值范围
pdata(慢)	分页寻址外部 RAM，PDATA 区(256 字节 XRAM，位于 0000H～FFFFH 地址空间)
xdata(较慢)	外部 RAM，XDATA 区(0000H～FFFFH 地址空间)
code(一般)	程序存储区，CODE 区(0000H～FFFFH 地址空间指令访问)

在 Keil 软件中，存储器类型可以由目标对话框来设定，如图 2-4 所示。变量或函数参数存储类型可由存储模式(Small，Compact，Large)(Options for Target'Target1'…选项)指定缺省存储类型。

在 Small 模式下，函数参数和局部变量位于由 data 定义的单片机片内部 RAM(00～7FH)中。

在 Compact 模式下，函数参数和局部变量位于 pdata 定义的外部 RAM 中。

在 Large 模式下，函数参数和局部变量位于 xdata 定义的外部 RAM 中。

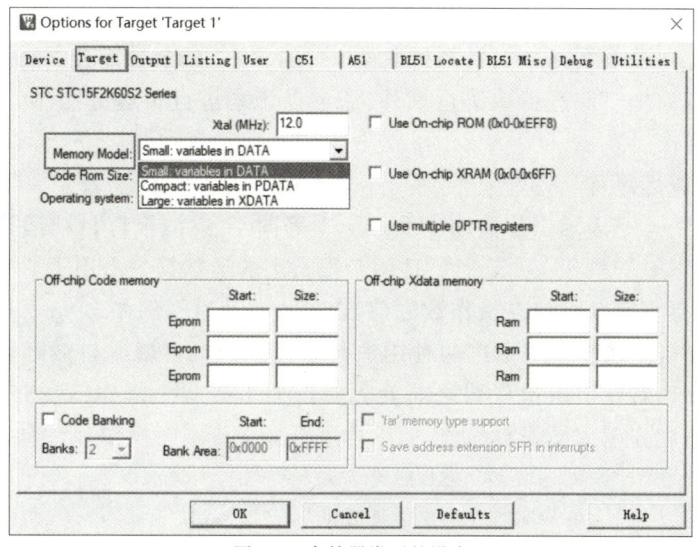

图 2-4　存储器类型的设定

2.3　C51 的基本运算

运算符是表示特定的算数或逻辑操作的符号，也称为操作符。在 C51 程序语言中，需要进行运算的各个量(常量或变量)通过运算符连接起来便构成一个表达式。C51 程序语言中有算术运算符、逻辑运算符、关系运算符、位运算符，还有些用于辅助完成复杂功能的特殊运算符，如"，""?"运算符、地址操作运算符、联合操作运算符、"sizeof"运算符、类型转换运算符等。使用特殊运算符可以起到简化程序的作用。下面对各种运算符的含义和用法分别进行介绍。

1. 算术运算符

算术运算符是用来进行算术运算的操作符。C51 程序语言中的算术运算符继承了其他

高级计算机语言的特点,用法基本一致。C51程序语言中的算术运算符有如下几种:

(1)"－"运算符:进行减法或取负的运算。

(2)"＋"运算符:进行加法运算。

(3)"＊"运算符:进行乘法运算。

(4)"/"运算符:进行除法运算。

(5)"％"运算符:进行模运算。

(6)"－－"运算符:进行自减(减1)运算。

(7)"＋＋"运算符:进行自增(增1)运算。

普通算术运算符是指"＋""－""＊""/""％"运算,普通算术运算符的运算操作和其他高级语言的运算相类似,需要注意的是以下几个运算符操作的不同之处:

(1)除法运算符"/"的运算结果是取除法结果的整数部分。例如,"10/4＝2",结果取商2.5的整数部分,值为2。

(2)取模运算符"％"的运算结果是取除法结果的余数部分。该运算符不能用于浮点数数据的运算操作。例如,"9％4＝1",结果取商9－4×2＝1的余数部分,值为1。

(3)减法运算符"－"除进行减法运算外,还可以用来进行负运算操作。例如,"－sz"是取变量 sz 的负操作。

2. 自增和自减运算符

自增运算符"＋＋"表示操作数加1,即 x＋＋等同于 x＝x＋1,自减运算符"－－"表示操作数减1,即 x－－等同于 x＝x－1。这两个很常用的运算符是沿用了 C 语言的特点。

自增和自减运算符既可放在操作数之前,也可放在其后。例如 x＝x＋1,可写成＋＋x,也可以写成 x＋＋,但在表达式中这两种用法是有区别的。自增或自减运算符放在操作符之前时,C51程序语言在引用操作数之前就先执行加1或减1操作;运算符在操作数之后时,C51程序语言就先引用操作数的值,而后再进行加1或减1操作,示例如下:

  x＝＋＋m;   //m 先增加1,然后赋值给 x

  x＝m＋＋;   //m 先赋值给 x,然后再增加1

3. 逻辑运算符

逻辑运算符是进行逻辑运算的操作符。C51程序语言中的逻辑运算符如下:

(1)"!"运算符:进行逻辑非运算。

(2)"||"运算符:进行逻辑或运算。

(3)"&&"运算符:进行逻辑与运算。

逻辑运算符的操作对象可以是整数数据、浮点型数据以及字符型数据。如果逻辑运算符的操作结果为真,则运算结果为1;如果为假,则运算结果为0。

4. 关系运算符

关系运算符主要用于比较操作数的大小关系,和一般的 C 语言相类似。常用的关系运算符如下:

(1)">"运算符:判断是否大于。

(2)">＝"运算符:判断是否大于或等于。

(3)"<"运算符:判断是否小于。

(4)"<＝"运算符:判断是否小于或等于。

(5)"=="运算符:判断是否等于。

(6)"!="运算符;判断是否不等于。

关系运算符和逻辑运算符在程序中常常联合使用。如果关系运算符的操作结果为真,则运算结果为1;如果为假,则运算结果为0。

5. 位运算符

位运算符是对字节或字中的二进制位(bit)进行逐位逻辑处理或移位的运算符。C51程序语言中的位运算符如下:

(1)"&"运算符:进行逻辑与(AND)运算。

(2)"|"运算符:进行逻辑或(OR)运算。

(3)"^"运算符:进行逻辑异或(XOR)运算。

(4)"~"运算符:进行按位取补(NOT)运算。

(5)">>"运算符:进行右移运算。

(6)"<<"运算符:进行左移运算。

位运算符的操作对象为整型和字符型数据的字节或字,位操作不能用于float、double、long double、void或其他聚合类型。C51程序语言支持全部的位运算符,表明C51程序语言可以进行汇编语言所具有的位运算,因此C51程序语言既具有高级语言的特点,也具有低级语言的功能。位运算中的AND、OR和NOT的真值表与逻辑运算等价,唯一不同的是,位运算是首先将操作数分解为二进制,然后逐位进行运算的。

6. ","运算符

","运算符是把几个表达式串在一起,并用括号括起来,按顺序从左到右计算的运算符。","运算符左侧表达式的值不作为返回值,只有最右侧表达式的值作为整个表达式的返回值。

7. "?"运算符

"?"运算符首先计算表达式1的值,然后根据表达式1的真假接着计算其余表达式的值,并输出结果。"?"运算符是三目操作符,其一般形式如下:

EXP1? EXP2;EXP3;

其中,EXP1、EXP2和EXP3是表达式。"?"运算符作用是计算表达式EXP1的值后,如果其值为真,则计算表达式EXP2的值,并将其结果作为整个表达式的结果;如果表达式EXP1的值为假,则计算表达式EXP3的值,并将结果作为整个表达式的结果。

8. "sizeof"运算符

"sizeof"运算符返回变量所占的字节或类型长度字节。"sizeof"运算符是单目操作符。在C51程序语言中,"sizeof"运算符类似于C51程序语言中的length函数。

9. 地址操作运算符

地址操作运算符用来对变量的地址进行操作。在C51程序语言中,地址操作运算符主要有两种:"*"和"&"。其中,"*"运算符是单目操作符,其返回位于某个地址内存储的变量值;"&"运算符也是一个单目操作符,其返回操作数的地址。

10. 联合操作运算符

联合操作运算符主要简化一些特殊的赋值语句,这类赋值语句的一般形式如下:

<变量1>=<变量1><操作符><表达式>

利用联合操作运算符可以简化为如下形式：

＜变量1＞＜操作符＞＝＜表达式＞

联合操作运算符适合于所有的双目操作符。C51程序语言中的常用联合操作运算符示例如下：

a＋＝b,相当于 a＝a＋b。

a＊＝b,相当于 a＝a＊b。

a&＝b,相当于 a＝a&b。

a!＝b,相当于 a＝a!b。

a/＝x＋y－z,相当于 a＝a/(x＋y-z)。

11. 类型转换运算符

类型转换运算符用于强制使某一表达式的结果变为特定数据类型。类型转换运算符的一般形式如下：

(类型)表达式

其中,"类型"中的类型必须是C51程序语言中的一种数据类型。类型转换运算符示例如下：

(float)x/2   //将 x/2 的结果转换为浮点型

在C51程序语言中,"/"运算的结果为整数,为确保表达式 x/2 具有准确的结果,所以使用类型转换运算符强制运算结果转换为浮点型数据。

12. 运算符优先级和结合性

在C51程序语言中,当一个表达式中有多个运算符参与运算时,要按照运算符的优先级别进行运算。在复杂的表达式中,除了要判断运算优先级,还要考虑结合性(或者关联性)。

(1)算术运算符的优先级

算术运算符的优先级由高到低依次为自增自减(＋＋、－－)和取负(－)、乘法除法(＊、/)和取模(％)、加和减(＋、－)。

需要强调的是,在C51程序编译时对同级运算符一般按从左到右的顺序进行计算,由于括号的优先级最高,所以括号会改变计算顺序。

(2)关系运算符和逻辑运算符的优先级

关系运算符和逻辑运算符相对优先级最高的是"!",其次是"＞""＜""＞＝"和"＜＝",然后是"＝＝"和"!＝",后面是"&&",最后是"||"。

13. C51 的表达式

C51的表达式主要有算术表达式、赋值表达式、逗号表达式、关系表达式和逻辑表达式等几种表达式,下面予以分别介绍。

(1)算术表达式

算术表达式是指用算术运算符将操作数连接起来的式子,其中也可以使用括号,例如(a－(b＋c)＊3)/2－12。算术表达式虽然比较简单,但是在使用时要注意算术运算符的计算优先级和结合性,否则很容易使得程序错误。

(2)赋值表达式

赋值表达式是指,由赋值运算符"＝"将一个变量和另一个变量或者表达式连接起来的式子。赋值表达式的一般形式如下：

<变量><赋值运算符><表达式>

在 C51 程序语言中使用赋值表达式,要注意数据类型的转换。数据类型的转换是指不同类型的变量混用时,不同类型之间的转换。赋值表达式中类型转换的规则是等号右边的值转换为等号左边的值所属的类型。

(3)逗号表达式

逗号表达式是用逗号运算符",",以及括号将两个或多个表达式连接在一起的式子。其一般形式如下:

表达式 1,表达式 2,表达式 3,…,表达式 n

(4)关系表达式

关系表达式是指两个表达式用关系运算符连接起来的式子。关系运算符又称为"比较运算"。示例如下:

x<(19+y);
x!=y;
(x<5)>=7;

关系表达式的计算结果是逻辑"真(True)"或者逻辑"假(False)"。当结果为真时,表达式的值为 1;当结果为假时,表达式的值为 0。

(5)逻辑表达式

逻辑表达式是指两个表达式用逻辑运算符连接起来的式子。逻辑表达式中的操作对象可以是任何类型的数据,如整型、浮点型、字符型或指针型等。逻辑表达式的值是逻辑值,即"真"和"假"。当结果为真时,表达式的值为 1;反之为 0。

关系表达式和逻辑表达式通常是结合在一起使用的,常用于程序控制语句中控制流程运算。用于控制程序的流程时,要配合 if、while 和 for 等语句来完成。

2.4　C51 的基本语句

C51 程序语言是一种结构化的程序设计语言,采用的是模块化程序结构。C51 程序语言采用一定的流程控制结构来控制各模块间的顺序关系。C51 程序语言中提供了许多功能强大的程序控制语句。学习这些语句的用法对于掌握 C51 程序语言的结构化程序设计很有帮助,合理使用这些语句可以完成复杂的程序设计。

C51 程序语言中的基本语句包括变量声明语句、表达式语句、复合语句、循环语句、条件语句、开关语句、程序跳转语句、函数调用语句、函数返回语句和空语句等。下面分别对各语句的用法进行详细讲解。

1. 变量声明语句

变量声明语句一般用来定义声明变量的类型以及变量的初始值。变量声明语句的一般形式如下:

类型说明符 变量名(=初始值)

其中,类型说明符指定变量的类型,变量名即变量的标识符。变量声明语句的示例如下:

```
int a;                //声明整型变量 a
float f1;             //声明浮点型变量 f1
char P[8];            //声明字符数组 P[8]
sfr P1;               //声明特殊功能寄存器
bit third;            //声明位标量
sbit UV;              //声明位变量
```

如果在变量声明的同时赋初值,则可以用"="指定初始值示例如下:

```
int a=5;              //声明整型变量 a 并初始化值
float f1=1.278;       //声明浮点型变量 f1 并初始化值
char P[8]="second";   //声明字符数组 P[8]并初始化值
sfr P1=0xA0;          //声明并初始化特殊功能寄存器
bit third=1;          //声明位标量并初始化赋值
sbit UV=P0^0;         //声明位变量并初始化赋值
```

2. 表达式语句

表达式语句是由表达式和末尾的分号";"构成的,用来描述算术运算、逻辑运算或执行特定的硬件操作。表达式语句是 C51 程序语言中最基本的一种语句。表达式语句示例如下:

```
Ch='A';
a*10;
Count++;
c=(a-b)/b*5;
```

在 C51 程序语言中使用表达式语句,需要注意如下几点:

(1)表达式和表达式语句的区别在于结尾是否有分号。表达式结尾没有分号,而任何表达式在末尾加上分号";",便可以构成表达式语句。

(2)表达式语句可以执行某些运算,而不将结果赋值给任何变量。虽然这样的语句没有任何实际的操作意义,但它是一个合法的语句。

(3)不同的程序设计语言中,表达式语句的表示方法也不一样,在 C51 程序语言中加入";"构成表达式语句。

3. 复合语句

复合语句是用一对花括号"{}"将若干语句组合在一起而构成的语句。复合语句在程序中是很重要的一种结构,常用于将多个语句组合起来完成特定的功能。在程序中使用复合语句要注意以下几点:

(1)复合语句内部简单语句的结尾仍要有分号,但是复合语句的构成符"{"和"}"之后均不能有分号。

(2)C51 程序语言中,复合语句在语法上等同于一条语句。在程序运行时,复合语句"{}"中的各行单语句是依次顺序执行的。

(3)在 C51 程序语言中复合语句可以嵌套使用。复合语句中的语句可以是简单语句,也可以是复合语句,即在"{}"中还可以再有"{}"。这样形成的层次结构原则上可以无限地扩大。

(4)复合语句不但可以由可执行语句组成,还可以由变量定义等语句组成。在复合语句中所定义的变量,称为"局部变量",其变量作用域只在复合语句内部。

(5)函数体本身也是一个复合语句,函数内定义的变量的作用域只在函数内部。

(6)典型的复合语句还有由 if、else、for 等构成的语句。

4. 循环语句

循环语句用于需要进行反复多次执行若干语句的操作。C51 程序语言中包括 3 种循环语句:while 语句、do-while 语句和 for 语句。虽然这 3 种语句都是进行循环操作,但在程序中的作用和用法却不相同。在程序中使用循环语句时,要注意恰当地选择合适的循环语句。下面分别介绍这 3 种循环语句。

(1) while 语句

while 语句的一般形式如下:

```
while(条件表达式)
{
    语句体;
}
```

while 语句在执行时首先判断表达式值是否为真,如果为真,便执行一次语句,然后再次判断表达式,直到表达式的值被判定为假,才结束循环。while 语句结束后,程序便可以接着执行循环体外的后续语句。

使用 while 语句时,要注意以下几点:

- while 语句的特点是先判断表达式即条件,后执行语句。这样可能不执行任何语句就退出。
- 如果循环体内的语句只有一个,则可以省略"{}"。如果循环体内的语句由多行构成,即语句是语句体时,必须括起来,表示成复合语句的形式。
- while 语句"{}"后面无分号。
- while 语句循环体内允许空语句,此时 while 语句结尾需要添加分号。

```
while((char=getchar())! ='\X0D');
```

本例为等待键盘输入字符,直到键入 Enter 时,循环才结束。循环语句只有表达式作为判定条件,而没有执行语句。

- while 语句循环允许多层循环嵌套使用。
- 在使用 while 语句时,要将表达式或执行语句进行适当的修改,使其可以跳出循环,而不至于造成死循环。

(2) do-while 语句

do-while 语句的一般形式如下:

```
do
{
    语句体;
}while(条件表达式);
```

do-while 语句在执行时,首先执行一次 do 后面的语句,然后再判断 while 后的表达式值是否为真,如果表达式值为真,返回再次执行 do 后面的语句,直到表达式值为假,才结束循环。do-while 语句结束后,程序才可以继续执行循环体外的后续语句。使用 do-while 语句时,要注意以下几点:

• do-while 语句的特点是先执行一次语句,然后再判断条件。因此,do-while 语句至少执行一次 do 后面的语句。

• 如果 do-while 循环体内的语句只有一条,可以省略"{}"。如果 do-while 循环体内由多个语句构成语句体,必须用"{}"括起来,表示成复合语句的形式。

• do-while 语句中的"{}"后面无分号。

• 使用 do-while 语句时,while(表达式)后的";"不能遗漏。

• 使用 do-while 语句时,需要注意避免构成死循环。

(3) for 语句

for 语句的一般形式如下:

for([表达式 1];[表达式 2];[表达式 3])
{
　　语句体;
}

for 语句在执行时,首先执行表达式 1,然后判断表达式 2,如果为真,则执行一次循环体内部的语句和表达式 3,否则将结束循环。for 语句结束后,程序才可以继续执行循环体外的后续语句。使用 for 语句时,需要注意以下几点:

• for 语句中的 3 个表达式都是可以选择项,可以任意缺省,但";"不能省。例如 for(;;),表示一个无限循环。省略表达式 1,即不对循环控制变量进行初始化赋值;省略表达式 2,即不判断循环条件的真假;省略表达式 3,即不对循环控制变量进行操作。

• 如果 for 语句中省略表达式 3,则可以在循环语句体内加入控制循环变量的语句,从而避免构成一个死循环。

• for 语句循环允许多层循环嵌套。

• for 语句循环体中如果只有一条语句,则可以省略"{}"。如果循环体内的语句是多个语句构成的语句体,则必须用"{}"括起来。

• for 语句"{}"后面无分号。

• for 语句循环体内允许空语句,此时 for 语句结尾需要添加分号。

for(i=0;i<100;i++);

本例中 for 语句没有循环体,只进行空循环,没有任何的操作意义,常用于延时。

5. 条件语句

条件语句由关键字 if 构成,用于需要根据某些条件来控制执行走向的程序。条件语句又被称为 if 条件语句或"分支语句"。条件语句是很重要的程序控制语句,在 C51 的程序设计中经常会用到。C51 程序语言提供了多种形式的 if 条件语句,下面分别进行介绍。

(1) 单分支条件语句

单分支条件语句只有一个分支语句或者分支语句块,其一般形式如下:

if(条件表达式)
{
　　分支语句;
}

其中,当 if 条件语句的条件表达式的值为真时,就执行分支语句;当条件表达式为假时,就跳过分支语句。if 条件语句执行完成后,执行后续程序代码。

(2)双分支条件语句

双分支条件语句包含两个分支语句,即由关键字 if 和 else 构成,其一般形式如下:

```
if(条件表达式 1)
{
    分支语句 1;
}
else
{
    分支语句 2;
}
```

其中,当条件表达式为真时,就执行分支语句 1;当条件表达式为假时,就执行分支语句 2。if 语句执行完后,继续执行 if 语句后面的程序代码。

(3)多分支条件语句

多分支条件语句可以包含多个分支语句,其一般形式如下:

```
if(条件表达式 1)
{
    分支语句 1;
}
else if(条件表达式 2)
{
    分支语句 2;
}
else if(条件表达式 3)
{
    分支语句 3;
}
else if(条件表达式 n)
{
    分支语句 n;
}
else
{
    分支语句 n+1;
}
```

多分支条件语句在执行时,从上到下逐个对条件表达式进行判断,一旦某个条件表达式值为真,就执行相应的分支语句,其余分支语句不再执行;如果没有一个条件表达式为真,则执行最后一个 else 分支,即分支语句 n+1。在 C51 程序设计中使用多分支条件语句,需要注意以下几点:

• 在整个多分支条件语句中,只执行其中的一条语句。

• 如果分支语句只有一条语句,则可以省略"{}",否则不可以省略"{}"。

• if 和 else 是配对使用的,如果少了一个就会出现语法出错,else 总是与最临近的 if 相配对。

（4）多层条件嵌套的条件语句

条件语句循环允许多层条件进行嵌套。嵌套的一般形式如下：

```
if(条件表达式)
{
    if(条件表达式)
    {
        语句1；
    }
    else
    {
        语句2；
    }
}
else
{
    if(条件表达式)
    {
        语句3；
    }
    else
    {
        语句4；
    }
}
```

其中，嵌套的条件语句可以采用前面介绍的任何一种形式。多层条件嵌套的条件语句在执行时，按照前面的规则执行。

6. 开关语句

开关语句由关键字 switch 和 case 来标识，主要用于多个分支语句处理的情况。开关语句的一般形式如下：

```
switch(表达式)
{
    case 常量表达式1：
    分支语句1；
    break；
    case 常量表达式2：
    分支语句2；
    break；
    case 常量表达式3：
    分支语句3；
    break；
    case 常量表达式n：
    分支语句n；
```

```
        break;
        default:
        分支语句 n+1;
}
```

开关语句在执行时,首先计算 switch 后的表达式的值,然后与 case 后面的各个分支常量表达式的值相比较,如果相等执行对应的分支语句,再执行 break 语句跳出 switch 语句。如果分支常量的值没有一个和条件相等,就执行关键字 default 后的语句。

使用 switch 开关语句时,需要注意以下几点:

- switch 中的变量可以是整型变量,也可以是字符型变量。这样便于进行值的比较。
- 每个分支语句后的 break 语句必须有,否则将不能跳出开关语句,而将继续执行其他分支。
- case 和 default 后的分支语句可以是多个语句构成的语句体,但是不需要使用"{}"括起来。
- 当要求没有符合的条件时,可以不执行任何语句,即可以省略 default 语句,而直接跳出该开关语句。
- 开关语句可以实现多分支 if 条件语句相同的功能,但 switch 开关语句的结构更加清晰简洁。

7. 程序跳转语句

程序跳转语句主要用于控制程序执行流程,跳转或转移程序的执行顺序。在 C51 程序语言中,主要包括三种跳转语句:goto 语句、break 语句和 continue 语句。下面分别予以介绍。

(1) goto 语句

goto 语句是一个无条件的转向语句,其一般形式如下:

```
goto 语句标号;
```

其中,语句标号为一个带冒号的有效标识符。在 C51 中,执行到这个语句时,程序指针就会无条件地跳转到 goto 后的标号所指向的程序段。

(2) break 语句

break 语句通常用来跳出循环程序块,一般用在循环语句和开关语句中。break 语句的一般形式如下:

```
break;
```

(3) continue 语句

continue 语句用来执行跳过循环体中剩余的语句,而强行执行下一次循环的操作。continue 语句使用的一般形式如下:

```
continue;
```

在 C51 中,continue 语句只用在 for、while、do-while 等循环体中,常与 if 条件语句一起使用,可以提前结束本次循环。

8. 函数调用语句

函数调用语句用于在程序中调用系统库函数或者其他用户自定义的函数。在 C51 中,函数名后面加上分号便可构成函数调用语句。

9. 函数返回语句

函数返回语句用于中止当前函数的执行,并强制返回上一级程序调用该函数的位置继续执行。在C51中,返回语句主要有以下两种形式:

```
return 表达式;
```

或者

```
return;
```

其中,如果函数带有返回值,则使用第一种返回语句,表达式的值便是函数的返回值。否则,则可以省略表达式,而采用第二种返回语句。

10. 空语句

空语句仅由一个分号";"构成,是C51中一个特殊的表达式语句,常用于程序延时。空语句在语法上完全正确,但没有任何的执行效果。在C51中,while、for构成的循环语句后面直接加一个分号,便构成一个不执行其他操作的空循环体,可以用作延时。

2.5 C51的指针

在C51程序语言中,可以通过两种方式来实现访问或修改变量。一是直接访问或修改这块区域的内容来修改变量的值;另一种是先求出变量的地址,然后通过地址再对变量进行访问。所谓指针就是地址,变量的指针就是变量的地址。利用指针变量可以对各种数据类型的变量进行操作。

1. 指针变量的定义赋值

指针变量即指针型变量,是用来存放指针的一种变量类型。在C51程序语言中,一个指针变量的值就是某个内存单元的地址。在C51程序语言中定义指针的目的是通过指针去访问内存单元。指针变量可以指向任何类型的变量,包括指针变量本身。除此之外,指针变量还可以指向数组、函数等数据结构。

(1)指针变量定义

指针变量的定义与整型、字符型等一般变量的定义方法相似,指针变量定义的一般形式如下:

```
类型标识符 * 指针名1, * 指针名2,…;
```

其中,"类型标识符"表示指针变量的类型,同时也是该指针变量所指向的变量的类型。指针变量的声明示例如下:

```
int * ip;       //ip是指向整型变量的整型指针变量
char * name;    //name是指向字符变量的字符型指针变量
float * f1;     //f1是指向浮点变量的浮点型指针变量
```

(2)指针变量赋值

指针变量值是变量的地址。为了获得变量的地址,C51程序语言中提供了地址运算符"&",用其可以获取变量的首地址。

在C51程序语言中,指针变量的赋值有以下几种情况:

①初始化赋值

初始化赋值即在定义指针变量时就进行初始化赋值。示例如下:

```
int i;              //定义整型变量 i
int * ip=&i;        //定义指针变量 ip 并初始化赋值指向变量 i,其中 &i 表示取变量 i 的首地址
```

②取地址赋值

取地址赋值,即将变量的地址直接赋值给指针变量。示例如下:

```
int x;       //定义整型变量 x
int * p;     //定义指针变量 p
p=&x;        //利用取地址运算 &x 获得变量 x 的首地址,然后赋值给指针 p
```

③指针变量间相互赋值

指针变量间相互赋值,即把一个指针变量的值直接赋给指向相同类型变量的另一个指针变量。示例如下:

```
int x=10,y=5;         //定义整型变量并初始化
int * p1=&x, * p2=&y; //定义整型指针变量并初始化
p2=p1;                //将 x 的地址赋给指针变量 p2
* p2= * p1;           //把 p1 指向的内容赋给 p2 所指的区域
```

④数组型指针变量的赋值

数组型指针变量,即指向数组的指针变量。对数组型指针变量赋值,就是把数组的首地址赋予指向数组的指针变量。示例如下:

```
int str[10], * ip;    //定义数组 str 及指针变量 ip
ip=str;               //赋值指向数组的指针变量,数组名即表示数组的首地址
```

⑤指向字符串的指针变量的赋值

字符型指针变量可以指向字符串,即把字符串的首地址赋值给指向字符串的字符型指针变量。示例如下:

```
char * ps;                  //定义字符串指针变量
ps="This is a string";      //把字符串的首地址赋值给字符型指针变量
```

⑥指向函数的指针变量的赋值

指针变量除了指向整型、字符型、浮点型、数组结构等变量外,还可以指向函数。因为函数在内存中是连续存放的,对指向函数的指针变量赋值,就是把函数的入口首地址赋予指向函数的指针变量。示例如下:

```
int( * pf)();    //定义整型指针变量
pf=fun;          //fun 为已定义的函数
```

2. 取址运算符和取值运算符

在程序中使用指针变量时,常用到与指针变量有关的两个运算符,即取址运算符"&"和取值运算符" * ",其具体用法介绍如下:

(1)取址运算符"&"

取址运算符"&"用于取变量的首地址。取址运算符是单目运算符,符合自右至左的结合性,其形式如下:

```
& 变量名
```

其中,在"&"运算符后变量是指针变量所指向的变量。该语句的含义是获得变量在单片机内存中的实际地址。示例如下:

```
int a=10, * p=&a;    //定义整型变量 a 和整型指针变量 p,使 p 指向 a
```

(2) 取值运算符"*"

取值运算符"*"用来表示指针变量所指向的内存单元的内容。取值运算符也是单目运算符,符合自右至左的结合性。

　　*指针变量名

其中,"*"运算符后的变量是指针变量。该语句的含义是获得指针变量所指向的变量在内存中的数值。示例如下:

```
#include<stdio.h>
void main()
{
    int x=5,y,*p=&x;
    y=*p+20;
    printf("y=%d\n",y);
    y=++*p;
    printf("y=%d\n",y);
    y=*p++;
    printf("y=%d\n",y);
}
```

该程序运行的结果如下:

y=25
y=6
y=5

从上例中可以看出,与直接访问一个变量相比,通过指针访问显得不直观,因为通过指针要访问的变量,取决于指针的值,也就是通过间接访问的形式进行。

3. 指针变量的运算

指针变量可以进行一些运算,例如赋值运算、算术运算以及关系运算。赋值运算前面介绍过,不再重复。

(1) 关系运算

对于指向同一数值的两指针变量进行关系运算,可用来表示它们所指向数值元素之间的地址关系。

例如,两个指针变量 p 和 q 指向同一数值,则<、>、>=、<=、==等关系运算符都能使用。另外,若指针变量未赋值,系统自动为其赋值为 NULL,即为空指针,它不指向任何变量。

(2) 算术运算

指针变量进行算术运算,包括指针变量和整数进行加减运算以及指针变量之间进行减法运算。要注意的是,两个指针变量之间不能进行加法运算,因为毫无实际意义。

(3) 指针变量和整数进行加减运算

指针变量和整数之间可以进行加减运算。设 n 为一正整数,则下面的运算是合法的。例如,假设 p 是指向数组 a 的指针变量,起始时 p 指向数组的某个元素 a[m],设 n 为一正整数,则下面的运算是合法的:

① p+n,指针变量指向的位置向后移动 n 个,即 p 指向 a[m+n]。

②p－n,指针变量指向的位置向前移动 n 个,即 p 指向 a[m－n]。

③p++,指针变量指向的位置向后移动 1 个,即 p 指向 a[m+1]。

④++p,先取指针变量的当前位置,然后将指针变量指向的位置向后移动 1 个,即 p 指向 a[m+1]。

⑤p－－,指针变量指向的位置向前移动 1 个,即 p 指向 a[m－1]。

⑥－－p,先取指针变量的当前位置,然后将指针变量指向的位置向前移动 1 个,即 p 指向 a[m－1]。

(4)指针变量之间进行减法运算

两个指向同一数组的指针变量在一定条件下,可进行减法运算。其相减的结果遵守对象类型的字节长度进行缩小的规则。两指针变量相减所得之差是两个指针所指向的数组元素间相差的元素个数,实际上是两个数组元素的地址值之差再除以该数组元素的长度(字节数)。

例如,a 和 b 是指向同一整型数组的两个指针,设 a 的值为 1086H,b 的值为 1070H,而整型数组每个数组元素占两个字节,所以 a－b 的结果为(1086－1070)/2=8,表示 a 和 b 间相差 8 个元素。

4. C51 的字符指针

字符指针是指向字符型变量的指针变量。字符指针最常用的就是对字符串进行操作。在 C51 程序语言中没有字符串变量,只有字符串常量。将字符串常量存放在一个字符数组中,使字符指针指向该字符数组,然后通过字符指针来访问字符串。

采用如下语句可以使该字符指针指向一个字符串:

```
char * pr;
pr="How are you?";
```

该语句执行后,字符型指针 pr 便指向字符串首字符"H"。

5. C51 的数组指针

数组指针是指向数组的指针变量。数组在单片机内存中是连续存放的,数组名就是数组在内存中的首地址。数组指针指向数组,既可以指向数组的首地址,也可以指向数组元素的地址,即指针变量可以指向数组或数组元素。通过使用数组指针可以访问数组和数组元素。下面根据所指向的数组类型的不同,分别介绍不同类型的数组指针。

(1)指向一维数组的指针

定义一个指向一维数组的数组指针,要分别定义一个整型数组和一个指向整型变量的指针变量。示例如下:

```
int a[10];          //定义数组
int * p;            //定义指针变量
p=&a[0];            //定义指针指向数组的首地址
```

(2)指向二维数组的指针

要定义一个指向二维数组的数组指针,需要首先定义一个二维数组,示例如下:

```
char a[3][3]={{'a','b','c'},{'e','f','g'},{'i','j','k'}};
```

在 C51 中,这个二维数组 a 可以看成以 3 个一维数组 a[0]、a[1]、a[2]为元素组成的数组。该二维数组的结构,如图 2-5 所示。

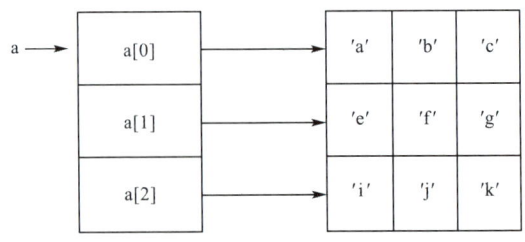

图 2-5 二维字符型数组的结构

(3) 指向一个由 n 个元素所组成的数组指针

在 C51 程序语言中，还可以直接定义一个数组指针指向由 n 个元素构成的数组，其定义格式如下：

类型标识符(*指针名)[n];

其中，类型标识符表示数组指针的类型，指针名即数组指针的变量名，示例如下：

```
int a[3][4];           //定义二维数组 a
int(*p)[4];            //定义指针 p
p=a;                   //指针赋值
```

(4) 指针和数组的关系

在 C51 中，指针和数组关系密切，使用十分灵活。在程序中使用指针可使代码更灵活，也可以使程序执行得更快，并使生产的目标代码更小。任何能由数组和下标完成的操作，也完全可以由指针和指针的偏移量来实现。

对于定义一维数组及其指针变量，示例如下：

```
int a[4];
int * p;
p=a;
```

定义后的指向一维数组的数组指针，具有如下几种操作：

```
a+i=p+i; (i=0,1,2,3)                          //地址的运算
a[i]=*(a+i)=p[i]=*(p+i); (i=0,1,2,3)          //元素的运算
```

对于定义二维数组及其指针变量，示例如下：

```
int a[3][4];
int * p;
p=a;
```

定义后的指向二维数组的数组指针，具有如下几种操作：

```
a=*a=a[0]=p;
a[i]=*(a+i)=*(p+i);
&a[i][j]=a[i]+j=*(a+i)+j=*(p+i)+j;
a[i][j]=*(a[i]+j)=*(*(a+i)+j)=(*(a+i))[j]=*(*(p+i)+j)=(*(p+i))[j];
```

(5) C51 的指针数组

指针数组是同一数据类型的指针作为元素构成的数组。指针数组中的每个数组都必须是指针变量。指针数组的定义格式如下：

类型标识符 * 数组名[常量表达式];

其中，类型标识符是指针数组的类型，"[]"内的常量表达式为指针数组的大小。典型的指针数组的声明示例如下：

```
char * p[10];
```

本例中,定义了一个指针数组 p,数组中的每个元素都是指向字符型变量的指针。该数组由 10 个元素组成,即 p[0]、p[1]、p[2]、…、p[9]均为指针变量。指针数组可以用来对字符串进行操作。

6. C51 的结构指针

结构指针是指向一个结构变量的指针变量。结构指针的值是所指向的结构变量的首地址。与数组指针类似,在 C51 程序语言中,通过结构指针可以访问结构变量。

(1)结构指针的声明

结构指针声明的一般形式如下:

```
struct 结构名 * 结构指针变量名
```

其中,struct 为关键字,说明指针的类型为结构指针,结构名为已声明的结构,即结构指针变量要指向的结构变量的结构类型。

声明结构指针的方法与声明结构变量相类似,可以先声明结构,再声明结构指针,示例如下:

```
struct student
{
    int num;
    char name[20];
    char sex[2];
    int age;
    float score;
}
struct student * ps;        //声明结构指针
```

本例中,先声明结构 student,再声明结构指针 ps 为结构 student 的结构指针。

(2)结构指针的赋值

结构指针变量要在程序中使用,必须先对其进行赋值,即将结构变量的首地址赋值给该结构指针。要注意的是,在程序中不能把结构名赋予指针变量。例如,声明 Alice 为结构 student 类型的结构变量:

```
ps=&Alice;          //正确的表示
ps=&student;        //错误的表示
```

7. 结构指针的使用

声明结构指针变量并对其赋值后,就可以在程序中通过结构指针间接地访问结构变量的各结构成员。结构指针访问结构变量的成员的一般形式如下:

```
(* 结构指针变量).成员名
```

或者

```
结构指针变量->成员名
```

8. 指向结构数组的结构指针

结构指针变量除了可以指向一般的结构变量外,还可以指向结构数组。此时结构指针变量的值是整个结构数组的首地址。结构指针变量也可以指向结构数组中的一个数组元素,此时结构指针变量的值是该结构数组元素的首地址。

若声明 ps 为指向结构数组的指针变量,则 ps 指向该结构数组的 0 号元素,ps+1 指向 1 号元素,ps+i 则指向 i 号元素。与指向普通数组的指针的情况是完全相同的。

2.6 C51 的函数

函数是 C51 程序语言的重要组成部分,是从标准 C 语言中继承而来的。任何一个完整的 C51 程序都必须有且仅有一个主函数(main 函数),主函数是 C51 程序的入口,所有 C51 程序都是从主函数开始执行的。C51 程序语言允许用户使用自定义函数。同时,C51 提供了大量的功能强大的库函数。这些库函数都是编译系统自带的已定义好的函数,用户可以在程序中直接调用,而无须再定义。

1. 函数的概述

函数是能够执行特定功能和任务的程序代码块。在 C51 程序中使用函数,应注意以下几点:

(1)在一个函数的函数体内,不能再定义其他函数,C51 不允许函数嵌套定义。
(2)在 C51 程序语言中,对所使用的函数数目是不限的。
(3)main()函数是主函数,它可以调用其他函数,而不允许被其他函数调用。
(4)除主函数外,其他函数之间允许相互调用,也允许嵌套调用。
(5)除主函数外,其他函数可以调用其函数本身,即可以递归调用。
(6)除主函数外,同一个函数可以被一个或多个函数同时调用,且调用次数不限。

2. 函数的分类

在 C51 程序语言中,从不同的角度可将函数进行分类,下面分别介绍函数的各种分类。

(1)有无返回值角度

在 C51 程序语言中,从有无返回值角度,可将函数划分为有返回值函数和无返回值函数两种。

(2)数据传送角度

在 C51 程序语言中,从主调函数和被调函数之间数据传送的角度,又可将函数分为有参函数和无参函数两种。

(3)函数定义角度

在 C51 程序语言中,从函数定义的角度,又可将函数分为主函数、自定义函数和库函数三种。

3. 函数的定义

在 C51 程序中使用函数时,与使用变量一样,要先定义才能使用。定义函数要相对复杂一些。一个完整的函数包括类型说明、参数定义、函数体说明 3 部分。函数定义的一般形式如下:

```
类型说明符 函数名(形参列表)
形参类型说明
{
    语句;
    return 语句;
}
```

4. 函数的参数

函数的参数包括形参和实参两种。在C51程序语言中,函数的参数可以采用多种数据类型,例如整型、字符型、浮点型,甚至可以是指针、数组以及多维数组等。下面就分别介绍参数的相关内容。

(1)形参和实参

函数的参数可以分为形参和实参两种。主调函数中的参数称为"实参";被调函数中的参数称为"形参"。在函数调用过程中,主调函数把实参的值传递给被调函数的形参,从而实现主调函数向被调函数的数据传送。最后被调函数再将函数返回值传递给主调函数,这样就实现了函数间的调用。

(2)指针作为函数参数

指针作为函数参数是指在发生函数调用时,把指针变量的值作为实参传递给形参,实现单向的值传送。使用指针类型作函数的形参,实际向函数传递的是地址值。指针作为函数参数的程序示例如下:

```c
#include<stdio.h>
void change(char *c)
void main()
{
    char *c;
    *c='q';
    change(c);
    printf("The char is%c",*c);
}

void change(char *c)
{
    if(*c>='a' & *c<='z')
    {
        *c=*c-32;
    }
}
```

该程序运行结果如下:

The char is Q

在本例中,定义了函数change(),用于将小写字符改为相应的大写字符。

(3)数组作为函数参数

数组可以作为函数的参数使用,进行数据传送。在C51程序语言中,数组作为函数的参数有两种情况:一种是把数组元素作为函数的参数使用;另一种是把数组名作为函数的参数使用。

(4)多维数组作为函数参数

和一维数组一样,多维数组也可以作为函数的参数。可以将多维数组的数组元素或者数组名作为参数进行传递。

5. 函数的返回值

函数的返回值只能在函数体中通过 return 语句返回给主调函数。return 语句的一般形式如下：

return 表达式；

或者为如下形式：

return(表达式)；

该语句的功能是计算表达式的值，并将其作为返回函数的返回值传递给主调函数。

6. 函数的调用

将主调函数中实参的值传递给被调函数的形参，从而实现主调函数向被调函数的数据传递，然后被调函数再将函数返回值传递给主调函数，这样就实现了函数间的调用。

在 C51 程序语言中，函数调用的一般形式如下：

函数名(实参列表)

其中，函数名即被调用函数名，实参列表是主调函数传递给被调函数的实参变量。函数的调用通常有 3 种形式。

- 函数语句。示例如下：

FUN1()；

- 函数表达式。示例如下：

z=max(x,y)；

- 函数参数。示例如下：

c=max(b,max(x,y))；

(1) 赋值调用

赋值调用是将主调函数中实参的值直接传递给被调函数中的形参，被调函数再将函数返回值传递给主调函数。赋值调用中，函数的形参是数值变量，并且把实参的值传递给函数形参但主调函数中的实参的值不会改变。

在 C51 程序语言中，常使用赋值调用来传递参数，因此一般不能改变函数调用时所用实参变量的值。赋值调用的程序示例如下：

```
#include<stdio.h>
int square(int x);
void main()
{
    int t=10;
    printf("square(%d)=%d\n",t,square(t));
    printf("t=%d\n",t);
}

int square()
{
    x=x*x;
    return x;
}
```

该程序运行结果如下：

square(10)=100
t=10

(2)引用调用

引用调用是指被调函数的形参是指针型变量，函数调用时将把实参变量的地址传递给形参指针。在被调函数中，利用形参指针所得到的地址来访问实际变量，变量的值会发生改变。引用调用将会影响主调函数中的变量的值。

在 C51 程序语言中，常使用引用调用传递函数，在这种情况下，主调函数中变量的值将发生改变。引用调用的程序示例如下：

```
#include<stdio.h>
void ch(char * c)
{
    if( * c>='A'& * c<='Z')
    {
        * c= * c+32;
    }
}
void main()
{
    char * c;
    * c='R';
    ch(c);
    printf("%c", * c);
}
```

该程序运行结果如下：

r

在本例中，定义了函数 ch()，用于将大写字符改为相应的小写字符。程序中的实参和形参都是字符型指针变量。

(3)递归调用

递归调用是指函数自己调用该函数本身，即一个函数在其函数体调用其函数本身的调用方式。在递归调用中，一个函数本身既是主调函数又是被调函数。执行递归调用时，将反复多次调用函数本身。每递归调用一次就进入新的一层。递归调用的示例如下：

```
int fun()
{
    int i;
    b=fun(i);
    return b;
}
```

在本例中声明了一个函数 fun()，在函数 fun()的函数体中同样调用了该函数，因此这是一个递归调用。在程序中使用递归调用时，要在函数体内有终止递归调用条件语句，否则会形成死循环。

(4) 嵌套调用

嵌套调用是指在被调函数的函数体中又调用了其他函数的形式。在 C51 程序语言中，不允许在嵌套调用中定义其他函数，但是允许调用其他函数。因为除了主函数外，各个函数的作用范围都是平行的。嵌套调用的程序示例如下：

```
void Fun1()
{
    ...
    Fun2();
    ...
}
void Fun2()
{
    ...
}

void main()
{
    ...
    Fun1();
    ...
}
```

在本例中，程序从 main 函数开始执行，当遇到调用 Fun1 函数的语句时，即转去执行 Fun1 函数。执行 Fun1 函数时又执行调用 Fun2 函数的语句，因此又转去执行 Fun2 函数。Fun2 函数执行完毕后，返回 Fun1 函数的断点处继续执行。Fun1 函数执行完毕后，返回 main 函数的断点处继续执行后续的程序。

7. C51 的 main 函数

main 函数，即主函数是 C51 程序中一个特殊函数，每个 C51 程序都必须有且仅有一个主函数。main 函数既可以是无参函数，也可以是有参函数。

8. C51 的库函数

C51 程序语言提供了大量功能强大的库函数，这些库函数都是编译系统自带的已定义好的函数，用户可以在程序中直接调用，而无须再定义。

(1) I/O 库函数

I/O 库函数主要用于数据通过串口的输入和输出等操作，C51 的 I/O 库函数的原型声明包含在头文件 stdio.h 中。由于这些 I/O 函数使用了单片机的串行接口，因此在使用之前需要先进行串口的初始化，然后才可以实现正确的数据通信。

(2) 标准库函数

标准库函数提供了一些数据类型转换以及存储器分配等操作函数。标准库函数的原型声明包含在头文件 stdlib.h 中。

(3) 字符库函数

字符库函数提供了对某个字符的判断和转换函数。字符库函数的原型声明包含在头文件 ctype.h 中。

(4) 字符串库函数

字符串库函数的原型声明包含在头文件 string.h 中。在 C51 程序语言中,字符串应包括两个或多个字符,字符串的结尾以空字符来表示。字符串库函数通过接受指针串来对字符串进行处理。

(5) 内部库函数

内部库函数提供了循环移位和延时等操作函数。内部库函数的原型声明包含在头文件 intrins.h 中,内部库函数见表 2-4。

表 2-4　　　　　　　　　C51 编译器提供的内部库函数

函数	功能
crol	将字符型数据按照二进制循环左移 n 位
irol	将整型数据按照二进制循环左移 n 位
lrol	将长整型数据按照二进制循环左移 n 位
cror	将字符型数据按照二进制循环右移 n 位
iror	将整型数据按照二进制循环右移 n 位
lror	将长整型数据按照二进制循环右移 n 位
nop	使单片机程序产生延时
testbit	对字节中的一位进行测试

(6) 数学库函数

数学库函数提供了多个数学计算的函数,其原型声明包含在头文件 math.h 中。

(7) 绝对地址访问库函数

绝对地址访问库函数提供了一些宏定义的函数,用于对存储空间的访问。绝对地址访问库函数的原型声明包含在头文件 absacc.h 中,各个函数见表 2-5。

表 2-45　　　　　　　　C51 编译器提供的绝对地址访问库函数

函数	功能
CBYTE	对 51 单片机的存储空间进行寻址 CODE 区
DBYTE	对 51 单片机的存储空间进行寻址 IDATA 区
PBYTE	对 51 单片机的存储空间进行寻址 PDATA 区
XBYTE	对 51 单片机的存储空间进行寻址 XDATA 区
CWORD	访问 51 单片机的 CODE 区存储器空间
DWORD	访问 51 单片机的 IDATA 区存储器空间
PWORD	访问 51 单片机的 PDATA 区存储器空间
XWORD	访问 51 单片机的 XDATA 区存储器空间
FVAR	访问 far 存储器区域
FARRAY	访问 far 空间的数组类型目标
FCARRAY	访问 fconstfar 空间的数组类型目标

(8) 变量参数表库函数

C51 编译器允许函数的参数个数和类型是可变的,变量参数表库函数便提供了用于函数参数的个数和类型可变的函数。这时参数表的长度和参数的数据类型在定义时是未知

的,可使用简略形式(记号为[…])。C51 程序语言的变量参数表函数在头文件 stdarg.h 中,其函数原型如下:

    type def char * va_list
    void va_start(ap,v)
    type defva_arg(ap,type)
    void va_end(ap)

(9) 全程跳转库函数

全程跳转库函数提供了程序跳转相关的操作函数,这些函数用于正常系列函数的调用和函数结束,还允许从深层函数调用中直接返回。全程跳转函数包含在头文件 setjmp.h 中,其函数原型如下:

    type def char jmp_buf[__jblen]
    int setjmp(jmp_bufenv)
    void long jmp(jmp_bufenv,intretal)

(10) 偏移量库函数

偏移量库函数提供了计算结构体成员的偏移量函数,包含在头文件 stddef.h 中,函数声明如下:

    int offsetof(structure,member);

该函数计算 member 从开始位置的偏移量,并返回字节形式的偏移量值。其中 structure 为结构体,member 为结构体成员。

2.7 IAP15F2K61S2 单片机的 I/O 口程序设计实例

LED 显示是最为基础的显示方式,也是单片机学习最容易入手的。开发板上 LED 驱动电路如图 2-6 所示。

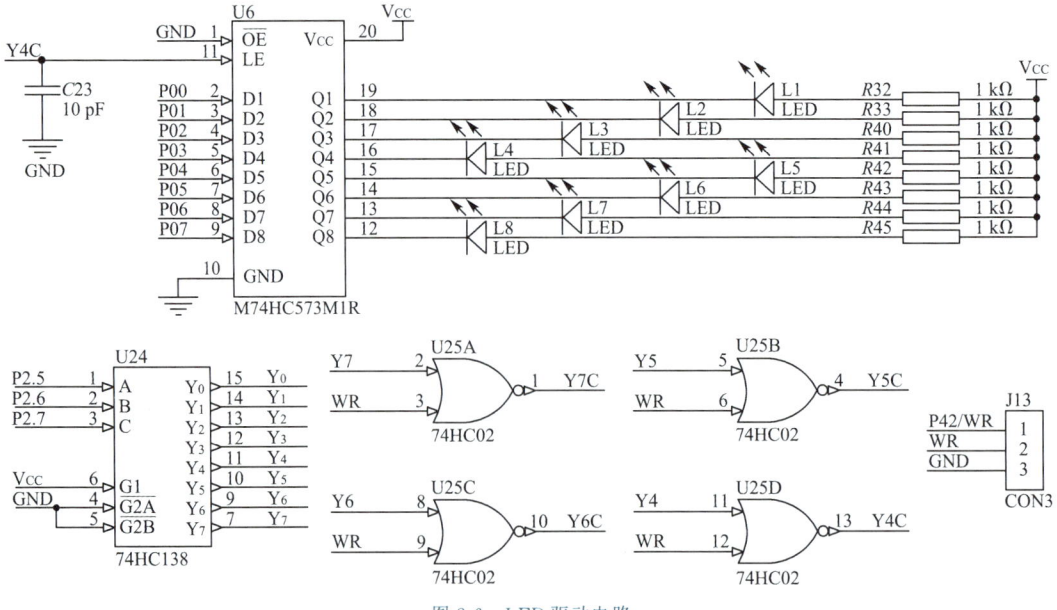

图 2-6 LED 驱动电路

由于单片机 I/O 口资源有限,这里采用锁存器和译码器来对 I/O 口进行扩展。由开发板电路原理图可知,开发板上采用了四个 M74HC573M1R 锁存器来对信号进行锁存,并增强信号驱动能力。利用 74HC138 译码器实现 P2.7~P2.5 控制 Y_0~Y_7,其中 Y_4~Y_7 分别接一个或非门 74HC02(Y_0~Y_3 为预留引脚)。74HC02 的另外一端 $\overline{WR}$ 接在了 J13。$\overline{WR}$ 可接地(I/O 模式,J13-2 和 J13-3 相连),也可以接 P4.2(存储器映射扩展方式,即 MM 模式,J13-2 和 J13-1 相连),这里采用 I/O 模式。电路中用到了 M74HC573M1R 锁存器和 74HC138 译码器,下面简要概述这两个器件的工作原理。

1. M74HC573M1R 锁存器

M74HC573M1R 锁存器为 8 路 3 态输出的非反转透明锁存器,$\overline{OE}$ 引脚为输出使能端,LE 引脚为锁存使能端。当 LE 为高电平时,输出同步,当 LE 为低电平时,符合建立时间和保持时间的数据将会被锁存,M74HC573M1R 的功能见表 2-6。

表 2-6   M74HC573M1R 锁存器功能表

输入			输出
$\overline{OE}$	LE	D0~D7	Q0~Q7
H	x	x	高阻
L	L	x	不变
L	H	L	L
L	H	H	H

2. 74HC138 译码器

74HC138 译码器是一款高速 CMOS 器件,其引脚兼容低功耗肖特基 TTL(LSTTL)系列。可接受 3 位二进制加权地址输入(C、B、A,C 是高位),G1、$\overline{G2A}$、$\overline{G2B}$ 三个引脚为使能端,G1$\overline{G2A}$ $\overline{G2B}$=100 时,74HC138 工作,此时,74HC138 提供 8 个互斥的低电平有效输出($\overline{Y_0}$~$\overline{Y_7}$)。开发板上 74HC138 的 C、B、A 分别由 P2.7、P2.6、P2.5 控制。

电路中,M74HC573M1R(U6)锁存器的锁存使能端 Y4C=$\overline{Y4+\overline{WR}}$。编程采用 I/O 模式,即将 J13 的 2 和 3 连接,$\overline{WR}$=0。$\overline{Y_4}$ 是译码器输入 P2.7~P2.5 为 100 时的有效输出。当 $\overline{Y_4}$=0 时,Y4C=1,M74HC573M1R(U6)锁存器工作。通过 P0 口即可控制 LED 的亮、灭情况。

【例 2.1】 编写程序,点亮发光二极管。

具体要求:点亮开发板的 8 个发光二极管,上电时关闭继电器、蜂鸣器。

工作原理分析:LED 驱动电路前面已做分析,这里不再赘述。由于开发板上电时,继电器和蜂鸣器是工作的,所以在初始化时要关闭继电器、蜂鸣器等无关外设。继电器和蜂鸣器驱动电路如图 2-7 所示。

电路中 ULN2003 的作用是驱动继电器(K1)和蜂鸣器(BUZZER)。ULN2003 是一款高耐压、大电流驱动反向器件,由 7 个 NPN 达林顿管组成,单个达林顿管集电极可输出 500 mA 电流,每个都有内置 2.7 kΩ 基极电阻,在 5 V 的工作电压下,它能与 TTL 和 CMOS 电路直接相连。常用于单片机、PLC 等控制电路,能直接驱动继电器、显示屏、步进电机等负载。ULN2003 逻辑框图如图 2-8 所示。

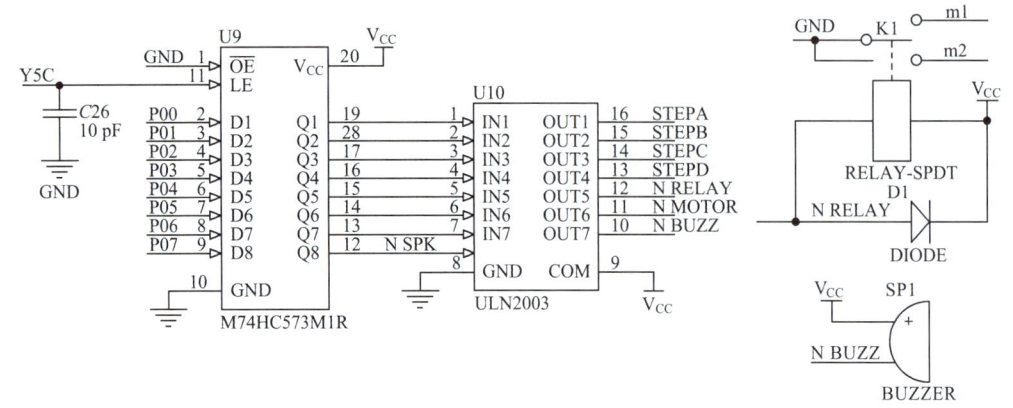

图 2-7 继电器和蜂鸣器驱动电路

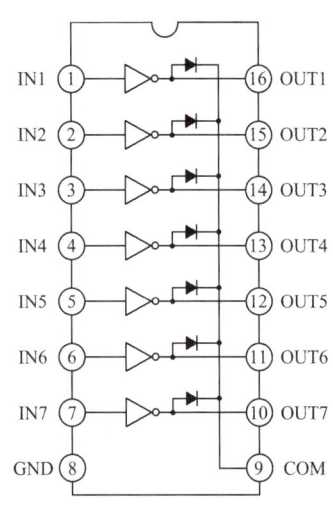

图 2-8 ULN2003 逻辑框图

由逻辑框图可知,ULN2003 也是一个反向器电路,当输入端为高电平时,ULN2003 输出端为低电平;当输入端为低电平时,ULN2003 输出端为高电平。在开发板上,当 ULN2003 的 IN5 和 IN7 引脚为低电平时,OUT5、OUT7 为高电平,继电器断开,蜂鸣器关闭。继电器和蜂鸣器电路与 LED 电路一样,也是通过 M74HC573M1R(U9)锁存器和 74HC138(U24)来控制 P0 口数据的传输。$\overline{Y_5}$ 是 74HC138 输入 P2.7~P2.5 为 101 时的有效输出,当 $\overline{Y_5}$ 有效时,Y5C=1,M74HC573M1R(U9)锁存器工作。蜂鸣器一端接 V_{CC},只需另一端给高电平则不响,即令 P06=0;继电器一端接 V_{CC},只需另一端 RELAY 给高电平则不吸合,即令 P04=0。故 P0 赋值为 0。

LED、继电器和蜂鸣器的数据信息都是通过 P0 来控制的,在编写代码时,要分时控制两个锁存器 U6 和 U9 工作。同样,开发板上 P2.0~P2.4 和其他外围设备相连,为了不影响外围设备的工作,在对 LED、继电器和蜂鸣器进行控制的时候,需将 P2.0~P2.4 的数据进行保留。在代码上可以用 P2&0x1f,将此结果和 0xa0 相或,即 P2=(P2&0x1f)|0xa0,即可控制 U9;此结果和 0x80 相或,即将 P2=(P2&0x1f)|0x80,即可控制 U6。本例题的程序如下:

```
#include"STC15F2K60S2.h"  //IAP15F2K61S2单片机对应的头文件
void jf_init()  //继电器和轰鸣器初始化函数
{
    P2=(P2&0x1f)|0xa0;  //Y5C=1,打开锁存器 U9
    P0=0;
    P2&=0x1f;  //Y5C=0,关闭锁存器 U9
}
void main()
{
    jf_init();  //关闭继电器和轰鸣器
    P2=(P2&0x1f)|0x80;  //Y4C=1,打开锁存器 U6
    while(1)
    {
        P0=0;  //LED 点亮
    }
}
```

程序中,jf_init 函数在结束时,通过"P2&=0x1f"语句将锁存器 U9 关闭,防止之后对 P0 口的其他操作影响继电器和轰鸣器的工作。代码编写完后,将代码进行语法编译,无错误和警告后,利用 STC 仿真器进行在线仿真对程序进行编译、连接、调试,设置方法见 1.3.3 节。进入调试界面后,如图 2-9 所示,单击"Run"按钮,开发板上的 L8~L1 8 个 LED 全部点亮,开发板显示效果如图 2-10 所示。

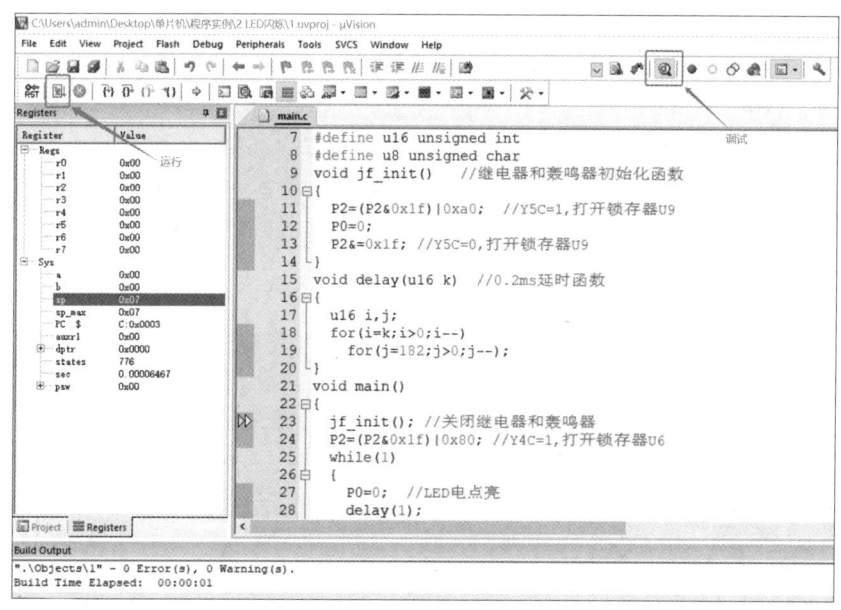

图 2-9 程序调试界面

例题中对 LED 进行了点亮处理,如果让 LED 亮一段时间,再灭一段时间就可以实现 LED 闪烁显示。时间的大小可以由硬件完成,也可以由软件完成。本节主要讲述软件实现方法。STC-ISP 软件中的"软件延时计算器"标签提供了针对不同 8051 指令集的延时函数生成功能,但是这些函数都是无参函数的,使用不够灵活,下面以 LED 闪烁为例讲述延时时

图 2-10　程序运行效果

间的测试方法。在 Keil 中输入以下代码：

```
#include "STC15F2K60S2.h"        //IAP15F2K61S2 单片机对应的头文件
void jf_init()                    //继电器和蜂鸣器初始化函数
{
    P2=(P2&0x1f)|0xa0;            //Y5C=1,打开锁存器 U9
    P0=0;
    P2&=0x1f;                     //Y5C=0,关闭锁存器 U9
}
void delay(u16 k)                 //0.2 ms 延时函数
{
    u16 i,j;
    for(i=k;i>0;i--)
    for(j=182;j>0;j--);
}
void main()
{
    jf_init();                    //关闭继电器和蜂鸣器
    P2=(P2&0x1f)|0x80;            //Y4C=1,打开锁存器 U6
    while(1)
    {
        P0=0;                     //LED 点亮
        delay(1);
        P0=0xff;                  //LED 熄灭
        delay(1);
    }
}
```

根据 1.3.1 中的"4.工程环境设置、编译与调试"的讲述对 Keil 的环境进行设置,即设置晶振为 12 MHz,勾选"Creat HEX File"选项、仿真模式选"Use Simulator"。然后进行编译,没有错误和警告后进入调试界面,如图 2-11 所示。

调试界面窗口中有个由蓝色和黄色组成的双三角形(图 2-11 中方框位置),代表的是程序停止的位置,指向的语句即将执行。在默认位置的左边出现了"Register"寄存器窗口,窗口中的"sec"表示的是从启动到当前停止的位置所花费的时间,单位是秒(s),通过该参数,可以测试 delay(1)函数的延迟时间。在调试按钮的右边有加入断点按钮,将鼠标定位在"delay(1);"语句前,单击断点按钮,然后在"P0=0xff;"语句前也加个断点,单击"Run"按钮,程序执行到"delay(1);"对应的时间为 0.00 006 742 s,再次单击"Run"按钮,程序执行到"P0=0xff;"语句时对应的时间为 0.00 026 808 s,两次执行的时间相减为 0.00 020 066 s,约为 0.2 ms,该时间也为语句"delay(1);"所花费的时间。修改参数,如"delay(100);"所消耗的时间即为 100×0.2 ms=20 ms。延时函数的测试过程如图 2-12 所示。

图 2-11 LED 闪烁调试界面

(a)delay(1)语句执行前

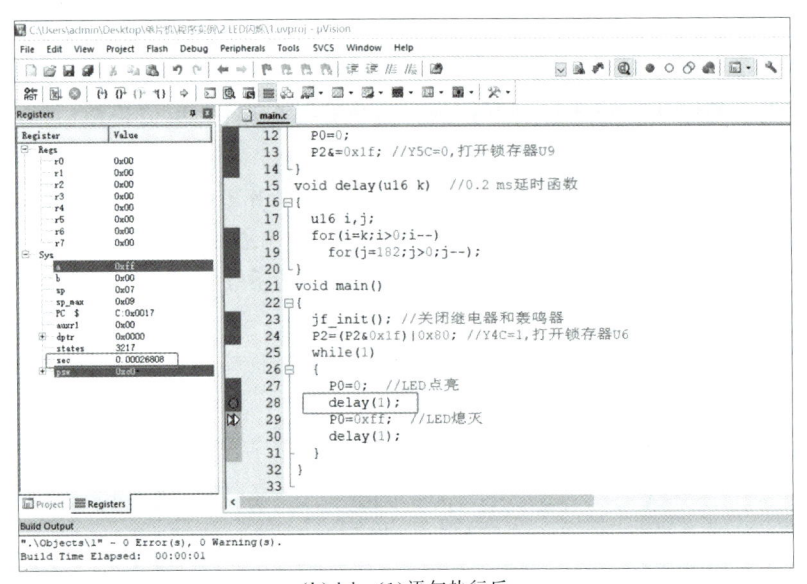

(b) delay(1)语句执行后

图 2-12　延时函数的测试过程

延时函数在后续程序设计中经常会被用到,建议大家自己动手设计一个带参数的延时函数,并进行测试,满足以后对不同延时函数的需求。

【例 2.2】 编写程序,实现 LED 的循环显示。

具体要求:将开发板上的 8 个发光二极管间隔 400 ms 依次循环左移、右移点亮,每次只有一个 LED 亮。上电关闭继电器、蜂鸣器。

工作原理分析:Keil 编译系统提供的 C51 内部函数库有循环移位和延时等操作函数。内部函数的原型声明包含在头文件 intrins.h 中。本例实现循环左移和循环右移将用到 C51 函数库的"_crol_(c,b)"和"_cror_(c,b)"两个函数。可以在 Keil 界面中单击"Help"菜单,选择"uvision help",调出帮助对话框,在搜索框输入关键字"crol",点 Enter,即得到搜索结果,选中需要查看的内容,如图 2-13 所示。

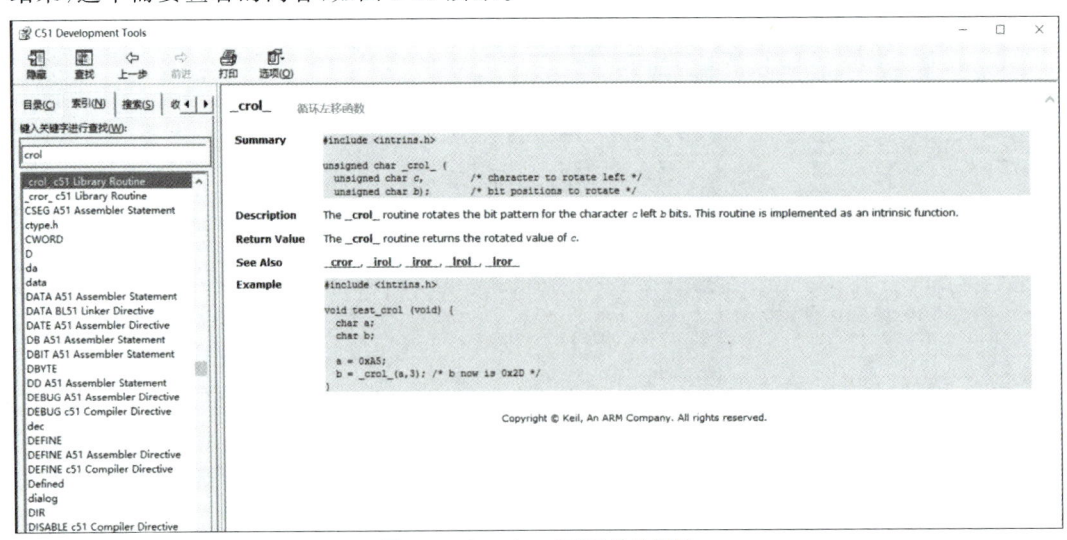

图 2-13　"_crol_(c,b)"函数的使用

下面这段代码描述循环左移函数"_crol_(c,b)"的用法。这里的"intrins.h"头文件是C51内部函数库的头文件,在程序中,要包含该头文件。"b=_crol_(a,3);"语句中的a指的是要循环左移的对象,3代表移动的位数,这条语句执行完b的值为0x2D。循环右移函数用法同循环左移函数。

```c
#include "intrins.h"
void test_crol(void)
{
    char a;
    char b;
    a=0xA5;
    b=_crol_(a,3);  /* b now is 0x2D */
}
```

本例中需要进行循环左移,需先给LED一个初始状态,令L1灯点亮,L2~L8熄灭,即送往P0口的初始值为0xfe。循环右移时,令L8灯点亮,L1~L7熄灭,即送往P0口的初始值为0x7f。左移和右移状态切换时,将8个LED熄灭,以便观察运行效果。本例的程序如下:

```c
#include "STC15F2K60S2.h"        //IAP15F2K61S2单片机对应的头文件
#include "intrins.h"
#define u16 unsigned int
#define u8 unsigned char
void delay(u16 k)                //0.2 ms延时函数
{
    u16 i,j;
    for(i=k;i>0;i--)
    for(j=182;j>0;j--);
}
void jf_init()                   //继电器和蜂鸣器初始化函数
{
    P2=(P2&0x1f)|0xa0;           //Y5C=1,打开锁存器U9
    P0=0;
    P2&=0x1f;                    //Y5C=0,关闭锁存器U9
}
void main()
{
    u8 i;
    jf_init();
    P2=(P2&0x1f)|0x80;           //Y4C=0;
    while(1)
    {
        for(i=0;i<8;i++)
        {
            P0=_crol_(0xfe,i);   //初始值为0xfe,点亮L1
            delay(2000);         //400 ms
        }
```

```
        P0=0xff;
        delay(2000);                    //400 ms
        for(i=0;i<8;i++)
        {
            P0=_cror_(0x7f,i);          //0xfe;
            delay(2000);
        }
        P0=0xff;
        delay(2000);
    }
}
```

注意：开发板上的 LED 是按 L1～L8 排列的，在给 P0 赋值时要从高位到低位，即 P7～P0，所以在写代码进行进制转换时，要按照 L8～L1 这样来思考。

▶【例 2.3】 采用 MM 模式(存储器映射扩展方式)，修改【例 2.2】。

工作原理分析：上例中对 P0 口寄存器的操作是直接对寄存器赋值。本例中的 MM 模式实际上是存储器映射编程，是一种可以像操作外部 RAM 一样，操作 LED 指示灯、执行结构(轰鸣器、继电器)、数码管等外设资源的编程方式。MM 模式占用开发板上单片机的 P4.2 引脚，将跳线 J13-2(WR)和 J13-1(P4.2/WR)相连即可。

使用 MM 模式，需使用 XBYTE 关键字对存储空间 XDATA 区进行寻址。用 XBYTE[Address] = Data 来描述，Address 是 P2 和 P0 组成的 16 位地址。XBYTE 关键字对应的头文件为 absacc.h。

由开发板电路图可以看出，当 P2.7 = 1，P2.6 = 0，P2.5 = 0 时，即 Address 为 10000000 时，锁存器 U6 工作，通过 P0 口即可控制 LED 灯的状态，所以 LED 的地址为 0x8000；同样 P2.7=1，P2.6=0，P2.5=1 时，锁存器 U9 工作，通过 P0 口即可控制继电器和轰鸣器的状态，所以继电器和轰鸣器的地址为 0xA000。程序代码如下：

```
#include "STC15F2K60S2.h"        //IAP15F2K61S2 单片机对应的头文件
#include "intrins.h"
#include "absacc.h"
#define u16 unsigned int
#define u8 unsigned char
void delay(u16 k)                //0.2 ms 延时函数
{
    u16 i,j;
    for(i=k;i>0;i--)
        for(j=182;j>0;j--);
}
void jf_init()                   //继电器和轰鸣器初始化函数
{
    XBYTE[0xA000] = 0x00;        //MM 模式,关闭继电器和轰鸣器
}
void main()
{
    u8 i;
```

```
        jf_init();
        while(1)
        {
            for(i=0;i<8;i++)
            {
                XBYTE[0x8000] =_crol_(0xfe,i);        //初始值为0xfe,点亮L1
                delay(2000);                          //400 ms
            }
            XBYTE[0x8000] =0xff;
            delay(2000);                              //400 ms
            for(i=0;i<8;i++)
            {
                XBYTE[0x8000] =_cror_(0x7f,i);        //0xfe;
                delay(2000);
            }
            XBYTE[0x8000] =0xff;
            delay(2000);
        }
}
```

请大家在开发板上调试、运行,观察测试效果,理解并掌握MM编程方式。

说明:将汉字复制到Keil或者Keil中的汉字复制出去都会变成乱码。这种情况产生的原因是Keil的"Edit"-"Configuration"里有一个"Encoding"设置,当该设置是"Encoding in ANSI"时,Keil里的中文就是用两个位来表示的,这个时候把Keil中的中文字拷贝出去就会乱码。解决的方法是单击Edit菜单,选择Configuration选项,在出现的对话框中,将"Encoding"设置为" Chinese GB2312(simplified)"方式。如图2-14所示。

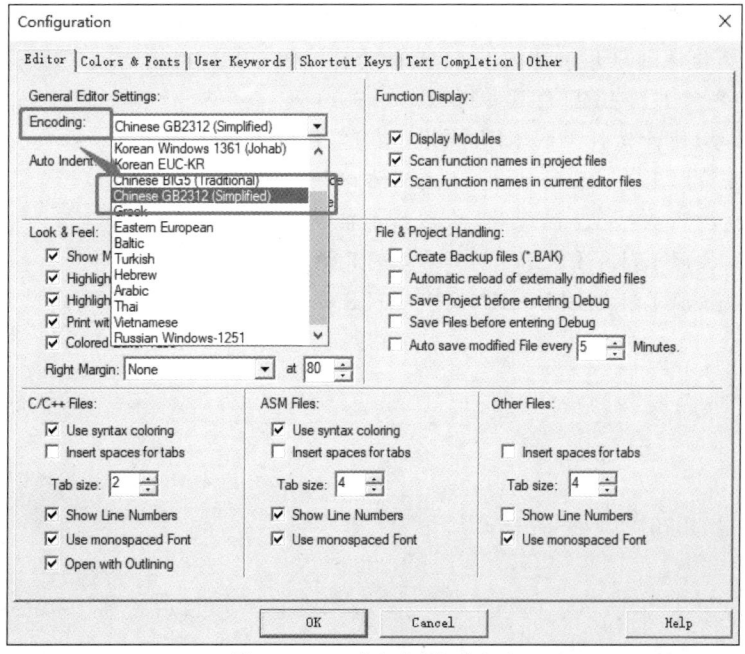

图2-14 Keil中文乱码解决方法

习 题

❶ C51 中,访问速度最快的是_____。
A. data　　　　　　B. idata　　　　　　C. xdata　　　　　　D. pdata

❷ C51 中一般指针变量需要占据_____个字节的存储空间。
A. 1　　　　　　　　B. 2　　　　　　　　C. 3　　　　　　　　D. 4

❸ 不属于 C51 支持的数据类型有_____。
A. bit　　　　　　　B. byte　　　　　　　C. float　　　　　　D. long

❹ 下列语句中,可将单片机 P2 口低三位状态取反的是_____。
A. P2 &= 0xF8　　　B. P2 = ~P2　　　　C. P2 ^= 0x07　　　D. P2 |= 0x07

❺ 下列 C51 关键字能够将数据存储在程序存储器中的是_____。
A. xdata　　　　　　B. idata　　　　　　C. bdata　　　　　　D. code

❻ 使用 Keil μVision 编写 51 单片机的程序时,若定义一个变量 x,并由编译器将其分配到外部 RAM 中,应定义_____语句。
A. code unsigned char x;　　　　　　　B. pdata unsigned char x;
C. idata unsigned char x;　　　　　　　D. xdata unsigned char x;

❼ 以下程序片段可以将竞赛板上的蜂鸣器关闭的是_____。
A. P2 = (P2&0x1f|0xa0);　　　　　　　B. P2 = (P2&0x1f | 0xe0);
　　P0 = 0x00;　　　　　　　　　　　　　P0 = 0xff;
　　P2 &= 0x1f;　　　　　　　　　　　　P2 &= 0x1f;
C. XBYTE[0xA000] = 0x00;　　　　　　D. P2 = (P2&0x1f | 0xe0);
　　　　　　　　　　　　　　　　　　　　　P0 = 0x00;
　　　　　　　　　　　　　　　　　　　　　P2 &= 0x1f;

❽ 请编写程序,使 IAP15F2K61S2 单片机将片外数据存储器中从 100H 开始的 10 个字节数据传送到单片机片内 34H 开始的区域内。

❾ 利用开发板上的 LED 灯模拟呼吸灯。

❿ 编写程序,使开发板上的 LED 灯按以下工作模式顺序进行显示:
(1)模式 1:按照 L1～L8 的顺序,从左到右单循环点亮。
(2)模式 2:按照 L8～L1 的顺序,从右到左单循环点亮。
(3)模式 3:按照 L1L8、L2L7、L3L6 和 L4L5 的顺序循环点亮。
(4)模式 4:按照 L4L5、L3L6、L2L7 和 L1L8 的顺序循环点亮。

第 3 章　IAP15F2K61S2 单片机的中断系统和定时/计数器

中断系统和定时/计数器是单片机的重要资源，它们共同确保了单片机能够高效、灵活地响应外部事件和内部操作。本章主要介绍中断系统和定时/计数器的结构、工作原理、相关寄存器和应用等。

3.1　中断系统概述

在单片机应用系统中，中断技术主要用于实时监测与控制，能对外界发生的事件进行及时处理。中断系统是为使 CPU 具有对外界紧急事件的处理能力而设置的。当 CPU 正在处理某件事的时候外界发生了紧急的事件请求，要求 CPU 暂停当前的工作，转而去处理这个紧急事件，处理完以后，再回到原来被中断的地方（断点），继续原来的工作，这样的过程称为中断。实现这种功能的部件称为中断系统，请求 CPU 中断的外部来源称为中断源。

单片机的中断系统有多个中断源，当几个中断源同时向 CPU 请求中断时，系统会根据其优先级来处理，即先响应高级中断请求，再响应低级中断请求。例如，若规定按键扫描处理优先于显示器输出处理，则 CPU 在处理显示内容的过程中，可以被按键的动作打断，转而处理键盘扫描问题，待扫描结束后再继续进行显示器输出处理。单片机对外围设备中断服务请求的整个中断响应和处理过程如图 3-1 所示。

单片机引入中断技术有以下优点：

1. 提高 CPU 工作效率

CPU 有了中断功能就可以通过分时操作同时执行主程序运行指令和启动外部设备（简称外设），并能对它们进行统一管理，任何一个外设在工作完成后都可以通过中断得到满意的服务。因此，CPU 在与外设交换信息时通过中断就可以避免不必要的等待和查询，从而大大提高 CPU 的工作效率。

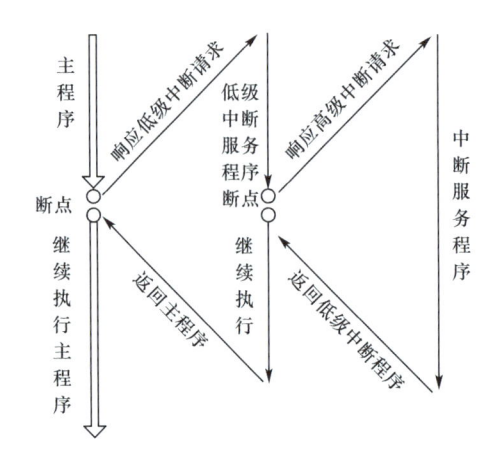

图 3-1 中断响应和处理过程示意图

2. 提高实时数据的处理能力

在实时控制系统中,单片机对实时数据的处理时效常常是被控系统的生命,是影响产品质量和系统安全的关键。CPU 有了中断功能,系统的异常和故障就都可以通过中断立刻通知 CPU,使它可以迅速采集实时数据和故障信息、并对系统做出应急处理。

中断的几个概念:

(1)中断响应过程:中断管理系统处理突发事件的过程包括中断请求、中断响应、中断服务、中断返回等。

(2)中断源:中断管理系统能够处理的突发事件。

(3)中断请求:中断源向 CPU 提出的处理请求。

(4)中断服务函数:针对中断源和中断请求提供的服务函数。

(5)中断嵌套:在中断服务过程中执行更高级别的中断服务。

3.2 IAP15F2K61S2 单片机的中断系统

3.2.1 中断源

IAP15F2K61S2 单片机的中断系统共有 14 个中断源,分别为外部中断 0(INT0)、定时器 T0 中断、外部中断 1(INT1)、定时器 T1 中断、串口 1 中断、A/D 转换中断、低压检测中断(LVD)、CCP/PWM/PCA 中断、串口 2 中断、SPI 中断、外部中断 2($\overline{INT2}$)、外部中断 3($\overline{INT3}$)、定时器 T2 中断、外部中断 4($\overline{INT4}$)。除 $\overline{INT2}$、$\overline{INT3}$、T2、$\overline{INT4}$ 等 4 个中断源固定为最低优先级中断外,其他中断源都具有 2 个中断优先级,可实现 2 级中断服务程序嵌套,即当 CPU 正在处理一个中断源请求时(执行相应的中断服务程序),若发生了另外一个优先级比它还高的中断源请求,CPU 能够暂停对原来中断源的服务程序,转而去处理优先级更高的中断源请求,处理完后再回到原来低级的中断服务程序。

IAP15F2K61S2 单片机中断系统结构如图 3-2 所示。这些中断源与特殊功能寄存器TCON、SCON、S2CON、CCON、PCON、ADC_CONTR、IE、IE2、INT_CLKO、IP 等有关。

第3章 IAP15F2K61S2单片机的中断系统和定时/计数器

下面首先介绍与中断源有关的寄存器功能。

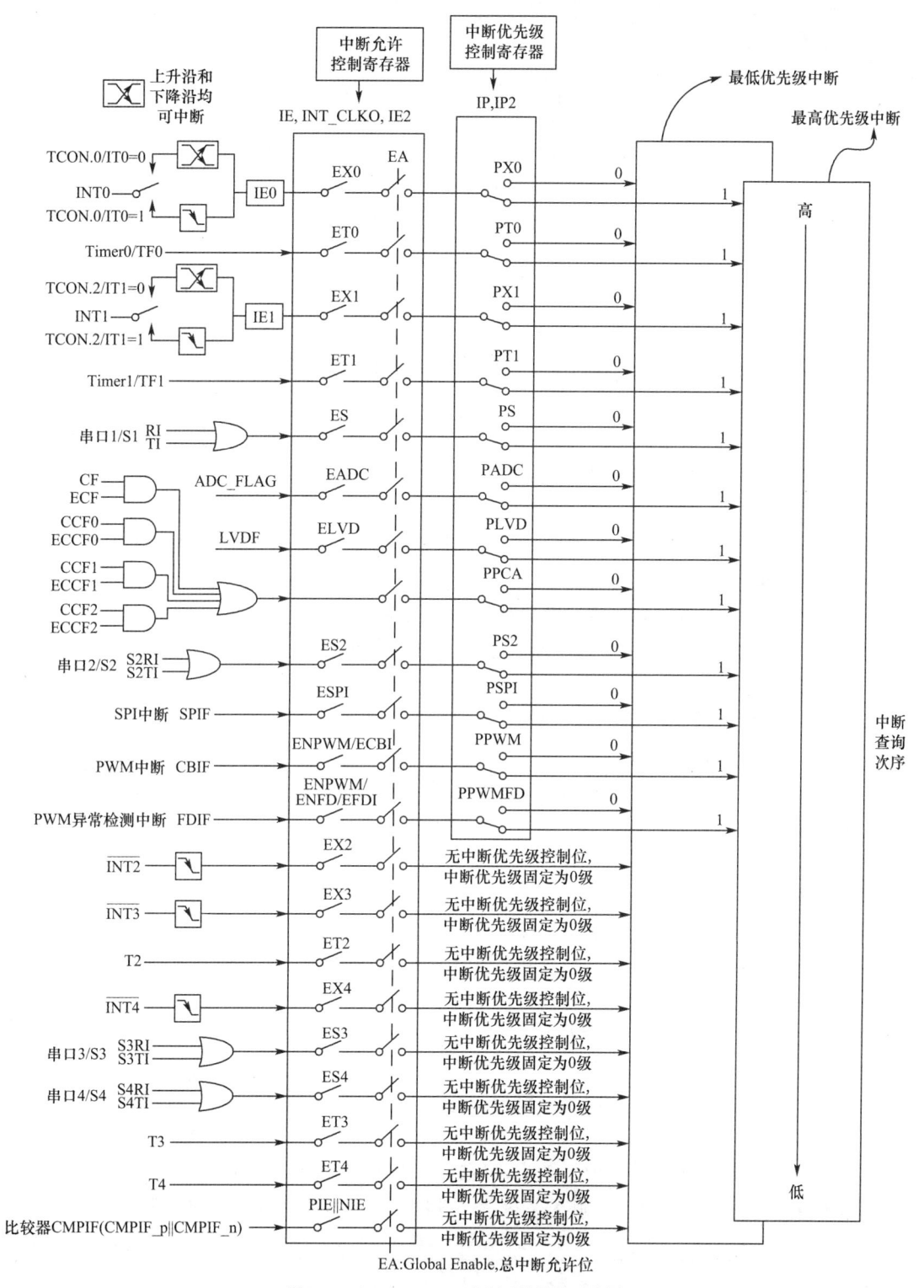

图 3-2 IAP15F2K61S2 中断系统结构示意图

3.2.2 中断源标志寄存器

1. TCON 寄存器

TCON 寄存器为定时/计数器 T0、T1 的控制寄存器,该寄存器包括了 T0 和 T1 的溢出中断请求标志位 TF0 和 TF1,也包括了外部中断 0(INT0)和外部中断 1(INT1)的中断请求标志位 IE0 和 IE1,以及外部中断 0 和外部中断 1 的中断源的触发方式。TCON 寄存器的字节地址为 88H,可位寻址。其数据格式见表 3-1。

表 3-1　　　　　　　　　　TCON 寄存器的数据格式

TCON	位号	D7	D6	D5	D4	D3	D2	D1	D0
(88H)	符号	TF1	TR1	TF0	TR0	IE1	IT1	IE0	IT0

TF1:定时/计数器 T1 的溢出中断标志位。当启动 T1 计数后,从初值开始计数,当产生溢出后由硬件将 TF1 置 1,向 CPU 请求中断,一直保持到 CPU 响应中断时,才由硬件清 0。TF1 也可由软件清 0。

TR1:定时/计数器 T1 的运行控制位。当 TR1 为 1 时运行,为 0 时停止运行。

TF0:定时/计数器 T0 溢出中断标志。其功能与 TF1 类似。

TR0:定时/计数器 T0 的运行控制位。其功能与 TR1 类似。

IE1:外部中断 1 请求源(INT1/P3.3)标志位。IE1 为 1 时,外部中断 1 向 CPU 请求中断,当 CPU 响应该中断时由硬件将 IE1 清 0。

IT1:外部中断 1 中断触发方式选择位。当 IT1 为 0 时,INT1/P3.3 引脚上的上升沿或下降沿均可触发外部中断 1;当 IT1 为 1 时,为下降沿触发方式。

IE0:外部中断 0 请求源(INT0/P3.2)标志位。其功能与 IE1 类似。

IT0:外部中断 0 中断触发方式选择位。其功能与 IT1 类似

2. SCON 和 S2CON 寄存器

SCON 寄存器为串口 1 控制寄存器,包括了串口发送和接收中断的请求标志位 TI 和 RI。其数据格式见 6.2.2 节。

TI:串口 1 发送中断标志。串口 1 以方式 0 发送时,每当发送完 8 位数据,由硬件置 1。若以方式 1、方式 2 或方式 3 发送,在发送停止位的开始时置 1。TI 为 1 表示串口已发送一帧数据,串口 1 正在向 CPU 申请中断(发送中断)。CPU 响应发送中断请求,转向执行中断服务程序时并不将 TI 清 0,TI 必须由用户在中断服务程序中清 0。

RI:串行口 1 接收中断标志。若串行口 1 允许接收且以方式 0 工作,则每当接收到第 8 位数据时置 1;若以方式 1、2、3 工作且 SM2=0,则每当接收到停止位的中间时置 1;当串行口以方式 2 或方式 3 工作且 SM2=1 时,则仅当接收到的第 9 位数据 RB8 为 1 后,同时还要接收到停止位的中间时置 1。RI 为 1 表示串行口 1 正向 CPU 申请中断(接收中断),RI 必须由用户的中断服务程序清 0。

SCON 寄存器的其他位与中断无关,将在 6.2.2 节中介绍。

S2CON 寄存器为串口 2 控制寄存器,字节地址为 9AH。其数据格式见表 3-2。

表 3-2　　　　　　　　　　S2CON 寄存器的数据格式

S2CON	D7	D6	D5	D4	D3	D2	D1	D0
(9AH)	S2SM0	—	S2SM2	S2REN	S2TB8	S2RB8	S2TI	S2RI

S2CON 中各位的功能与串口 1 控制寄存器 SCON 类似,其中 S2RI 和 S2TI 为串行口 2 的发送和接收中断标志位。

S2RI:串口 2 接收中断标志。若串口 2 允许接收且以方式 0 工作,则每当接收到第 8 位数据时置 1;若以方式 1、方式 2 或方式 3 工作且 S2SM2＝0,则每当接收到停止位的中间时置 1;当串口 2 以方式 2 或方式 3 工作且 S2SM2＝1 时,则仅当接收到的第 9 位数据 S2RB8 为 1 且接收到停止位的中间时置 1。S2RI 为 1 表示串口 2 已接收到一帧数据,正向 CPU 申请中断(接收中断)。S2RI 必须由用户的中断服务程序清 0。

S2TI:串口 2 发送中断标志。当串口 2 以方式 0 发送时,每当发送完 8 位数据,由硬件置 1;若以方式 1、方式 2 或方式 3 发送,在发送停止位的开始时置 1。S2TI 为 1 表示串口 2 已发送完一帧数据,正在向 CPU 申请中断(发送中断)。CPU 响应发送中断请求,转向执行中断服务程序时并不将 S2TI 清 0,S2TI 必须由用户在中断服务程序中清 0。

S2CON 寄存器的其他位与中断无关。

3. ADC_CONTR 寄存器

ADC_CONTR 寄存器为 A/D 转换控制寄存器,字节地址为 BCH。其数据格式见表 3-3。

表 3-3　　　　　　　　　　ADC_CONTR 寄存器的数据格式

ADC_CONTR (BCH)	D7	D6	D5	D4	D3	D2	D1	D0
	ADC_POWER	SPEED1	SPEED0	ADC_FLAG	ADC_START	CHS2	CHS1	CHS0

ADC_POWER:ADC 电源控制位。当 ADC_POWER 为 0 时,关闭 ADC 电源;当 ADC_POWER 为 1 时,打开 ADC 电源。

ADC_FLAG:ADC 转换结束标志位,可用于请求 A/D 转换的中断。当 A/D 转换完成后 ADC_FLAG 置 1,要用软件清 0。

ADC_START:ADC 转换启动控制位,设置为 1 时,开始转换,转换结束后为 0。

A/D 转换控制寄存器 ADC_CONTR 中的其他位与中断无关。

4. PCON 寄存器

PCON 寄存器为电源控制寄存器,与低压检测中断有关,其数据格式见表 3-4。

表 3-4　　　　　　　　　　PCON 寄存器的数据格式

PCON (87H)	D7	D6	D5	D4	D3	D2	D1	D0
	SMOD	SMOD0	LVDF	POF	GF1	GF0	PD	IDL

LVDF:低压检测标志位,同时也是低压检测中断请求标志位。在正常工作和空闲工作状态时,如果内部工作电压 V_{CC} 低于低压检测门槛电压,该位自动置 1,与低压检测中断是否被允许无关。该位要用软件清 0。清 0 后,如内部工作电压 V_{CC} 继续低于低压检测门槛电压,该位又被自动设置为 1。在进入掉电工作状态前,如果低压检测电路未被允许产生中断,则在进入掉电模式后,该低压检测电路不工作以降低功耗。如果被允许产生低压检测中断,则在进入掉电模式后,该低压检测电路继续工作,在内部工作电压 V_{CC} 低于低压检测门槛电压后,产生低压检测中断,可将 MCU 从掉电状态唤醒。

注意:电源控制寄存器 PCON 中的其他位与低压检测中断无关。

3.2.3 单片机中断处理过程

1. 中断的响应条件

当中断源向 CPU 发出中断请求时,如果中断的条件满足,CPU 将进入中断响应周期。IAP15F2K61S2 单片机响应中断的条件如下:

(1)中断源有请求,相应的中断标志位为 1。

(2)CPU 开放总中断(EA=1)。

(3)中断允许寄存器相应的中断允许位置 1。

(4)无同级或高级中断正在处理。

满足以上条件,CPU 一般会响应中断。单片机 CPU 在每个指令周期的最后一个时钟周期按优先顺序查询各中断标志,如果查到某个中断标志为 1,将在下一个指令周期按优先级的高低顺序进行处理。

在程序运行过程中,并不是任何时刻都可以响应中断,如出现下面情况之一,单片机不响应中断请求:

(1)CPU 正在处理同级或高优先级中断。

(2)正在执行的指令尚未执行完毕,即不能在当前指令执行到一半时就响应中断。

(3)正在执行的指令是中断返回指令 RETI 或是访问专用寄存器 IE 或 IP 的指令时,必须在执行完该指令后再执行一条指令才能响应中断。

2. 中断的处理过程

(1)中断响应

①将相应的优先级状态触发器置 1(阻断其他同级或低级的中断请求)。

②执行一条硬件 LCALL 指令,即程序计数器 PC 的值压入堆栈保存,再将中断服务子程序的入口地址送入 PC。

(2)中断处理

执行相应的中断服务程序。

(3)中断返回

执行完中断服务程序后,把中断响应时入堆栈保存的断点地址从堆栈栈顶弹出送回PC,CPU 返回原来的断点继续往下执行程序。

3. 中断请求的撤除

IAP15F2K61S2 单片机的 14 个中断源中,有的中断标志可以由硬件自动撤销,有的必须由软件清除。中断源向 CPU 发出中断请求后,中断请求信号分别锁存在 TCON、SCON、S2CON、ADC_CONTR、CCON、PCON、SPSTAT 等特殊功能寄存器中。当某个中断源的请求被 CPU 响应后,应将相应的中断请求标志位及时清除,否则 CPU 会再一次响应该中断。除了外部中断 0、外部中断 1、外部中断 2、外部中断 3、外部中断 4、定时器 T0、定时器 T1、定时器 T2 的中断请求标志位在响应中断后由硬件自动清 0,无须用户关心外,其他中断请求标志位,如串口 1 中断标志位 TI 和 RI、串口 2 中断标志位 S2TI 和 S2RI、ADC 中断标志位 ADC_FLAG、SPI 中断标志位 SPIF、PCA 中断标志位 CF/CCF0/CCF1/CCF2、低压检测中断标志位 LVDF,均需要在中断服务程序中用软件将其清 0。

注意: 对于 IAP15F2K61S2 单片机外部中断来说,由于系统在每个时钟周期对外部中断引脚采样1次,所以为了确保中断请求被检测到,输入信号应该维持至少2个时钟周期。不管是下降沿触发还是上升沿触发,要求必须在相应的引脚维持高电平和低电平至少1个时钟,才能确保该下降沿或上升沿被CPU检测到。

3.2.4 中断允许及其优先级管理

IAP15F2K61S2单片机的中断允许控制及优先级控制分别由中断允许寄存器 IE/IE2、INT_CLKO(AUXR2)以及中断优先级控制寄存器 IP、IP2 等控制。

1. 中断允许寄存器

IAP15F2K61S2单片机中的各中断源开放或禁止,是由内部的中断允许寄存器 IE、IE2、INT_CLKO 控制的。中断采用两级控制方式,即总中断和各中断源分别独立控制。

(1)IE 寄存器

IE 寄存器主要负责总中断允许控制和外部中断0、外部中断1、定时器T0、定时器T1、串口1、A/D转换、低压检测等中断源中断允许控制。IE 的字节地址为 A8H,可位寻址,其数据格式见表3-5。

表 3-5　　　　　　　　　　IE 寄存器的数据格式

IE (A8H)	D7	D6	D5	D4	D3	D2	D1	D0
	EA	ELVD	EADC	ES	ET1	EX1	ET0	EX0

EA:CPU 的总中断允许控制位。EA=1,CPU 开放总中断;EA=0,CPU 屏蔽所有的中断申请。EA 的作用是使中断允许形成两级控制,即各中断源首先受 EA 控制,其次还受各中断源自己的中断允许控制位控制。

ELVD:低压检测中断允许位。ELVD=1,允许低压检测中断;ELVD=0,禁止低压检测中断。

EADC:A/D 转换中断允许位。EADC=1,允许 A/D 转换中断;EADC=0,禁止 A/D 转换中断。

ES:串口1中断允许位。ES=1,允许串口1中断;ES=0,禁止串口1中断。

ET1:定时/计数器 T1 的溢出中断允许位。ET1=1,允许 T1 中断;ET1=0,禁止 T1 中断。

EX1:外部中断1中断允许位。EX1=1,允许外部中断1中断;EX1=0,禁止外部中断1中断。

ET0:定时/计数器 T0 的溢出中断允许位。ET0=1,允许 T0 中断;ET0=0 禁止 T0 中断。

EX0:外部中断0中断允许位。EX0=1,允许外部中断0中断;EX0=0 禁止外部中断0中断。

(2)IE2 寄存器

IE2 寄存器主要负责定时器 T2、SPI 和串口2等中断源的中断允许控制,地址为 AFH,其数据格式见表3-6。

表 3-6　　　　　　　　　　IE2 寄存器的数据格式

IE2 (AFH)	D7	D6	D5	D4	D3	D2	D1	D0
	/	/	/	/	/	ET2	ESPI	ES2

ET2：定时器 T2 中断允许位。ET2＝1，允许 T2 中断；ET2＝0，禁止 T2 中断。

ESPI：SPI 中断允许位。ESPI＝1，允许 SPI 中断；ESPI＝0，禁止 SPI 中断。

ES2：串口 2 中断允许位。ES2＝1，允许串口 2 中断；ES2＝0，禁止串口 2 中断。

IAP15F2K61S2 单片机复位以后，IE 和 IE2 被清 0，所有的中断被禁止。若要开放某些中断源，则可通过程序把 IE 和 IE2 中的相应控制位置 1，同时还必须把总中断允许控制位 EA 置 1。

（3）INT_CLKO 寄存器

INT_CLKO(AUXR2)寄存器为外部中断 2、外部中断 3、外部中断 4 中断允许和时钟输出控制寄存器，地址为 8FH，其数据格式见表 3-7。

表 3-7　　　　　　　　　　INT_CLKO 寄存器的数据格式

INT_CLKO (8FH)	D7	D6	D5	D4	D3	D2	D1	D0
	/	EX4	EX3	EX2	/	T2CLKO	T1CLKO	T0CLKO

EX4：外部中断 4($\overline{INT4}$)中断允许位。EX4＝1 时，允许外部中断 4 中断；EX4＝0 时，禁止外部中断 4 中断。外部中断 4 只能下降沿触发。

EX3：外部中断 3($\overline{INT3}$)中断允许位。EX3＝1 时，允许外部中断 3 中断；EX3＝0 时，禁止外部中断 3 中断。外部中断 3 只能下降沿触发。

EX2：外部中断 2($\overline{INT2}$)中断允许位。EX2＝1 时，允许外部中断 2 中断；EX2＝0 时，禁止外部中断 2 中断。外部中断 2 只能下降沿触发。

T2CLKO、T1CLKO、T0CLKO 是时钟输出控制位，与中断无关。

2. 中断优先级管理寄存器

IAP15F2K61S2 单片机中除了外部中断 2($\overline{INT2}$)、外部中断 3($\overline{INT3}$)、外部中断 4($\overline{INT4}$)、定时器 T2 中断等 4 个中断源固定为低优先级中断外，其他中断源（外部中断 0、定时器 T0 中断、外部中断 1、定时器 T1 中断、串口 1 中断、A/D 转换中断、低压检测中断(LVD)、CCP/PWM/PCA 中断、串口 2 中断、SPI 中断等）都具有两个中断优先级，即高优先级和低优先级，可实现两级中断服务程序嵌套。中断源的优先级由特殊功能寄存器 IP 和 IP2 中相应的位进行设置。下面分别介绍这两个优先级管理寄存器。

（1）IP 寄存器

IP 寄存器为中断优先级控制寄存器，地址为 B8H，可位寻址，其数据格式见表 3-8。

表 3-8　　　　　　　　　　IP 寄存器的数据格式

IP (B8H)	D7	D6	D5	D4	D3	D2	D1	D0
	PPCA	PLVD	PADC	PS	PT1	PX1	PT0	PX0

PPCA：PCA 中断优先级控制位。PPCA＝0 时，PCA 中断为低优先级中断；PPCA＝1 时，PCA 中断为高优先级中断。

PLVD：低压检测中断优先级控制位。PLVD＝0 时，低压检测中断为低优先级中断（优先级 0）；PLVD＝1 时，低压检测中断为高优先级中断。

PADC：A/D 转换中断优先级控制位。PADC＝0 时，A/D 转换中断为低优先级中断；PADC＝1 时，A/D 转换中断为高优先级中断。

PS：串口 1 中断优先级控制位。PS＝0 时，串口 1 中断为低优先级中断；PS＝1 时，串口

1 中断为高优先级中断。

PT1：定时器 1 中断优先级控制位。PT1＝0 时，定时器 1 中断为低优先级中断；PT1＝1 时，定时器 1 中断为高优先级中断。

PX1：外部中断 1 优先级控制位。PX1＝0 时，外部中断 1 为低优先级中断；PX1＝1 时，外部中断 1 为高优先级中断。

PT0：定时器 0 中断优先级控制位。PT0＝0 时，定时器 0 中断为低优先级中断；PT0＝1 时，定时器 0 中断为高优先级中断。

PX0：外部中断 0 优先级控制位。PX0＝0 时，外部中断 0 为低优先级中断；PX0＝1 时，外部中断 0 为高优先级中断。

(2) IP2 寄存器

IP2 寄存器为第二中断优先级控制寄存器，主要用于串口 2、SPI 中断源的中断优先级设置，地址为 B5H，其数据格式见表 3-9。

表 3-9　　　　　　　　　　　IP2 寄存器的数据格式

IP2 (B5H)	D7	D6	D5	D4	D3	D2	D1	D0
	/	/	/	/	/	/	PSPI	PS2

PSPI：SPI 中断优先级控制位。PSPI＝0 时，SPI 中断为低优先级中断；PSPI＝1 时，SPI 中断为高优先级中断。

PS2：串口 2 中断优先级控制位。PS2＝0 时，串口 2 中断为低优先级中断；PS2＝1 时，串口 2 中断为高优先级中断。

中断优先级控制寄存器 IP、IP2 的各位都可由用户程序置 1 和清 0。但 IP 寄存器可位操作，所以可用位操作指令或字节操作指令更新 IP 的内容。而 IP2 寄存器的内容只能用字节操作指令来更新。IAP15F2K61S2 单片机复位后 IP、IP2 均为 00H，各个中断源均为低优先级中断，高优先级的中断请求可以打断低优先级的中断，反之，低优先级的中断请求不可以打断高优先级及相同优先级的中断。当两个相同优先级的中断同时产生时，将由查询次序来决定系统响应哪个中断。

若单片机系统中有多个中断源同时向 CPU 请求中断，CPU 在响应中断源的中断请求时，必须遵循以下基本原则：

① 不同优先级的中断源同时申请中断时，响应顺序为先高后低。当多个中断源同时发出中断请求时，优先级高的中断将首先被响应，只有优先级高的中断服务程序执行完毕后，才能响应低优先级的中断。

② 同一优先级的多个中断源同时申请中断时，CPU 则按自然优先级从高到低依次响应。

其自然优先级顺序如图 3-3 所示。

高 ──────────────── 优先级顺序 ──────────────── 低
INT0→T0→INT1→T1→UART1→ADC→LVD→PCA→UART2→SPI→$\overline{INT2}$→$\overline{INT3}$→T2→$\overline{INT4}$

图 3-3　IAP15F2K61S2 单片机中断系统的优先级顺序

③ 一个正在执行的低优先级中断可被高优先级中断请求所中断，待高优先级中断处理完毕后再返回低优先级中断，实现中断的嵌套。而高优先级中断不能被低优先级中断所中断。

3.2.5 中断处理程序的设计流程

中断处理程序一般由中断控制程序和中断服务程序(函数)两部分组成。

1. 中断控制程序

中断控制程序主要完成中断的初始化，一般放在主程序中即可，主要完成以下几个任务：

(1) 根据需要设定相关变量或寄存器的初始值。

(2) 根据需要在 IP、IP2 寄存器中设定中断优先级。

(3) 在 IE、IE2 寄存器中把相应中断源的对应位置1，开放相应的中断。

(4) CPU 开放总中断 EA。

2. 中断服务程序(函数)

中断服务程序负责完成对具体中断源的处理。不同应用系统的中断服务程序(函数)有所不同，一般包括以下几个内容：

(1) 根据需要保护和恢复现场。当 CPU 进入中断服务程序后，如果使用与主程序相同的寄存器，必定会破坏该单元中原来的数据，如果不加以保护，则中断返回时将导致主程序的混乱。因此，在进入中断服务程序后，应根据需要保护现场，在中断返回前应恢复现场。C51 程序语言编程中，可以在中断函数中声明局部变量，也可以选择不同的寄存器组，保护和恢复现场不需要过多考虑。

(2) 根据需要清除中断请求标志位。有的标志位不能通过硬件自动清除，如 RI 和 TI 等，因此，要在中断服务程序中用软件清除相应的标志位，以免造成 CPU 再次响应中断。采用 C51 程序语言编写中断函数，其一般格式如下：

返回值类型 函数名(形式参数表) interrupt n [using n]

其中，interrupt 关键字后的 n 为对应中断源编号，告诉编译器中断程序的入口地址。using 是可选项，其后面的 n 为选择寄存器组，可以是 0、1、2、3，分别对应 RAM 中的 4 个寄存器组。

IAP15F2K61S2 单片机各个中断源所对应的中断服务程序入口地址及中断号见表 3-10。

表 3-10　　　　IAP15F2K61S2 单片机中断源入口地址及中断号

序号	中断源	入口地址	中断号
1	INT0	0003H	0
2	T0	000BH	1
3	INT1	0013H	2
4	T1	001BH	3
5	UART1	0023H	4
6	ADC	002BH	5
7	LVD	0033H	6
8	PCB	003BH	7
9	UART2	0043H	8
10	SPI	004BH	9

(续表)

序号	中断源	入口地址	中断号
11	$\overline{INT2}$	0053H	10
12	$\overline{INT3}$	005BH	11
13	T2	0063H	12
14	$\overline{INT4}$	0083H	13

3.3 IAP15F2K61S2 单片机的外部中断程序设计实例

【例 3.1】 编写程序,采用外部中断方式,利用开发板上的按键控制 LED 灯。

具体要求:利用按键 S5 控制 LED 灯 L2 进行亮、灭状态的切换。键盘接口电路如图 3-4 所示。

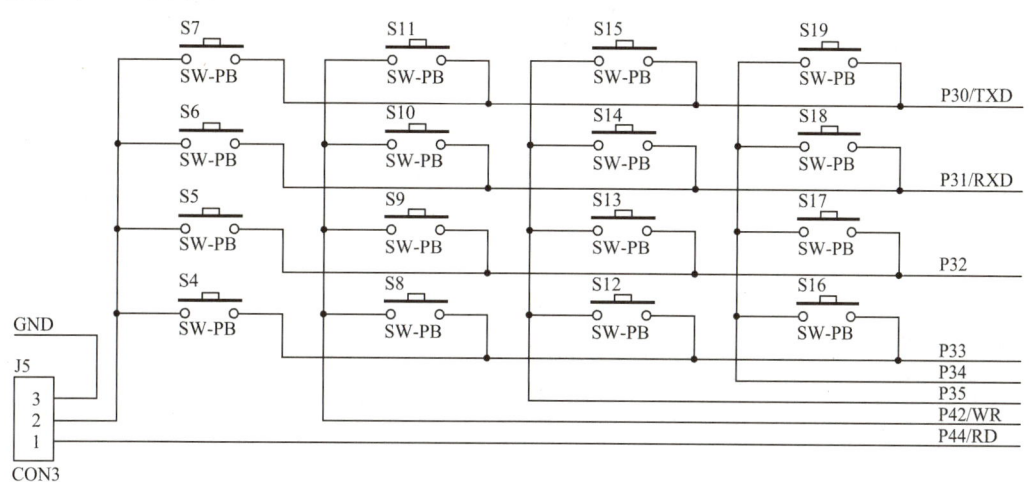

图 3-4 键盘接口电路

工作原理分析:开发板提供独立按键和矩阵按键两种连接方式,当 J5 的 1 和 2 短接时,即 KBD 模式,按键为矩阵按键。当 2 和 3 短接时,即 BTN 模式,S4~S7 为独立按键。在本例中,将 J5 设置为 BTN 模式,设置 S5 为独立按键。S5 连接的是外部中断 INT0 引脚 (P32),当触发外部中断时,将指示灯 L2 的状态进行取反操作,即可实现状态的切换。指示灯 L2 连接 P01 引脚,LED 电路见 2.7 节中的图 2-6。本例题的程序如下:

```
#include "STC15F2K60S2.h"   //IAP15F2K61S2 单片机对应的头文件
#define u16 unsigned int
void delay(u16 k)//0.2 ms 延时函数
{
    u16 i,j;
    for(i=k;i>0;i--)
    for(j=182;j>0;j--);
```

```c
}
void jf_init()//关闭继电器和轰鸣器
{
    P2=(P2&0x1f)|0xa0;//Y5C=1
    P0=0;
    P2=P2&0x1f;
}
void main()
{
    jf_init();
    P2=(P2&0x1f)|0x80;//Y4C=1
    P0=0xff;//关闭所有指示灯
    P2=P2&0x1f;//Y4C=0
    IT0=1;
    EX0=1;
    EA=1;
    while(1);
}
void zd0() interrupt 0 //外部中断0
{
    if(P32==0)//消抖
    {
        delay(50);
        if(P32==0)
        {
            while(!P32);//按键是否松开
            P2=(P2&0x1f)|0x80;//Y4C=1
            P01=~P01;//L2的状态取反
        }
    }
}
```

程序编译后,将HEX文件下载到开发板上,此时可以看到8个指示灯全部为熄灭状态,轰鸣器和继电器关闭。当按下S5按键再松开后,L2点亮,再次按下S5按键后松开,L2熄灭。程序中对按键进行了消抖处理,消抖的原理将在4.3节进行详细讲述。

说明:在中断服务函数中,需将LED灯连接的U6的LE引脚设为1,即Y4C=1,锁存器工作,LED随P0口的数据进行变化,可通过"P2=(P2&0x1f)|0x80"实现。

【例3.2】 修改【例2.2】,利用开关控制LED的循环左移和循环右移状态切换。

具体要求:利用按键S5控制8个LED灯进行循环左移和循环右移状态的切换。移动过程中,只有一个LED灯点亮,上电时LED灯全部熄灭。

工作原理分析:按键依然采用独立按键S5。在本例中,根据要求,只有当按键按下时,循环状态才会发生变化,否则,LED灯一直执行之前的移位方向。所以,可以采用一个位变量 flag 记住当前的 LED 灯循环移位的方向,当按键按下进入中断服务函数时,将 flag 进行取反操作。本例题的程序如下:

```c
#include "STC15F2K60S2.h"        //IAP15F2K61S2 单片机对应的头文件
#include "intrins.h"
#define u16 unsigned int
#define u8 unsigned char
bit flag;                        //移动方向标志位
void delay(u16 k)                //0.2 ms
{
    u16 i,j;
    for(i=k;i>0;i--)
    {
        for(j=182;j>0;j--);
    }
}
void jf_init()                   //关闭继电器和蜂鸣器
{
    P2=(P2&0x1f)|0xa0;           //Y5C=1
    P0=0;
    P2=P2&0x1f;                  //Y4C=0
}
void main()
{
    u8 temp;
    jf_init();
    IT0=1;
    EX0=1;
    EA=1;
    temp=0xfe;
    while(1)
    {
        if(flag==0)
            temp=_cror_(temp,1);
        else
            temp=_crol_(temp,1);
        P0=temp;
        delay(2000);
    }
}
void zd0() interrupt 0           //外部中断 0
{
    if(P32==0)                   //消抖
```

```
        {
            delay(50);
            if(P32==0)
            {
                while(! P32);  //按键是否松开
                P2=(P2&0x1f)|0x80;  //Y4C=1
                flag=~flag;  //移动方向标志位取反
            }
        }
    }
}
```

程序编译后,将 HEX 文件下载到开发板上,此时可以看到 8 个指示灯全部为熄灭状态。当按下 S5 按键再松开后,8 个 LED 灯进行循环左移显示。某一时刻按下 S5 按键再松开后,LED 灯即进行右移循环显示。当再次按下 S5 按键再松开后,LED 灯又开始按照左移循环状态进行显示。

说明:在中断服务函数中,仅做标志位状态的取反操作。如果对变量 temp 的处理放在中断服务函数中,则按下一次开关,temp 只能改变一次,达不到按下一次即进行循环显示的效果。如果想实现每次按下按键后,循环状态只有在循环点亮的 LED 灯为 L8 或 L1 才进行切换的话,while(1)中的代码须做以下修改:

```
if(flag==0)
{
    temp=0xfe;
    for(i=0;i<8;i++)             //左移循环到 i=7 时才会退出,再切换
    {
        P0=temp;
        temp=_crol_(temp,1);
        delay(2000);
    }
}
else
{
    temp=0x7f;
    for(i=0;i<8;i++)
    {
        P0=temp;
        temp=_cror_(temp,1);
        delay(2000);
    }
}
```

运行程序,对按键按下松开后,移位方向并未立马进行切换,这是因为中断服务函数执行完后,CPU 会返回之前中断的地方继续执行,for 函数如果未执行完会继续执行,当 i=8 时才能跳出 for 函数,转而对 flag 进行判断。

思考:如果想实现按键按下松开后,LED 灯的移动方向立马切换该怎么实现呢?

3.4 IAP15F2K61S2 单片机的定时/计数器

在工业检测、控制中,许多场合都要用到计数或定时功能,如定时输出、定时检测、定时扫描等。在单片机应用中,利用软件延时可以实现定时功能,用软件检查 I/O 口状态可以实现外部计数功能,但这些方法都要占用大量的 CPU 时间,增加 CPU 的开销,故应尽量少用。

IAP15F2K61S2 单片机内部有 3 个 16 位定时/计数器(T0、T1、T2),每个定时/计数器都具有计数和定时两种工作模式。IAP15F2K61S2 单片机定时/计数器内部基本结构如图 3-5 所示。其中,TL0、TH0 分别是 T0 的低 8 位、高 8 位状态值,TL1、TH1 分别是 T1 的低 8 位、高 8 位状态值,T2L、T2H 分别是 T2 的低 8 位、高 8 位状态值。与 T0、T1、T2 有关的控制寄存器主要有 TMOD、TCON、AUXR 等。其中 TMOD 为 T1 和 T2 的工作模式和工作方式控制寄存器,TCON 用于管理 T0、T1 的启动及停止、溢出标志位等,AUXR 可控制 T2 的启动和停止。当 T0、T1、T2 工作在定时模式时,可通过 AUXR 寄存器选择计数脉冲源为传统 8051 单片机系统时钟的 12 分频(12T)或不分频(1T)的工作模式。

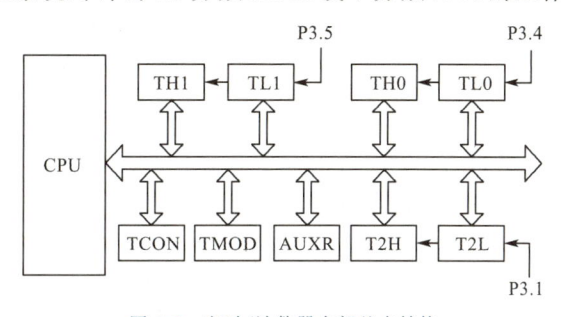

图 3-5 定时/计数器内部基本结构

定时/计数器的核心部件就是一个加 1 的计数器,其本质是对脉冲进行计数。每来一个脉冲,计数值加 1;当计数器计数值计满(全为 1)之后,再来一个脉冲,则计数器溢出,溢出标志位 TFx(x=0 或 1)置 1,同时计数器清 0。

(1)定时模式

如果定时/计数器的工作计数脉冲源来自内部系统时钟,则定时/计数器工作在定时模式。定时时间可表示为

$$T=(计数器容量-计数器初始值)\times 机器周期=计数值\times 机器周期$$

其中机器周期可设置成 12T(系统时钟的 12 分频)或 1T(系统时钟,不分频)。定时时间与机器周期及计数器的初始值有关,通过设置计数器初始值,就可以设定不同的定时时间。

(2)计数模式

如果定时/计数器的工作计数脉冲源来自单片机的外部,即计数脉冲从单片机的 T0 (P3.4)、T1(P3.5)、T2(P3.1)口输入,则定时/计数器工作在计数模式。计数模式是统计外部脉冲的个数。计数脉冲个数可表示为:脉冲个数=计数器容量-计数器初值。

3.4.1 定时/计数器的控制寄存器

单片机中与定时/计数器 T0、T1、T2 有关的控制寄存器主要有 TMOD、TCON、AUXR 等，TCON 已在 3.2.2 中介绍，下面分别介绍其余的两种寄存器。

(1) TMOD 寄存器

TMOD 寄存器是 T0、T1 的方式控制寄存器，字节地址为 89H，其数据格式见表 3-11。

表 3-11　　　　　　　　　　TMOD 寄存器的数据格式

TMOD (89H)	D7	D6	D5	D4	D3	D2	D1	D0
	GATA	C/T	M1	M0	GATA	C/T	M1	M0
	T1				T0			

TMOD 寄存器的高 4 位为 T1 的方式字，低 4 位为 T0 的方式字。其中：M1、M0 为定时/计数器工作方式选择位，其具体定义见表 3-12。

表 3-12　　　　　　　　　　定时/计数器的工作方式

M1	M0	工作方式	功能说明
0	0	0	16 位自动重装计数器
0	1	1	16 位不可重装计数器
1	0	2	8 位自动重装计数器
1	1	3	中断不可屏蔽的 16 位自动重装计时器，该模式 T0 有效，T1 无效

GATA：门控位。当 GATA=0 时，只要 TRx(x=0 或 1，下同)=1，定时器就能启动；当 GATA=1 时，只有 TRx=1 且 INTx 引脚为高电平时，定时器才启动。

C/T：功能选择位。当 C/T=0 时，为定时功能(对内部时钟进行计数)；当 C/T=1 时，为计数功能(对 T0 或 T1 的外部引脚脉冲负跳变进行计数)。

(2) AUXR 辅助寄存器

AUXR 辅助寄存器主要用来设置定时/计数器 T0、T1 的计数时钟和 UART 串口的波特率。IAP15F2K61S2 单片机是 1T 的 8051 单片机，为兼容传统 8051 单片机，定时器 T0 和 T1 复位后是传统 8051 单片机的速度，即 12 分频。也可通过 AUXR 设置成 1T 模式，即不进行 12 分频。

AUXR 辅助寄存器的地址为 8EH，不可位寻址，其数据格式见表 3-13。

表 3-13　　　　　　　　　AUXR 辅助寄存器的数据格式

AUXR (8EH)	D7	D6	D5	D4	D3	D2	D1	D0
	T0x12	T1x12	UART_M0x6	T2R	T2_C/T	T2x12	EXTRAM	S1ST2

T0x12：定时器 T0 速度控制位。T0x12=0，定时器 T0 的速度是传统 8051 单片机定时器的速度，即 12 分频；T0x12=1，定时器 T0 的速度是传统 8051 单片机定时器速度的 12 倍，即不分频。

T1x12：定时器 T1 速度控制位。T1x12=0，定时器 T1 的速度是传统 8051 单片机定时器的速度，即 12 分频；T1x12=1，定时器 T1 的速度是传统 8051 单片机定时器速度的 12 倍，即不分频。

UART_M0x6：串口模式 0 的通信速度设置位。UART_M0x6＝0，串口 1 模式 0 的速度是传统 8051 单片机串口的速度，12 分频；UART_M0x6＝1，串口 1 模式 0 的速度是传统 8051 单片机串口速度的 6 倍，2 分频。

T2R：定时器 T2 运行控制位。T2R＝1 时允许运行，T2R＝0 时停止运行。

T2_C/$\overline{\text{T}}$：定时器 T2 功能选择位。T2_C/$\overline{\text{T}}$＝0 时，定时器 T2 为定时功能（对内部系统时钟进行计数）；T2_C/$\overline{\text{T}}$＝1 时，定时器 T2 为计数功能（对引脚 T2/P3.1 的外部脉冲进行计数）。

T2x12：定时器 T2 速度控制位。T2x12＝0，定时器 T2 的速度是传统 8051 单片机定时器的速度，即 12 分频；T2x12＝1，定时器 T2 的速度是传统 8051 单片机定时器速度的 12 倍，即不分频。如果 UART1/串口 1 用 T1 作为波特率发生器，则由 T1x12 决定 UART1/串口 1 是 12T 还是 1T。

EXTRAM：内部/外部 RAM 存取控制位。EXTRAM＝0，允许使用逻辑上在片外、物理上在片内的扩展 RAM；EXTRAM＝1，禁止使用逻辑上在片外、物理上在片内的扩展 RAM。

S1ST2：串口 1 选择定时器 2 作波特率发生器的控制位。S1ST2＝0，选择定时器 1 作为串口 1 的波特率发生器；S1ST2＝1，选择定时器 2 作为串口 1 的波特率发生器，此时定时器 1 得到释放，可以作为独立定时器使用。

3.4.2 定时/计数器 T0/T1 的工作模式

IAP15F2K61S2 单片机的定时/计数器 T0 有 4 种工作方式（方式 0、方式 1、方式 2、方式 3），T1 有 3 种工作方式（方式 0、方式 1、方式 2），此外 T1 还可作为波特率发生器。通过对方式寄存器 TMOD 中的 M1、M0 位进行设置，可选择相应的工作方式。下面以 T0 为例进行介绍。

1. 方式 0

当 M1M0(TMOD.1TMOD.0)＝00 时，T0 工作于方式 0，其逻辑结构如图 3-6 所示。方式 0 为 16 位的自动重装计数器模式，计数器由低 8 位的 TL0 和高 8 位的 TH0 组成 16 位计数器，其最大的计数值为 2^{16}＝65 536。当 TL0 的 8 位计数器溢出后向 TH0 进位，当 TH0 溢出后，则 T0 中断溢出标志位 TF0 置位，向 CPU 发出中断请求。

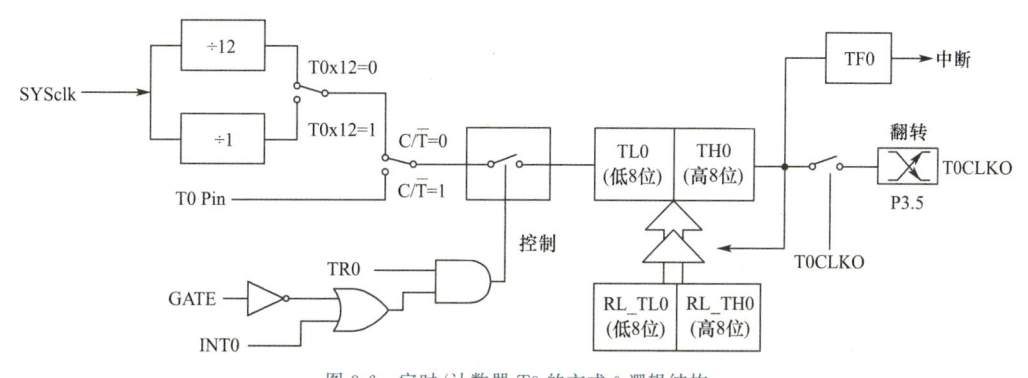

图 3-6 定时/计数器 T0 的方式 0 逻辑结构

(1) T0 的定时模式

当 C/$\overline{T}$=0 时,多路开关连接到系统时钟的分频输出,T0 对内部系统时钟计数,即 T0 工作在定时模式。IAP15F2K61S2 单片机的定时器有两种计数速率:一种是 12T 模式,每 1 个时钟加 1,与传统 8051 单片机相同;另外一种是 1T 模式,每个时钟加 1,速度是传统 8051 单片机的 12 倍。T0 的速率由特殊功能寄存器 AUXR 中的 T0x12 决定:当 T0x12=0 时,T0 工作在 12T 模式;当 T0x12=1 时,T0 工作在 1T 模式。

(2) T0 的计数模式

当 C/$\overline{T}$=1 时,多路开关连接到外部脉冲输入 P3.4/T0,即 T0 工作在计数模式。T0 的启动与 TR0、GATE 位有关:当 GATE=0 时,T0 的启动/停止由 TR0 决定;当 TR0=1 时,T0 开始计数;当 TR0=0 时,T0 停止计数。当 GATE=1 时,若 TR0=1,同时外部中断输入引脚 INT0 也为高电平,定时器才开始启动计数,利用 GATE 的这一功能可以测量脉冲宽度。T0 有 2 个隐藏的寄存器 RL_TH0 和 RL_TL0。RL_TH0 与 TH0 共用同一个地址,RL_TL0 与 TL0 共用同一个地址。当 TR0=0,即 T0 被禁止工作时,对 TL0 写入的内容会同时写入 RL_TL0,对 TH0 写入的内容也会同时写入 RL_TH0。当 TR0=1,即 T0 被允许工作时,对 TL0 写入的内容,实际上不是写入当前寄存器 TL0 中,而是写入隐藏的寄存器 RL_TL0 中;对 TH0 写入的内容,实际上也不是写入当前寄存器 TH0 中,而是写入隐藏的寄存器 RL_TH0 中。这样可以巧妙地实现 16 位重装载定时器。当读 TH0 和 TL0 的内容时,所读的内容就是 TH0 和 TL0 的内容,而不是 RL_TH0 和 RL_TL0 的内容。

当 T0 工作在方式 0 时,[TL0,TH0] 的溢出不仅置位 TF0,而且会自动将 [RL_TL0,RL_TH0] 的内容重新装入 [TL0,TH0]。

对于 T0,当 T0CLKO(INT_CLKO.0)=1 时,P3.5/T0CLKO 管脚配置为 T0 的时钟输出 T0CLKO。对于 T1,当 T1CLKO(INT_CLKO.1)=1 时,P3.4/T1CLKO 管脚配置为 T1 的时钟输出 T1CLKO。

2. 方式 1

当 M1M0=01 时,T0 工作于方式 1,其逻辑结构如图 3-7 所示。

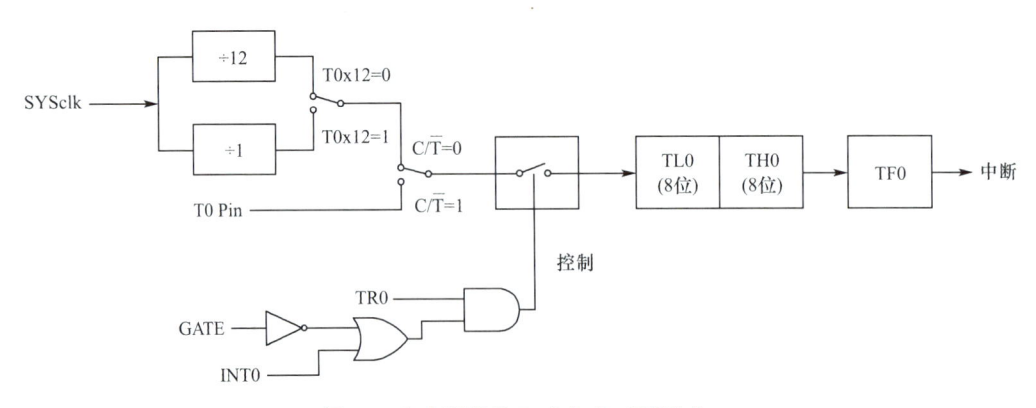

图 3-7 定时/计数器 T0 的方式 1 逻辑结构

方式 1 为 16 位的不可重装计数器模式,计数器由低 8 位的 TL0 和高 8 位的 TH0 构成,其最大的计数值为 2^{16}=65 536。

3. 方式 2

当 M1M0＝10 时，T0 工作于方式 2，其逻辑结构如图 3-8 所示。方式 2 为 8 位自动重装计数器模式，即当 TL0 计数器溢出时，TH0 中的计数初值自动送入 TL0，同时使 T0 中断标志位 TF0 置位，向 CPU 发出中断请求。该方式下，计数器溢出时无须用软件重新给 TL0 和 TH0 赋初值，从而提高定时器的定时精度。方式 2 的最大计数值为 $2^8=256$。

对于 T0，当 T0CLKO(INT_CLKO.0)＝1 时，P3.5/T0CLKO 管脚配置为 T0 的时钟输出 T0CLKO。对于 T1，当 T1CLKO(INT_CLKO.1)＝1 时，P3.4/T1CLKO 管脚配置为 T1 的时钟输出 T1CLKO。

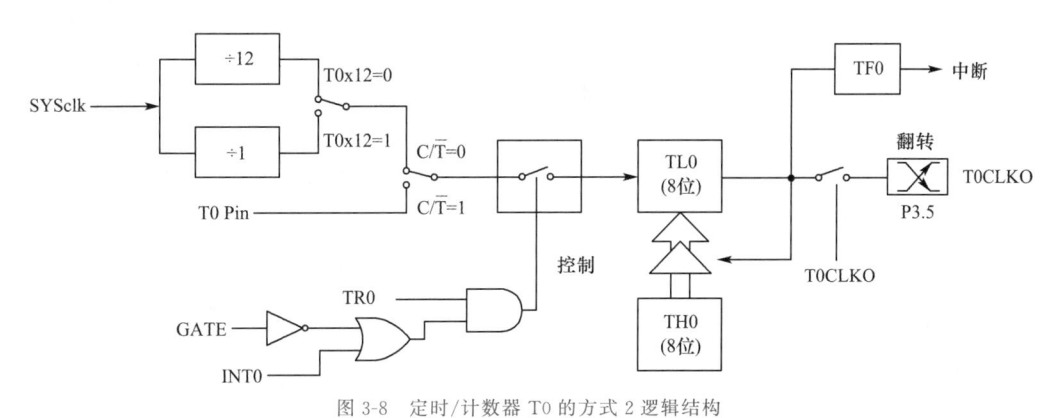

图 3-8 定时/计数器 T0 的方式 2 逻辑结构

4. 方式 3

当 M1M0＝11 时，T0 被设置为方式 3，其逻辑结构如图 3-9 所示。

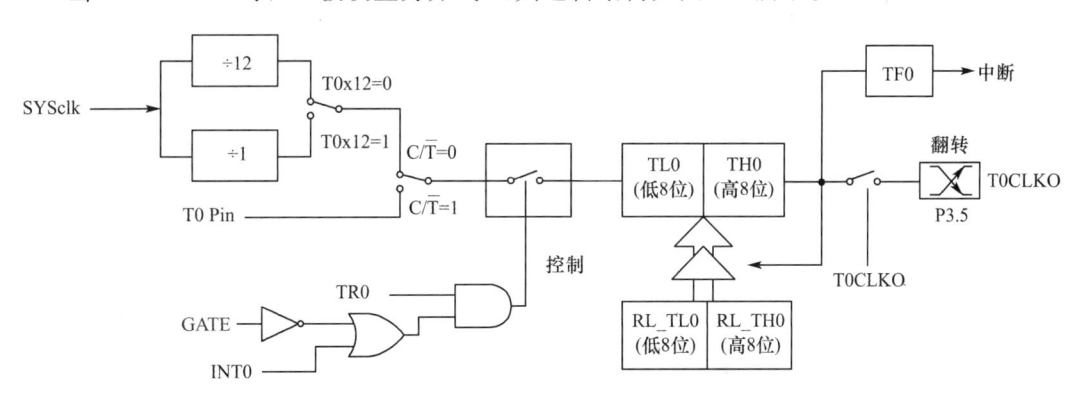

图 3-9 定时/计数器 T0 的方式 3 逻辑结构

对于 T0，方式 3 为中断不可屏蔽的 16 位自动重装计数器模式。方式 3 与方式 0 基本是一样的，唯一不同的是，当 T0 工作于方式 3 时，只需允许 T0 的中断允许控制位 ET0，不需要允许总中断 EA 就能打开 T0 的中断，即此方式下 T0 中断与总中断使能位 EA 无关。一旦工作在方式 3 下的 T0 中断被打开(ET0＝1)，那么该中断是不可屏蔽的。该中断的优先级最高，不能被任何中断所打断，而且该中断打开后既不受 EA 控制也不受 ET0 控制，当 EA＝0 或 ET0＝0 时都不能屏蔽此中断。

对于 T1，工作在方式 3 时，T1 停止计数，效果与 TR1＝0 相同。T1 的工作方式 0、方式 1、方式 2 与 T0 完全相同。

3.4.3 定时/计数器 T2 的工作模式

IAP15F2K61S2 单片机的定时/计数器 T2 固定为 16 位自动重装模式与定时/计数器 T0、T1 的方式 0 功能相同。其逻辑结构如图 3-10 所示,计数器由低 8 位的 T2L 和高 8 位的 T2H 组成 16 位计数器,其最大的计数值为 $2^{16}=65\,536$。当 T2L 的 8 位计数器溢出后向 T2H 进位,当 T2H 溢出后,向 CPU 发出中断请求。当相应的中断服务程序被响应后或 ET2=0,该中断的中断请求标志位会立即自动清 0。

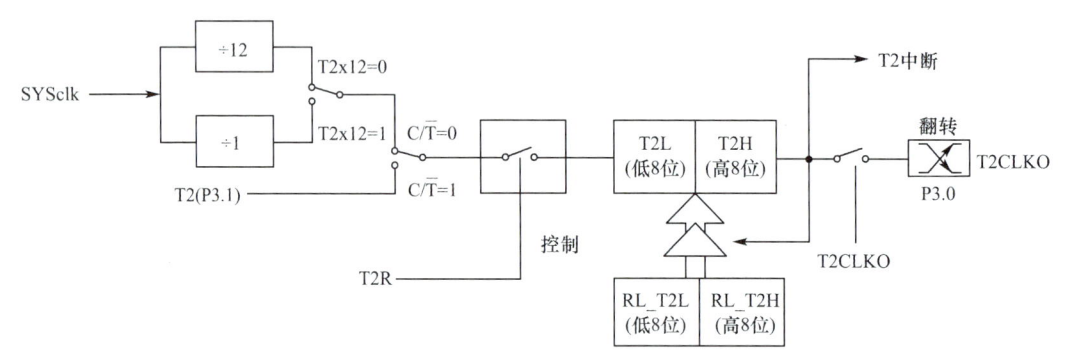

图 3-10 定时/计数器 T2 的工作方式逻辑结构

T2R(AUXR.4)为 T2 的运行控制位。$C/\overline{T}$ 为 T2 的功能选择位。$C/\overline{T}=0$ 时,多路开关连接到系统时钟输出,T2 对内部系统时钟计数,即 T2 工作在定时模式。$C/\overline{T}=1$ 时,多路开关连接到外部脉冲引脚 P3.1/T2,即 T2 工作在计数模式。

T2 也有两种计数速率,即 12T 模式和 1T 模式,由特殊功能寄存器 AUXR 中的 T2x12 控制位决定。如果 T2x12=0,则 T2 工作于 12T 模式;如果 T2x12=1,则 T2 工作于 1T 模式。T2 也有两个隐藏的寄存器 RL_T2H 和 RL_T2L,其工作原理与 T0 和 T1 相同,可实现 16 位的自动重装载功能。

[T2L,T2H]的溢出不仅置位被隐藏的中断请求标志位(T2 的中断请求标志位对用户不可见),使 CPU 转去执行 T2 的中断服务程序,而且会自动将[RL_T2L,RL_T2H]的内容重新装入[T2L,T2H]。

T2 可以当作定时器或计数器使用,也可以当作可编程时钟输出和串口的波特率发生器。当 T2CLKO(INT_CLKO.2)=1 时,P3.0/T2 管脚配置为 T2 的时钟输出 T2CLKO。

3.4.4 定时/计数器程序的设计流程

1. 定时/计数器程序的初始化

定时/计数器应用编程必须根据应用要求进行设置,首先要对程序正确初始化,包括正确设置控制字,选择定时/计数器的工作模式和工作方式,正确计算计数器初始值,然后再编写中断服务程序,适时设置控制位等。通常情况下,程序初始化的主要步骤如下:

(1) 设置定时/计数器的工作模式和工作方式。对于 T0、T1,将控制字写入 TMOD 寄存器,TMOD 不能位寻址。对于 T2,只需把工作模式控制字写入 AUXR 寄存器中。

(2) 选择时钟源,将控制字写入 AUXR。对 AUXR 中的 T0x12、T1x12、T2x12 位进行设置,置 0 时为系统时钟的 12 分频,置 1 时为不分频。IAP15F2K61S2 单片机复位后默认为 12 分频,与传统 8051 单片机兼容。

(3) 设定初始值。对于 T0、T1, 初始值写入 THx 和 TLx 寄存器; 对于 T2, 初始值写入 T2H 和 T2L 寄存器。

(4) 采用中断方式, 要设置中断控制位。对于 T0、T1, 要置位 IE 中 ETx 位; 对于 T2, 要置位 IE2 中的 ET2 位, 允许定时器中断, 并置位 EA 使 CPU 开放总中断。

(5) 设置定时器的启动或停止。对于 T0、T1, 设置 TCON 中的 TRx 位; 对于 T2, 设置 AUXR 中的 T2R 位, 以启动或停止计数。若要循环计数, 在一次定时或计数结束后, 除了方式 1 要重新用软件给 TLx 和 THx 赋初值外, 方式 0、方式 2 都具有重装功能, 无须重新赋初值。当计数器溢出时, 若采用查询方式, T0 和 T1 要用软件将中断请求标志位 TFx 清 0; 如采用中断方式则不用(TFx 在中断响应过程中由硬件自动清 0)。

2. 计数初值的计算

定时/计数器在不同的工作方式下, 其最大计数值也不一样。方式 0、方式 1 的最大计数值为 65 536, 方式 2 的最大计数值为 256。方式 0 和方式 1 的计数容量一样, 但方式 0 具有重装功能; 方式 2 虽然具有重装功能, 但计数容量较小。因此, 通常情况下选择方式 0 最为方便。

(1) 定时模式的初值计算

由于定时器的计数脉冲源可以是系统时钟(1T)或系统时钟的 12 分频(12T), 因此, 需根据应用系统所选定的计数脉冲时钟源计算出单位时间间隔。IAP15F2K61S2 单片机默认为 12T。设定时器的初值为 x, 系统的时钟频率为 f_{osc}, 则定时时间 $t =$ (计数容量 $-x$)× 机器周期 $= (2^n - x) \times T$。

所以 $x = 2^n - \dfrac{t}{T}$。

(2) 计数模式的初值计算

设计数器初值为 x, 实际要计数的脉冲个数为 m, 则有 $m = 2^n - x$, 即计数器初值 $x = 2^n - m$。

例如: 计数器 T1 工作在方式 2, 要求计数 10 个脉冲, 则计数器的初值 $x = 2^8 - 10 = 246$, 因此 TH1=TL1=246=F6H。

3.5 IAP15F2K61S2 单片机的定时/计数器程序设计实例

【例 3.3】 修改【例 2.2】, 利用定时/计数器实现 LED 的循环移动, LED 移动的间隔时间为 1 s。LED 电路见 2.7 节中的图 2-6。

工作原理分析: 本例采用定时/计数器中断方式实现对 LED 移位的控制。设变量 n 和位变量 flag 分别代表循环移位的位数和循环移位的方向, 变量 n 的最大值为 8。当定时/计数器定时 1 s 时间到, 改变 n 的大小。当 n=8 时, flag 取反。

设单片机工作模式默认为 12T, 内部晶振频率为 12 MHz, 采用定时器 T0, 工作在方式 0, 最大定时时间为 65.536 ms, 取定时时间 50 ms, 连续 20 次中断即为定时 1 s。本例题的程序如下:

```c
#include "STC15F2K60S2.h"         //IAP15F2K61S2 单片机对应的头文件
#include "intrins.h"
#define u16 unsigned int
#define u8 unsigned char
u8 temp1,temp2,n,num;
bit flag;                         //移动方向标志位
void jf_init()                    //关闭继电器和蜂鸣器
{
    P2=(P2&0x1f)|0xa0;
    P0=0;
    P2=P2&0x1f;
}
void main()
{
    jf_init();
    TMOD=0x00;                    //工作方式 0
    TH0=(65536-50000)/256;        //50 ms 定时
    TL0=(65536-50000)%256;
    TR0=1;
    ET0=1;
    EA=1;
    temp1=0xfe;                   //左移初值
    temp2=0x7f;                   //右移初值
    P2=(P2&0x1f)|0x80;            //Y4C=1
    while(1)
    {
        if(flag==0)               //循环左移
        P0=_crol_(temp1,n);
        else                      //循环右移
        P0=_cror_(temp2,n);
    }
}
void T0_time() interrupt 1
{
    num++;
    if(num==20)                   //定时 1 s 时间到
    {
        num=0;
        n++;                      //移动位数
        if(n==8)
        {
            n=0;
            flag=~flag;           //移动方向取反
```

            }
        }
    }

程序编译后,将 HEX 文件下载到开发板上,此时可以看到 8 个指示灯按照 1 s 的时间间隔进行循环移动。

说明:在中断服务函数中,1 s 到了,进行移动位数的变化,如果 1 s 不到,移动位数是不变的。这样,在主函数中,当移动位数不变时,LED 灯的显示状态是不变的。如果 8 个 LED 灯循环左移或右移没有进行完,flag 的值是不变的。由于 IAP15F2K61S2 单片机的 T0 为 16 位自动重装功能,在中断函数中无须再赋初值。

程序经过编译后下载,观察开发板上 LED 的移位显示效果。

思考:如果将数据写在隐藏区域所在的地址,根据前面所讲述的指令,该如何修改程序?请大家自行完成代码的编写和测试。

习题

❶ 在 IAP15F2K61S2 单片机中,由_____位控制定时器 T0 的启动和停止。
  A. TH0   B. TR0   C. TL0   D. TI

❷ 在 MCS51 单片机中,若下列中断源都编程为同级,当它们同时发生中断时,单片机首先响应的是_____。
  A. 串口
  B. 定时器 0
  C. 外部中断 1
  D. 上述三个中断源可以被同时响应

❸ MCS51 单片机外部中断 1 的中断请求标志是_____。
  A. ET1   B. IE1   C. TF1   D. IT1

❹ 关于 IAP15F2K61S2 单片机的中断错误的说法是_____。
  A. 上升沿和下降沿均可以触发外部中断请求
  B. 外部中断响应后,中断请求标注会自动清 0,无须其他处理
  C. EA 可以控制禁用所有中断源的中断请求
  D. 在中断源中断允许的条件下,单片机在任意时刻都能够响应中断请求

❺ IAP15F2K61S2 单片机内部有_____个定时/计数器,工作模式最少的是_____。
  A. 3,定时器 0   B. 3,定时器 2   C. 4,定时器 1   D. 4,定时器 2

❻ IAP15F2K61S2 单片机在同一优先级的中断源同时申请中断时,单片机首先响应_____中断源的请求。
  A. 串口中断   B. 定时器 0 中断   C. 定时器 1 中断   D. 外部中断 0

❼ 以下关于 IAP15F2K61S2 单片机的说法中错误的是_____。
  A. 所有 I/O 口都具有 4 种工作模式
  B. I/O 口最大翻转速度为系统时钟
  C. 低优先级中断可以被高优先级中断所中断,可现实 2 级中断服务程序嵌套
  D. 通过外部中断检测下降沿,要求信号在相应引脚上维持高、低电平超过 1 个时钟周期

❽ 在 IAP15F2K61S2 单片机中,下列寄存器与定时器工作模式配置无关的是_____。

A. AUXR B. SCON C. TCON D. PCON

❾ 利用定时/计数器 T1 使 P0.0 引脚输出周期为 3 s 的占空比可调的 PWM 波,在开发板上观察 LED 灯 L1 的变化,并通过示波器观察波形。

❿ 利用按键 S4、S5 控制 8 个 LED 灯(L1~L8)间隔 1 s 进行循环点亮,每次只有一个 LED 灯点亮。要求:

(1)初始上电时,LED 灯全部熄灭。

(2)S4 为方向切换键,采用查询方式。首次按下 S4 时,LED 灯循环左移,第二次按下时将在原来的状态下进行循环右移,再次按下时继续在原来状态下进行循环左移。

(3)S5 为复位键,采用中断方式。任何时候按下,8 个 LED 灯将按 0.5 s 的速度闪烁 3 次后熄灭。

(4)题目中的 1 s 和 0.5 s 的定时时间由定时/计数器产生。

第 4 章 IAP15F2K61S2 单片机的人机交互接口设计

在单片机应用系统中,人机接口是单片机和人机交互设备之间实现信息传输的控制电路,本章将重点介绍数码管、LCD、键盘等接口电路的工作原理和应用。

4.1 数码管显示接口设计

4.1.1 数码管的工作原理

LED 发光二极管作状态指示器具有电路简单、功耗低、寿命长、响应速度快等特点,而且 LED 发光二极管还有红、黄、绿等多种颜色供选择。特别是 LED 发光二极管的低功耗、长寿命特性,使它正在逐渐取代传统白炽灯。

数码管显示器(LED Segment Display)是由若干个发光二极管组成显示字段的显示器件,有 7 段和"米"字段之分,单片机应用系统中通常使用 7 段 LED 数码管显示器。7 段数码管显示器有共阴极和共阳极两种,发光二极管的阴极连接到一起形成公共端子的称为共阴极数码管;发光二极管的阳极连接到一起形成公共端子的称为共阳极数码管,其结构如图 4-1 所示。

7 段数码管所组成的字形如图 4-2 所示,7 个发光二极管构成" "字形的各个笔画段,这些笔画段分别用字母 a、b、c、d、e、f、g 来表示,另 1 个发光二极管为小数点,用 dp 来表示。当对数码管特定的发光二极管施加正向电压时,这些特定的段就会发亮,不加电压的就暗,以形成所需显示的字样。一般情况下,单个发光二极管的驱动电压为 1.8 V 左右,驱动电流不超过 30 mA。在实际应用中,数码管要正常显示,就要用驱动电路来驱动数码管的各个段码,从而显示出所要的数字。在程序设计中,可以将数字对应的段码值放在数组中,方便随时调用。共阳极数码管编码表：unsigned char table[]={0xc0,0xf9,0xa4,0xb0,0x99, 0x92,0x82,0xf8,0x80,0x90,0x88,0x83,0xc6,0xa1,0x86,0x8e}；共阴极数码管编码表： unsigned char table[]={0x3f,0x06,0x5b,0x4f,0x66,0x6d,0x7d,0x07,0x7f,0x6f,0x77, 0x7c,0x39,0x5e,0x79,0x71}。

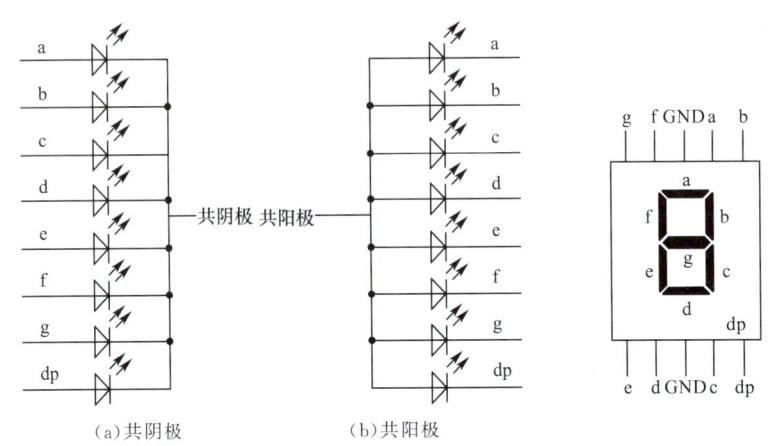

图 4-1　数码管电路结构

图 4-2　数码管引脚图

根据数码管的驱动方式不同，可以分为静态驱动和动态驱动两种驱动方式。静态驱动也称直流驱动，是指数码管的公共端子给固定电位，每一段都由一个 I/O 引脚进行驱动，或者使用锁存器锁存字形码进行驱动，即静态显示形式。7 段数码管在显示某一个字符时，相应的段（发光二极管）恒定地导通或截止，直至显示其他字符为止。静态驱动的优点是编程简单，显示亮度高；缺点是占用 I/O 口较多。

为了解决静态显示占用 I/O 口较多的问题，在多位显示时通常采用动态驱动技术（也称动态显示方式）。动态显示是将所有数码管的段码线对应并联在一起，通常由一个 8 位的 I/O 口控制，每位数码管的公共端（也称位选线）分别由一位 I/O 口控制，以实现各位的分时选通。由于人的视觉暂留现象及发光二极管的余辉效应，尽管实际上数码管并非同时点亮，但只要扫描的速度足够快，给人的印象就是一组稳定的显示数据，不会有闪烁感。一般情况下，数码管显示的时间不超过 24 ms，如果是 6 个数码管，则每个数码管的点亮时间最多不超过 4 ms。动态驱动能够节省大量的 I/O 口，而且功耗更低。开发板上，数码管采用的是动态接法，如图 4-3 所示。

开发板上配置了 8 个共阳极数码管 DS1～DS2，8 个数码管采用锁存器 M74HC573M1R(U7,U8)对单片机 P0 口的输出信号进行锁存，并增强信号驱动能力，进而驱动 8 个数码管。其中 U7 控制数码管的段码，U8 控制数码管的位选线。同 2.7 节图 2-6 中的 LED 电路一样，WR 接地，采用 I/O 模式(J13-2 和 J13-3 相连)。$Y7C=\overline{\overline{Y7}+\overline{WR}}=\overline{\overline{Y7}}$ 是段选，Y7 是 74HC138 输入 P2.7～P2.5 为 111 时的有效输出，当 Y7 有效时，Y7C=1，U7 工作，可以通过 P0 口送显示字形码，即码段值。$Y6C=\overline{\overline{Y6}+\overline{WR}}=\overline{\overline{Y6}}$ 是位选，Y6 是 74HC138 输入 P2.7～P2.5 为 110 时的有效输出，当 Y6 有效时，Y6C=1，U8 工作，可以通过 P0 口送位值。

第4章 IAP15F2K61S2单片机的人机交互接口设计

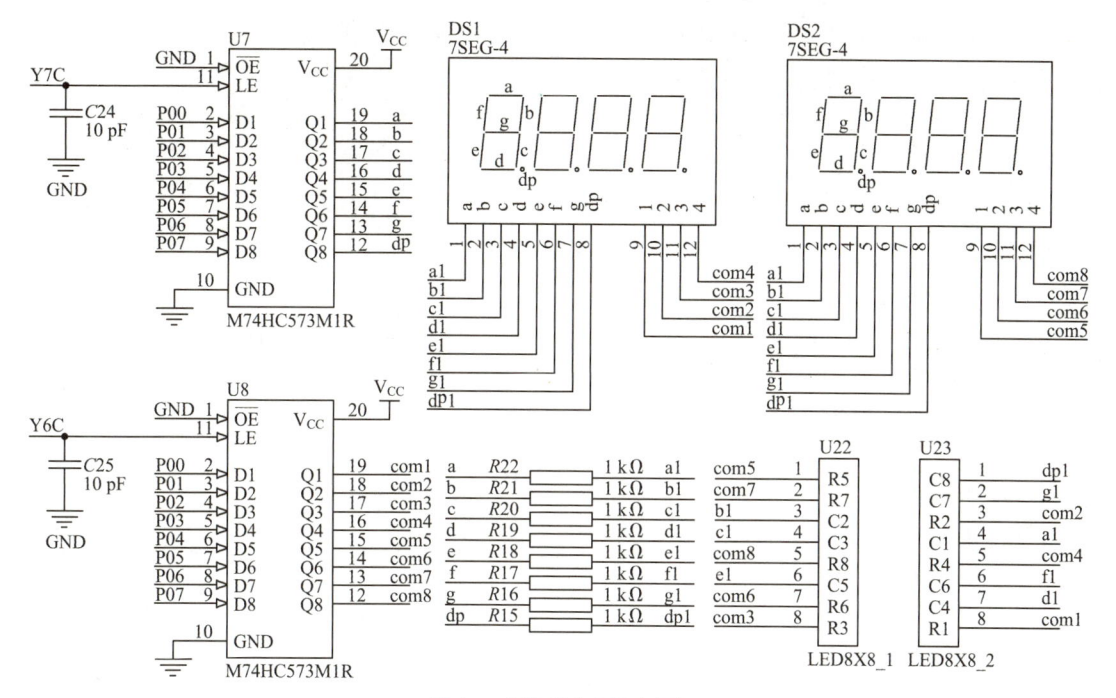

图 4-3 数码管动态驱动电路

4.1.2 数码管与单片机的接口应用实例

【例 4.1】 编写程序,使开发板上的 8 个数码管依次显示 1~8。

工作原理分析:由以上对图 4-3 的电路分析可知,控制 8 个数码管点亮,需使 U8 工作,即 Y6C＝1,通过 P0 口选中第一个数码管的位选线,即 P0＝0x01,然后 关闭 U8,使 U7 工作,即 Y7C＝1,通过 P0 口送 1 的字段码,延时 3 ms。按照这种思路依次 将 2~8 对应的字段码送到对应的数码管。

这里特别要强调的是数码管显示延时 3 ms 后,在打开下一个数码管的位选线之前,一 定要将当前数码管进行关闭,即 P0＝0xff,这种操作也称为消影。原因是在选中下一个数 码管的位选线时,保持在锁存器 U7 输出端的段码会显示在该数码管中。当新的段码通过 U7 送入后,由于整个过程很短暂,数码管处在高速显示状态下,可以看到数据产生了重影。 因此,消影是很重要的。本例题的程序如下:

```
#include "STC15F2K60S2.h"        //IAP15F2K61S2 单片机对应的头文件
#define u16 unsigned int
#define u8 unsigned char
u8 code value_tab[]={0xc0,0xf9,0xa4,0xb0,0x99,0x92,0x82,0xf8,0x80,0x90};
void hc_74573(u8 k)              //4 个锁存器的控制
{
    switch(k)
    {
        case 4:P2=(P2&0x1f)|0x80 ;break;   //LED 的位选
        case 5:P2=(P2&0x1f)|0xa0 ;break;   //继电器和蜂鸣器的位选
        case 6:P2=(P2&0x1f)|0xc0 ;break;   //数码管的位选
```

```c
        case 7:P2=(P2&0x1f)|0xe0;break;      //数码管的段选
    }
}
void clr_init()                              //LED、继电器和轰鸣器初始化
{
    hc_74573(4);
    P0=0xff;
    P2=P2&0x1f;
    hc_74573(5);                             //关闭LED
    P0=0;
    P2=P2&0x1f;                              //关闭继电器和轰鸣器
}
void delay(u16 k)                            //0.2 ms 延时函数
{
    u16 i,j;
    for(i=k;i>0;i--)
        for(j=182;j>0;j--);
}
void display1(u8 cm,u8 cn)                   //数码管 SEG1~SEG2
{
    P0=0xff;                                 //消影
    hc_74573(6);                             //Y6C=1
    P0=0x01;                                 //选中 SEG1
    hc_74573(7);                             // Y7C=1
    P0=value_tab[cm];                        //送段码
    delay(15);                               //延时 3 ms
    P0=0xff;                                 //消影
    hc_74573(6);
    P0=0x02;                                 //选中 SEG2
    hc_74573(7);
    P0=value_tab[cn];
    delay(15);
}
void display2(u8 cm,u8 cn)                   //数码管 SEG3~SEG4
{
    P0=0xff;                                 //消影
    hc_74573(6);
    P0=0x04;                                 //选中 SEG3
    hc_74573(7);
    P0=value_tab[cm];
    delay(15);
    P0=0xff;                                 //消影
    hc_74573(6);
```

```c
        P0=0x08;              //选中SEG4
        hc_74573(7);
        P0=value_tab[cn];
        delay(15);
    }
    void display3(u8 cm,u8 cn)    //数码管SEG5~SEG6
    {
        P0=0xff;              //消影
        hc_74573(6);
        P0=0x10;              //选中SEG5
        hc_74573(7);
        P0=value_tab[cm];
        delay(15);
        P0=0xff;              //消影
        hc_74573(6);
        P0=0x20;              //选中SEG6
        hc_74573(7);
        P0=value_tab[cn];
        delay(15);
    }
    void display4(u8 cm,u8 cn)    //数码管SEG7~SEG8
    {
        P0=0xff;              //消影
        hc_74573(6);
        P0=0x40;              //选中SEG7
        hc_74573(7);
        P0=value_tab[cm];
        delay(15);
        P0=0xff;              //消影
        hc_74573(6);
        P0=0x80;              //选中SEG8
        hc_74573(7);
        P0=value_tab[cn];
        delay(15);
    }
    void main()
    {
        clr_init();
        while(1)
        {
            display1(1,2);
            display2(3,4);
            display3(5,6);
```

```
            display4(7,8);
    }
}
```

开发板上 LED、继电器、轰鸣器和数码管都是通过 P0 口来送数据的，为不影响其他电路工作，程序中通过"clr_init()"函数对 LED、继电器、轰鸣器的工作状态进行初始化操作。

由于 I/O 口资源有限，开发板上共有 4 个 M74HC573M1R 锁存器 U6～U9 用来进行 I/O 口的扩展，为简化程序设计，也为后续使用方便，这里采用"hc_74573(u8 k)"函数实现对 4 个锁存器选通控制。

另外，由于 8 个数码管在实际中只会使用部分，设计中将两个数码管作为一组，通过"display1(u8 cm,u8 cn)""display2(u8 cm,u8 cn)""display3(u8 cm,u8 cn)""display4(u8 cm,u8 cn)"4 个显示函数控制，以后使用时可根据数码管的个数进行函数调用相应的组。程序中利用"P0=0xff;"语句进行消影，如果数码管是共阴极，实现消影该如何修改语句呢？

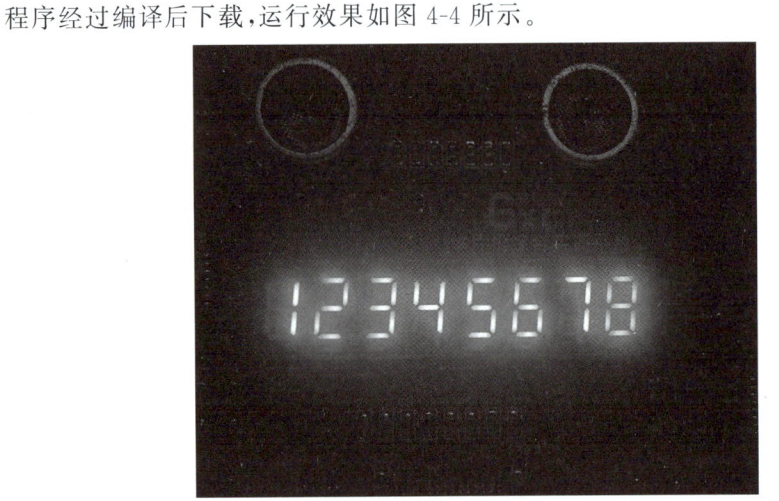

程序经过编译后下载，运行效果如图 4-4 所示。

图 4-4 运行效果

【例 4.2】 编写程序，设计时间范围为 00.00～59.99 的电子秒表，利用定时/计数器进行计时，数码管进行显示。

工作原理分析：由题目可知电子秒表的计时时间为 10 ms，单片机工作模式默认为 12T，采用定时器 T0，工作在方式 0。在 T0 的中断服务函数中完成对显示数据的处理。这里选数码管 SEG1～SEG4 进行显示，由于数码管动态显示需要反复进行刷新才能看到稳定的数据，所以显示函数的调用需放在主函数中。本例题的程序如下：

```
#include "STC15F2K60S2.h"    //IAP15F2K61S2 单片机对应的头文件
#define u16 unsigned int
#define u8 unsigned char
u8 num1=0,num2=0;
u8 code value_tab[]={0xc0,0xf9,0xa4,0xb0,0x99,0x92,0x82,0xf8,0x80,0x90};
void hc_74573(u8 k)
{
    switch(k)
```

```c
        {
            case 4:P2=(P2&0x1f)|0x80;break;        //LED 的位选
            case 5:P2=(P2&0x1f)|0xa0;break;        //继电器和蜂鸣器的位选
            case 6:P2=(P2&0x1f)|0xc0;break;        //数码管的位选
            case 7:P2=(P2&0x1f)|0xe0;break;        //数码管的段选
        }
}
void clr_init()                                    //LED、继电器和蜂鸣器的初始化
{
    hc_74573(4);
    P0=0xff;                                       //关闭 LED
    P2=P2&0x1f;
    hc_74573(5);
    P0=0;                                          //关闭继电器和蜂鸣器
    P2=P2&0x1f;
}
void delay(u16 k)                                  //0.2 ms 延时函数
{
    u16 i,j;
    for(i=k;i>0;i--)
        for(j=182;j>0;j--);
}
void display1(u8 cm,u8 cn)                         //数码管 SEG1~SEG2
{
    P0=0xff;                                       //消影
    hc_74573(6);                                   //Y6C=1
    P0=0x01;                                       //选中 SEG1
    hc_74573(7);                                   //Y7C=1
    P0=value_tab[cm];                              //送段码
    delay(15);
    P0=0xff;                                       //消影
    hc_74573(6);
    P0=0x02;                                       //选中 SEG2
    hc_74573(7);
    P0=value_tab[cn]&0x7f;
    delay(15);
}
void display2(u8 cm,u8 cn)                         //数码管 SEG3~SEG4
{
    P0=0xff;                                       //消影
    hc_74573(6);
    P0=0x04;                                       //选中 SEG3
    hc_74573(7);
```

```c
        P0=value_tab[cm];
        delay(15);
        P0=0xff;                    //消影
        hc_74573(6);
        P0=0x08;                    //选中 SEG4
        hc_74573(7);
        P0=value_tab[cn];
        delay(15);
    }
    void t0_init()                  //T0 的初始化
    {
        TH0=(65536-10000)/256;
        TL0=(65536-10000)%256;
        TMOD=0x00;
        ET0=1;
        TR0=1;
        EA=1;
    }
    void main()
    {
        clr_init();                 //LED、继电器和蜂鸣器的初始化
        t0_init();                  //T0 的初始化
        while(1)
        {
            display1(num2/10,num2%10);
            display2(num1/10,num1%10);
        }
    }
    void t0_() interrupt 1
    {
        num1++;
        if(num1==100)               //1 s 时间到
        {
            num1=0;
            num2++;
            if(num2==60)            //60 s 时间到
            {
                num2=0;
            }
        }
    }
```

程序设计中,将数据分为整数部分 num2 和小数部分 num1,其中 num1 的范围是 00～99,num2 的范围是 00～59。根据显示效果,需要将显示整数 num2 的 SEG2 数码管的小数点点亮,由于数码管采用的是共阳极,而 value_tab[] 数组中的段码值都没有考虑小数点,所以 SEG2 的小数点段 dp 需通过 P07 送低电平,用"P0＝value_tab[cn]&0x7f;"语句实现,P0 的低 7 位和 1 相与,目的是不影响显示数据的值。程序经过编译后下载,运行效果如图 4-5 所示。

图 4-5　电子秒表运行效果

思考:如果开发板上的数码管是共阴极接法,该如何修改程序？请大家自行完成代码的编写和测试。

4.1.3　Keil C51 程序模块化设计

模块化程序设计是一种软件设计技术,采用"自顶向下,逐步细化"的思想,设计时将一个大程序按照功能划分为若干小程序模块,每个小程序模块完成一个确定的功能,并在这些模块之间建立必要的联系,通过模块的互相协作完成整个功能。模块化编程必须提供每个模块的源文件(*.c)和头文件(*.h),源文件中存放程序代码等,头文件中存放函数、变量声明及管脚定义等。这两个文件密不可分,缺一不可。其他模块如果需要使用某一模块的函数,需包含该模块的头文件(#include "*.h")。模块化设计可有效提高代码的编写效率,降低程序的复杂度,增加程序的可读性与可维护性。特别是项目较大,需要多人协作完成程序的开发时,模块化程序设计的优势更明显。

在单片机应用程序开发中,功能比较简单或者程序简短时,不需要采用模块化编程,但是,当遇到程序功能复杂、涉及的资源较多或者需多人协作完成的项目时,模块化编程的优势就很明显了。下面以 display 函数的模块化为例,介绍功能模块设计的一般过程,如图 4-6 所示。

1. 创建源文件和头文件

建立源文件和头文件时,为了体现文件代码的功能定义,便于其他文件调用,建议将两个文件名称命名一致。如 display 函数相关的源文件和头文件命名为 display.c 和 display.h。

```
#include display.h                #ifndef __display_H__           #include "display.h"  //引用头文件
u8 num;                           #define __display_H__           u8 code tab[]={0xc0,0xf9,0xa4,
void main()                       #include "common.h"             0xb0,0x99,0x92,0x82,0xf8,0x80,0x90};
{                                                                 void display(u8 cm)
    clr_init()                    void display(u8 cm);            {
    t0_init();                                                        P2=0x01;
    while(1)                      #endif                              P0=tab[cm/10];
    {                                                                 delay(5);
        display(num);                                                 P0=0xff;
    }                                                                 P0=0x02;
}                                                                     P0=tab[cm%10];
                                                                      delay(5);
                                                                  }

    main.c 文件                    display.h 文件                   display.c 文件
```

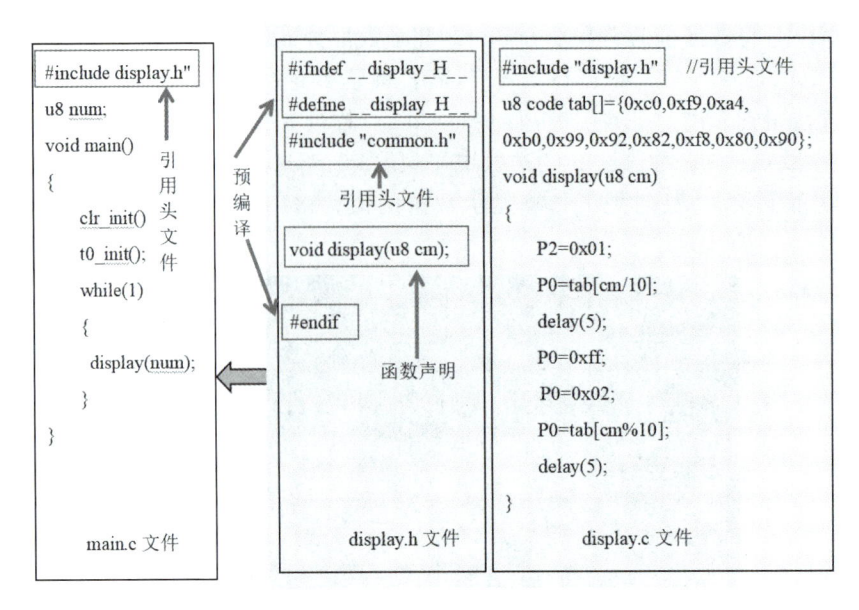

图 4-6 display 函数的模块化

2. 头文件的处理

在一个工程中,为了避免头文件被重复引用和编译,这里采用通过宏定义"♯ifndef,♯define,♯endif"来进行处理。在头文件中加入如下代码:

```
# ifndef __***_H__
# define __***_H__
   ……  //此处添加代码
# endif
```

同一个工程中各个头文件的***不能相同,建议采用文件名称。这里的"ifndef"全称为"if no define",指调用的源程序中没有定义过"__***_H__",那么定义"__***_H__",这样才能调用***.h 文件中声明的函数,如果另外一个源程序也调用***.h 文件,首先判断有没有定义过"__***_H__",若没有则调用,若调用过则退出调用,这样可以防止函数被重复调用。

如对于 display.h 文件,其内容如下:

```
# ifndef __display_H__
# define __display_H__
# include "common.h"
void display(u8 cm);
# endif
```

编译器对 display.h 文件编译完后,如果 display.h 文件再次被包含时,将不符合"♯ifndef __display_H__"的条件。display.h 文件给出了 display 模块的接口,这里的 display(u8 cm)就是一个接口函数,用"void display(u8 cm);"语句对 display(u8 cm)函数进行声明,其他模块就可以调用它。"♯include "common.h""是对 common.h 头文件的引用,目的是在 display.c 文件中使用 common.h 文件声明的 u8 数据类型。头文件在处理时需要注意以下三种情况:

(1)源文件中的函数,需要被其他模块调用时需在头文件进行声明。

(2)需要被外部调用的全局变量要在头文件中,重新用 extern 修饰声明。但是在头文件中不能定义变量。

（3）需要被外部调用的宏定义放在头文件中。如果仅会被本源文件调用的宏定义放在源文件中。

（4）限定模块内的函数和全局变量的作用范围只是在本模块中起作用,则需在源文件开头以 static 关键字声明。

3. 代码的加载

将需要模块化的代码封装成函数,在源文件中,需要包含对应的头文件,如 display.c 中的"♯include ″display.h″",那么 display.h 文件即为 display 模块接口的声明。

知道怎么设计一个功能模块后,下面通过一个例题来介绍 Keil 软件中模块化工程建立的方法。

▶【例 4.3】 将【例 4.2】进行模块化程序设计。

设计思路如下：

1. 功能模块分解

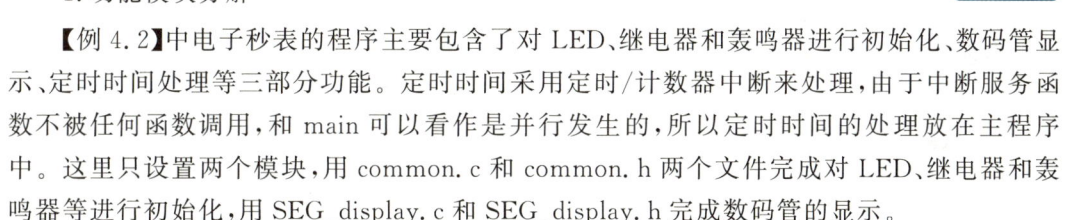

【例 4.2】中电子秒表的程序主要包含了对 LED、继电器和轰鸣器进行初始化、数码管显示、定时时间处理等三部分功能。定时时间采用定时/计数器中断来处理,由于中断服务函数不被任何函数调用,和 main 可以看作是并行发生的,所以定时时间的处理放在主程序中。这里只设置两个模块,用 common.c 和 common.h 两个文件完成对 LED、继电器和轰鸣器等进行初始化,用 SEG_display.c 和 SEG_display.h 完成数码管的显示。

2. 建立文件夹,创建工程

（1）新建文件夹,命名为"模块化编程",在该文件夹下新建 3 个文件夹,如图 4-7 所示。

common 文件夹：存放通用程序模块,如这里的 common.c 和 common.h。

main 文件夹：存放主程序文件 main.c 和 Keil 工程项目中的一些中间文件和输出文件等。

user 文件夹：存放用户应用程序模块。不同的功能会有多个用户应用程序,为了使文件结构更清晰,便于后期调用,可以在 user 文件夹下再创建存放不同功能的应用程序文件夹,如这里建立 SEG 文件夹,用于存放数码管显示的 SEG_display.c 和 SEG_display.h 文件。

图 4-7 模块化编程文件夹

（2）新建 Keil 工程

打开 Keil 工程,单击"Project"菜单下的"New Vision Project…",定位到 main 文件夹,建立工程 1.uvproj。在 Keil 中,所有源文件可以放在一个源代码组中(Source Group 1),也可以放在不同的源代码组中。这里采用第二种方式。如图 4-8 所示,右键单击左边 Project 窗口中的"Target 1"(或 Source Group 1),选择 Manage Project Items 按钮,或者直接选择 Manage Project Items 快捷按钮。

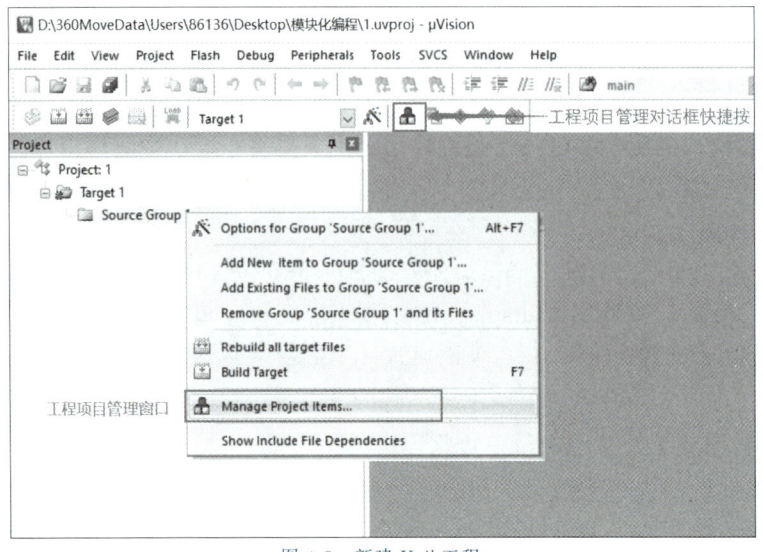

图 4-8 新建 Keil 工程

出现的工程项目管理对话框,如图 4-9(a)所示。在该对话框中可以通过双击该项目修改名称,添加、删除 group 或源文件。这里选择 Groups 标签添加三个 group,为了直观体现各 group 的功能,命名为 common、main、user。添加后的效果如图 4-9(b)所示。

(a)工程项目管理对话框　　　　　　　　　(b)工程项目编辑效果

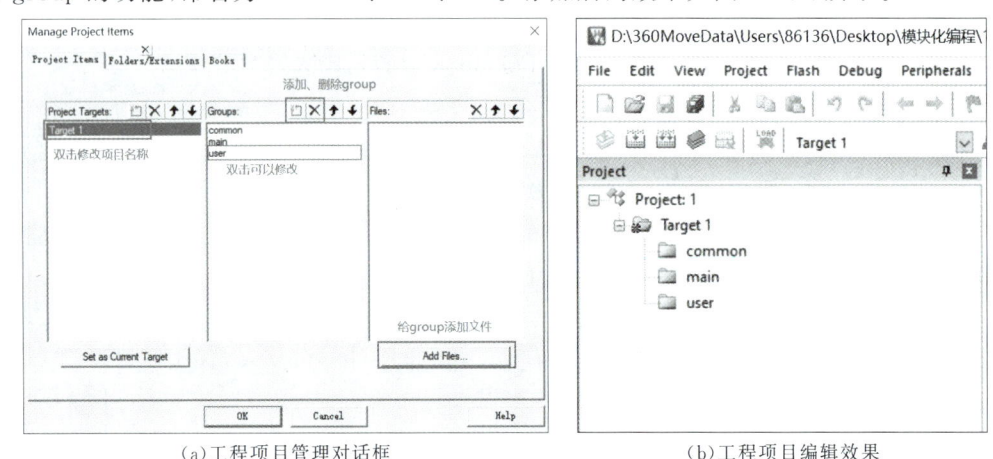

图 4-9　工程项目管理对话框的相关设置

3. 源文件和头文件的添加

先进行 common 组文件的添加。右键单击 common 组,选择"Add New Item to Group 'common'…"选项,如图 4-10 所示。在 common 添加文件对话框中单击"C File(.c)"选项,文件类型默认为 C File(.c),文件命名为"common",路径选择之前创建的 common 文件夹,单击添加,common.c 文件即添加到 common 组中,然后在 common 组中继续添加 common.h 文件,如图 4-11 所示。

按照以上操作依次在 main 组添加主函数文件 main.c,在 user 组中添加 SEG_display.c 和 SEG_display.h 文件。创建完成后的效果如图 4-12 所示。在 Project 窗口中可以看到各组所包含的源文件。

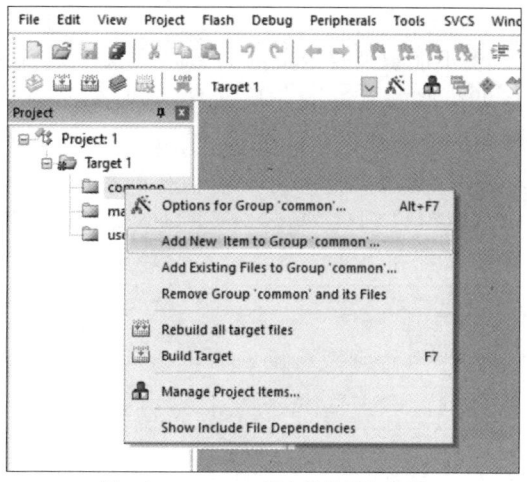

第4章 IAP15F2K61S2单片机的人机交互接口设计

图 4-10 common 组文件的添加选择

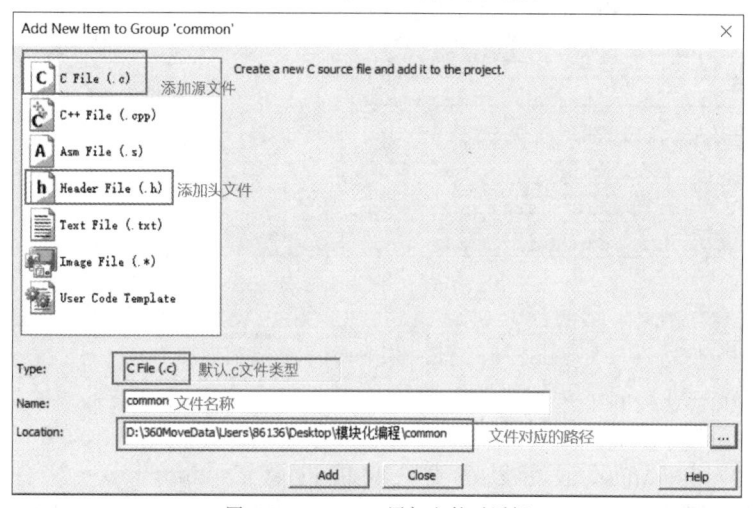

图 4-11 common 添加文件对话框

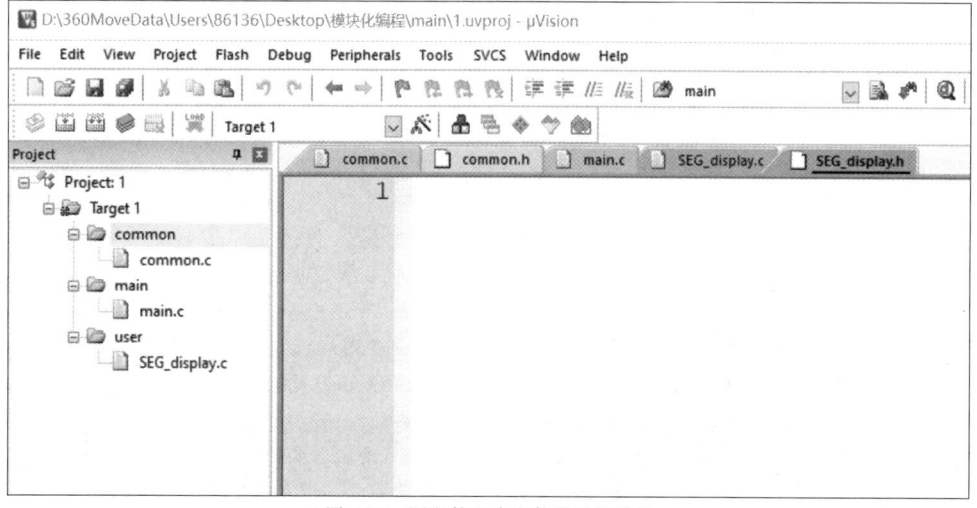

图 4-12 源文件和头文件的添加效果

4. 设置头文件包含路径

由于 Keil 软件在编译中不能识别自定义的头文件,还需要将头文件路径添加到 Keil 软件中,这里的路径需要是头文件的最近的一层文件夹的路径。打开目标选项对话框,如图 4-13 所示,在目标选项对话框中选择 C51 标签,找到"Include Paths"(包含文件路径),单击后面省略号,添加 SEG_display.h 和 common.h 所在的路径。最后在 Target 标签将晶振改为 12 MHz,在 Debug 标签选择"STC Monitor-51 Driver",并设置 COM Prot 为 COM3。接下来就可以编写对应的源文件和头文件了。

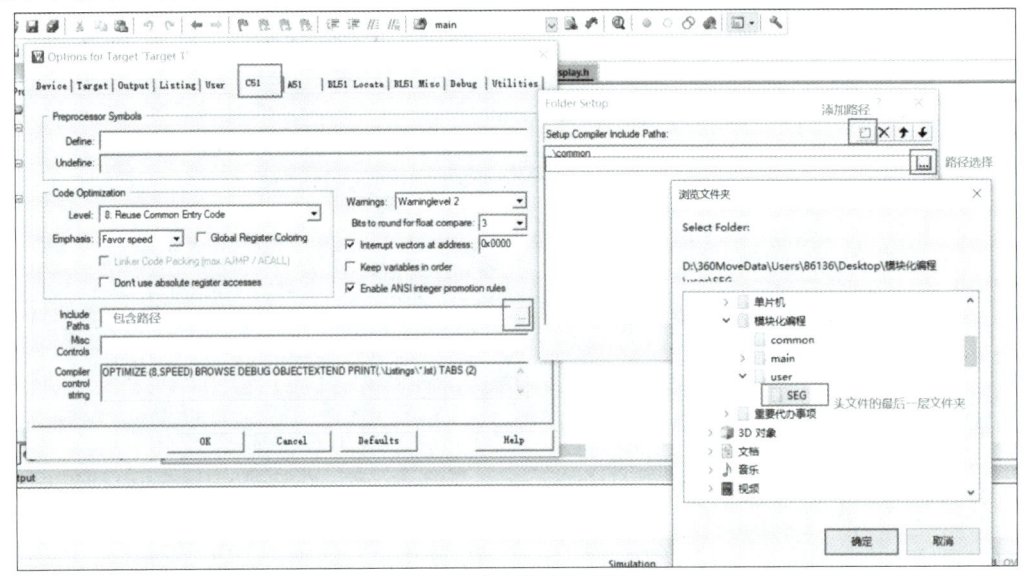

图 4-13 头文件路径的添加

5. common.c 和 common.h 文件的设计

(1) common.c 文件

根据前面对 common 通用程序模块功能的设定,common.c 文件主要包含对 M74HC573M1R 锁存器的控制函数 hc_74573(u8 k),0.2 ms 的基准延时函数 delay(u16 k),对 LED、继电器和蜂鸣器的初始化函数 clr_init()。在【例 4.2】中已经完成对以上函数的设计,这里直接复制过来。注意在开头处需要包含对应的 common.h 文件。common.c 文件的代码如下:

```
/********************* * common.c********************* */
#include "common.h"                    //引用 common.h 文件
void hc_74573(u8 k)
{
    switch(k)
    {
        case 4:P2=(P2&0x1f)|0x80;break;    //LED 的位选
        case 5:P2=(P2&0x1f)|0xa0;break;    //继电器和蜂鸣器的位选
        case 6:P2=(P2&0x1f)|0xc0;break;    //数码管的位选
        case 7:P2=(P2&0x1f)|0xe0;break;    //数码管的段选
    }
}
void clr_init()                            //LED、继电器和蜂鸣器的初始化
```

```c
    {
        hc_74573(4);                    //关闭 LED
        P0=0xff;
        P2=P2&0x1f;
        hc_74573(5);                    //关闭继电器和蜂鸣器
        P0=0;
        P2=P2&0x1f;
    }
    void delay(u16 k)                   //0.2 ms 延时函数
    {
        u16 i,j;
        for(i=k;i>0;i--)
        for(j=182;j>0;j--);
    }
```

(2) common.h 文件

在 common.h 文件中,主要包含 STC15F2K60S2.h 文件的引用、对变量数据类型的声明, common.c 文件的 hc_74573(u8 k)、delay(u16 k) 和 clr_init() 三个函数的声明。common.h 文件的代码如下:

```c
/*********************** * common.h*********************** */
#ifndef __common_H__
#define __common_H__
#include "STC15F2K60S2.h"
#define u16 unsigned int
#define u8 unsigned char
void hc_74573(u8 k);                    //74HC573 锁存控制
void clr_init();                        //LED、继电器、蜂鸣器初始化
void delay(u16 k);                      //0.2 ms 延时
#endif
```

两个文件编写完后,切换到 common.c 文件,先进行语法检查,当出现"0 Error(s), 0 Warning(s)."时,方可进入下一个功能模块的设计,如图 4-14 所示。

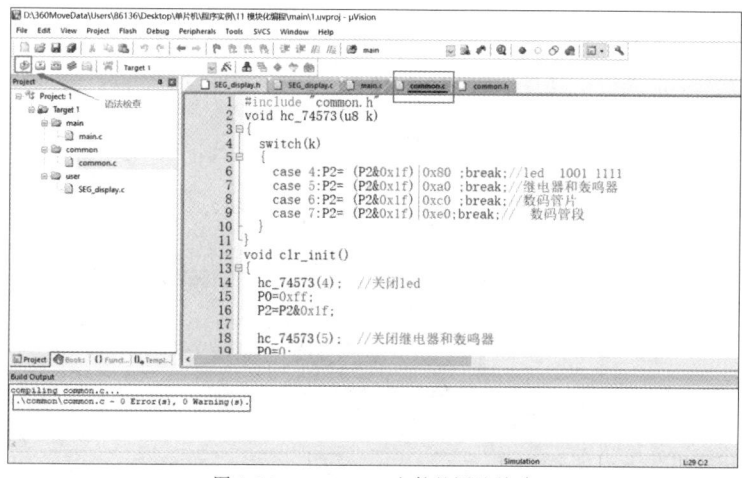

图 4-14　common.c 文件的语法检查

6. SEG_display.c 和 SEG_display.h 文件的设计

(1) SEG_display.c 文件

该文件存放用户编写的数码管显示函数，将【例 4.2】中定义的数码管显示函数 display1(u8 cm,u8 cn)～display2(u8 cm,u8 cn)放在 SEG_display.c 文件中。由于字形码数组 value_tab[]不需要被外部模块调用，所以该数组的定义放在 SEG_display.c 中使用。同样，在文件开始处，需要包含对应的 SEG_display.h 文件。SEG_display.c 文件的代码如下：

```c
/*********************** * SEG_display.c*********************** */
#include "SEG_display.h"
u8 code value_tab[]={0xc0,0xf9,0xa4,0xb0,0x99,0x92,0x82,0xf8,0x80,0x90};
void display1(u8 cm,u8 cn)              //数码管 SEG1～SEG2
{
    P0=0xff;                            //消影
    hc_74573(6);                        //Y6C=1
    P0=0x01;                            //选中 SEG1
    hc_74573(7);                        //Y7C=1
    P0=value_tab[cm];                   //送段码
    delay(15);
    P0=0xff;                            //消影
    hc_74573(6);
    P0=0x02;                            //选中 SEG2
    hc_74573(7);
    P0=value_tab[cn]&0x7f;
    delay(15);
}
void display2(u8 cm,u8 cn)              //数码管 SEG3～SEG4
{
    P0=0xff;                            //消影
    hc_74573(6);
    P0=0x04;                            //选中 SEG3
    hc_74573(7);
    P0=value_tab[cm];
    delay(15);
    P0=0xff;                            //消影
    hc_74573(6);
    P0=0x08;                            //选中 SEG4
    hc_74573(7);
    P0=value_tab[cn];
    delay(15);
}
```

(2) SEG_display.h 文件

在 SEG_display.h 文件中，主要包含 STC15F2K60S2.h 文件的引用、对变量数据类型的声明，common.c 文件的 hc_74573(u8 k)、delay(u16 k)和 clr_init()三个函数的声明。SEG_display.h 文件的代码如下：

```
/*********************SEG_display.h********************/
#ifndef __SEG_display_H__
#define __SEG_display_H__
#include "common.h"              //引用 common.h 头文件
void display1(u8 cm,u8 cn);      //SEG1~SEG2
void display2(u8 cm,u8 cn);      //SEG3~SEG4
#endif
```

两个文件编写完后，切换到 SEG_display.c 文件进行语法检查，直至无错误、警告。

7. main.c 主程序设计与编译

main.c 文件是主程序，主要完成定时时间的设定、LED 和继电器及蜂鸣器的初始化操作、数码管显示调用等操作。在主程序文件开头处加入预处理命令"#include "SEG_display.h""指的是引入 SEG_display.h 头文件，由于 SEG_display.h 头文件中已经引入了 common.h 文件，所以，在主程序中无须再次引入。main.c 主程序代码如下：

```
/*********************main.c********************/
#include "SEG_display.h"
u8 num1,num2;                    //定时时间
void t0_init()
{
    TH0=(65536-10000)/256;
    TL0=(65536-10000)%256;
    TMOD=0x01;
    ET0=1;
    TR0=1;
    EA=1;
}
void main()
{
    clr_init();
    t0_init();
    while(1)
    {
        display1(num2/10,num2%10);
        display2(num1/10,num1%10);
    }
}
```

```c
void t0_() interrupt 1
{
    TH0=(65536-10000)/256;           //4位数   59.59   10 ms
    TL0=(65536-10000)%256;
    num1++;
    if(num1==60)
    {
        num1=0;
        num2++;
        if(num2==60)
        {
            num2=0;
        }
    }
}
```

8. 工程目标文件编译

所有模块代码完成后,单击"rebuild all target files"快捷按钮编译所有目标文件,之后在编译窗口可以看到所有源文件引用的头文件,如图4-15所示。利用STC-ISP软件将程序下载到开发板,观察实验效果是否和【例4.2】实现效果一致。

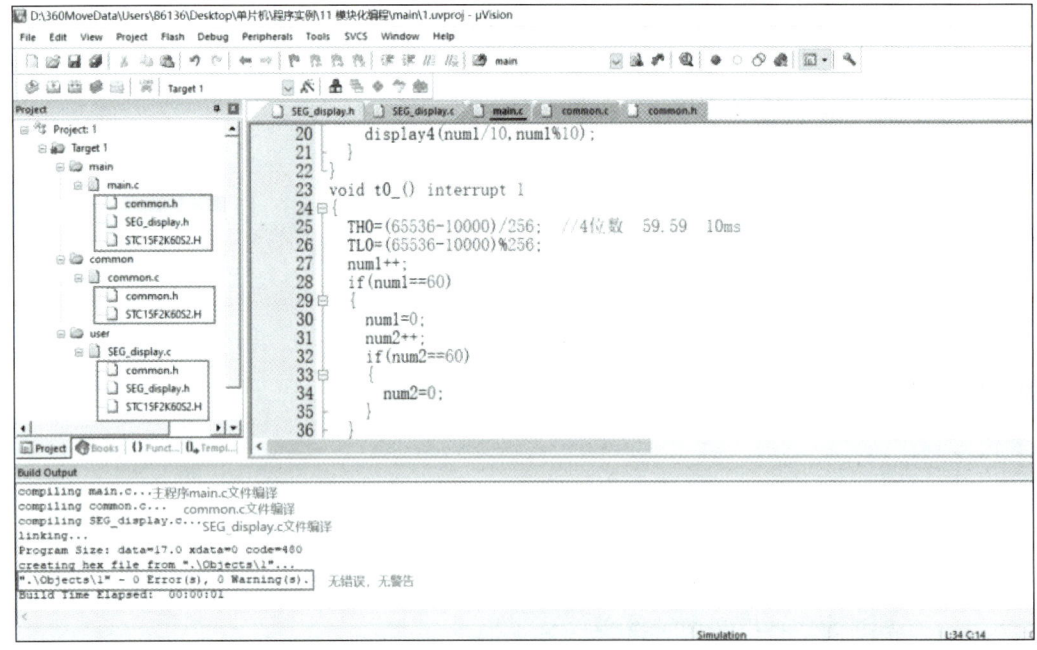

图 4-15　工程目标文件编译

模块化程序设计方法为程序的调试、移植带来了很大的便利,在后续的项目设计中用到了哪个模块的功能,就将对应模块所在的文件夹复制过去。本教材接下来的例题均采用模块化设计。

4.2 液晶显示接口设计

4.2.1 LCD1602 的工作原理

液晶显示器简称 LCD(Liquid Crystal Display),是一种借助薄膜晶体管驱动的有源矩阵显示器,主要以电流刺激液晶分子产生点、线、面配合背部灯管构成画面。具有显示内容较多、显示方式多样化、低辐射、体积小、质量轻、功耗低等优点。按显示内容可以分为段式液晶、字符型液晶和图形点阵式液晶。本章主要介绍字符型显示屏 LCD1602 的工作原理和应用。

LCD1602 液晶显示器也叫工业字符型液晶显示器,被广泛地使用在单片机应用系统中。其工作电压为 4.5~5.5 V,典型工作电压为 5.0 V,工作电流为 2.0 mA。由若干个 5×7 或者 5×10 的点阵字符位组成,可以显示字母、数字、符号等,每个点阵字符位都可以显示一个字符,位之间和行之间都有一定的间隔。LCD1602 中的 02 表示可以显示 2 行,16 代表每行可以显示 16 个字符。LCD1602 显示屏内已集成有控制器、驱动器、存储单元等电路,也称为 LCD1602 模块,实际使用中,LCD1602 模块已经和外设的接口通过排针引出,如图 4-16 所示。

图 4-16 LCD1602 模块实物图

1. LCD1602 的引脚

字符型 LCD1602 通常有 14 个引脚(无背光)和 16 个引脚(带背光)两种,本教材采用的 LCD1602 是 16 个引脚,多出的两个引脚是背光电源正极和背光电源负极,有 8 位并行数据端口,具体引脚说明见表 4-1。

表 4-1   LCD1602 的引脚说明

引脚	符号	引脚说明	引脚	符号	引脚说明
1	V_{SS}	电源地	9	D2	数据
2	V_{DD}	电源正极	10	D3	数据
3	VO	液晶显示偏压信号调整	11	D4	数据
4	RS	数据/命令选择	12	D5	数据
5	R/W	读/写功能选择(H/L)	13	D6	数据
6	E	读/写控制输入	14	D7	数据
7	D0	数据	15	BLA	背光电源正极
8	D1	数据	16	BLK	背光电源负极

引脚 3(VO):液晶显示偏压信号调整端,使用时可以接一个 10 kΩ 的电位器调整其对比度,接正电源时对比度最弱,接地时对比度最高。

引脚 4(RS):数据/命令选择端。用来判断接收到的是命令还是数据。为寄存器选择引脚,高电平时选择数据寄存器,低电平时选择指令寄存器。

引脚 5(R/W):读/写功能选择端。通过该引脚判断是向液晶写入数据(命令)还是读取液晶内部的数据(命令)。由于向液晶写命令或者数据首先会保存在液晶的缓里,然后再写到内部的寄存器或者 RAM 中,这个过程需要一定的时间,所以在读/写操作之前,需要先读一下液晶的当前状态,如果是在忙,就需要继续等待,如果不忙,可以进行读/写数据。读状态常用,读液晶内的数据并不常用。

引脚 6(E):读/写控制输入端。读数据:高电平有效;写数据:E 引脚先从低拉高,再从高拉低,形成一个高脉冲,即下降沿有效。

2. LCD1602 控制指令和时序(HD44780 及兼容芯片)

(1)RAM 地址映射

HD44780 内置了 DDRAM、CGROM 和 CGRAM。其中 DDRAM(Display Data RAM)是显示用的 RAM,其地址直接和屏幕上的位置相对应,共 80 个字节;CGROM(Character Generator ROM)是字模存储 ROM,里面存入了 ASCII 码字符,显示时自动调用,无须修改;CGRAM(Character Generator RAM)是用户自建字模 RAM,可自行向其中添加想要的字模,6 位地址码,每个字符占 8 个字节,所以最多存 8 个字符。DDRAM 分为显示区域和隐藏区域,向显示区域 00H~0FH 和 40H~4FH 写入数据可以立即显示,但是写入隐藏区域的数据需通过移屏指令将其移入显示区域才能正常显示。LCD1602 内部 RAM 地址映射见表 4-2。

表 4-2　　　　　　　　　　　　LCD1602 内部 RAM 地址映射

显示区域(16 字符×2 行)																隐藏区域		
00	01	02	03	04	05	06	07	08	09	0A	0B	0C	0D	0E	0F	10	…	27
40	41	42	43	44	45	46	47	48	49	4A	4B	4C	4D	4E	4F	50	…	67

DDRAM 中显示地址时要求最高位 DB7 恒定为高电平 1。所以实际写入的数据地址应该加上 0x80,即实际地址为 0x80+RAM 映射地址,第一行的首地址为 0x80+0x00=0x80,第二行的首地址为 0x80+0x40=0xc0。

(2)LCD1602 的控制指令

LCD1602 液晶模块内部的控制器共有 11 条控制指令。常用指令的数据格式见表 4-3 至表 4-7,表 4-9 至表 4-10。

①工作方式设置指令

工作方式设置指令格式见表 4-3。

表 4-3　　　　　　　　　　　工作方式设置指令格式

DB7	DB6	DB5	DB4	DB3	DB2	DB1	DB0
0	0	1	DL	N	F	x	x

DL:设置数据接口位数。DL=1:8 位数据接口(D7~D0)。DL=0:4 位数据接口(D7~D4)。

N=0:一行显示。N=1:两行显示。

F=0:5×8 点阵字符。F=1:5×10 点阵字符。

这里选择 8 位数据接口,两行显示,5×8 点阵,即 00111000 也就是 0x38。

②显示开关控制指令

显示开关控制指令格式见表 4-4。

表 4-4　　　　　　　　　　　显示开关控制指令格式

DB7	DB6	DB5	DB4	DB3	DB2	DB1	DB0
0	0	0	0	1	D	C	B

D=1:显示开。D=0:显示关。
C=1:光标显示。C=0:光标不显示。
B=1:光标闪烁。B=0:光标不闪烁。
说明:这里的设置是显示开,不显示光标,光标不闪烁,设置字为0x0c。
③进入模式设置指令
进入模式设置指令格式见表4-5。

表4-5　　　　　　　　　　　　进入模式设置指令格式

DB7	DB6	DB5	DB4	DB3	DB2	DB1	DB0
0	0	0	0	0	1	I/D	S

I/D=1:写入新数据后光标右移。I/D=0:写入新数据后光标左移。
S=1:显示移动。S=0:显示不移动。
说明:这里的设置是0x06。
④清屏指令
清屏指令格式见表4-6。

表4-6　　　　　　　　　　　　清屏指令格式

DB7	DB6	DB5	DB4	DB3	DB2	DB1	DB0
0	0	0	0	0	0	0	1

说明:清除屏幕显示内容。光标返回屏幕左上角。执行这个指令时需要一定时间。
以上4条指令也是对LCD1602的初始化指令。
⑤光标或显示移动指令
光标或显示移动指令格式见表4-7。

表4-7　　　　　　　　　　　光标或显示移动指令格式

DB7	DB6	DB5	DB4	DB3	DB2	DB1	DB0
0	0	0	1	S/C	R/L	x	x

在需要进行整屏移动时,这个指令非常有用,可以实现屏幕的滚动显示效果。初始化时不使用这个指令。S/C和R/L组合可以实现以下功能,表4-8。

表4-8　　　　　　　　　　　光标或显示移动功能

S/C	R/L	地址指针	功能描述
0	0	AC=AC−1	光标左移1格且地址计数器AC减1
0	1	AC=AC+1	光标右移1格且地址计数器AC加1
1	0	AC=AC	屏幕上所有字符左移1格但光标不变
1	1	AC=AC	屏幕上所有字符右移1格但光标不变

⑥光标归位指令
光标归位指令格式见表4-9。

表4-9　　　　　　　　　　　光标归位指令格式

DB7	DB6	DB5	DB4	DB3	DB2	DB1	DB0
0	0	0	0	0	0	1	x

说明:光标返回屏幕左上角,它不改变屏幕显示内容。
⑦状态字说明
LCD1602液晶内部有一个状态字字节,通过读取这个状态字的内容来了解LCD1602

液晶的内部情况,每次进行读/写操作之前都要进行读/写检测,确保 STA7 为 0。状态字指令格式见表 4-10。

表 4-10　　　　　　　　　　　　状态字指令格式

STA7	STA6	STA5	STA4	STA3	STA2	STA1	STA0
D7	D6	D5	D4	D3	D2	D1	D0
读/写使能位:1-禁止,0-允许	当前数据地址指针的数值:STA6～STA0						

说明:对于单片机来说,LCD1602 属于慢速设备。当单片机向其发送一个指令后,它将执行这个指令。这时如果单片机发送下一条指令,由于 LCD1602 速度较慢,前一条指令还未执行完毕,它将不接受这个新的指令,导致新的指令丢失。因此这条读忙指令可以用来判断 LCD1602 是否忙,能否接收单片机发来的指令。

(3) LCD1602 的读/写时序

对 LCD1602 的读/写操作需要控制对应的指令寄存器和数据寄存器,基本操作时序有以下 4 种情况,本章主要介绍写操作。

- 读状态:输入 RS=0,RW=1,E=高脉冲。输出:DB0～DB7 为状态字。
- 读数据:输入 RS=1,RW=1,E=高脉冲。输出:DB0～DB7 为数据。
- 写命令:输入 RS=0,RW=0,E=高脉冲。输出:无。
- 写数据:输入 RS=1,RW=0,E=高脉冲。输出:无。

LCD1602 的读和写操作都是基于时序图进行操作,如图 4-17 和图 4-18 所示。

图 4-17　LCD1602 的读操作时序

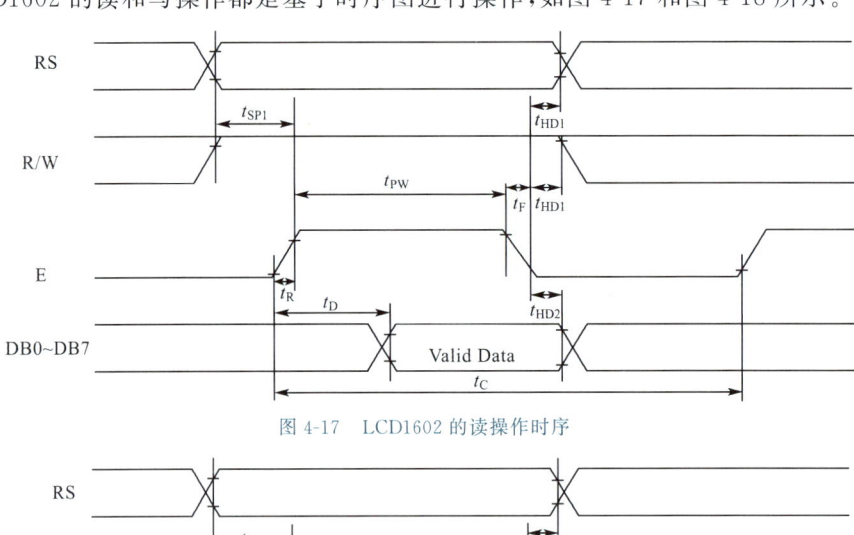

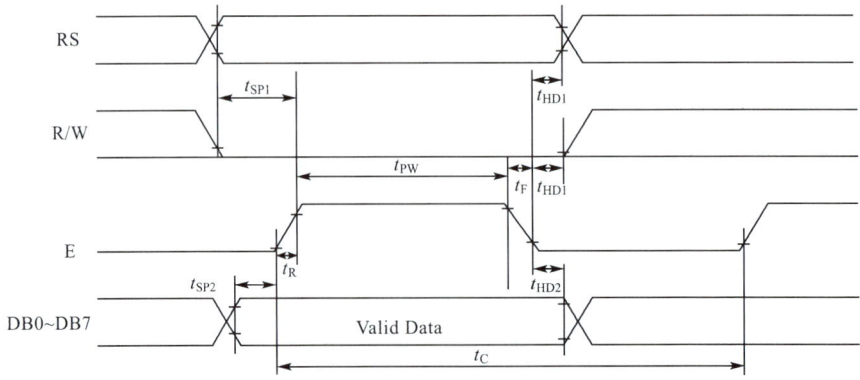

图 4-18　LCD1602 的写操作时序

通过图 4-18 可知,对 LCD1602 写操作有以下几个步骤:

①设 R/W 引脚为低电平,选中写模式。

②根据写的数据类型确定 RS 引脚,如果是数据,令 RS 为高电平,反之为低电平。

③E 引脚先从低拉高,再从高拉低,形成一个高脉冲。在下降沿读取 DB0~DB7 的数据,完成单片机写 LCD1602 命令过程。

写命令字节时,时间由左往右,RS 变为低电平,R/W 变为低电平,注意看是 RS 的状态先变化完成。这时,DB0~DB7 上数据进入有效阶段,接着 E 引脚有一个整脉冲的跳变,接着要维持时间最小值为 $t_{PW}=400$ ns 的 E 脉冲宽度。然后 E 引脚负跳变,RS 电平变化,R/W 电平变化。这就完成了 LCD1602 写命令操作。写数据和写命令一样,差别在于 RS 是高电平。时序图中涉及的时间参数见表 4-11。

表 4-11 时序时间参数

时序参数	符号	极限值 最小值	极限值 典型值	极限值 最大值	单位	测试条件
E 信号周期	t_C	400	—	—	ns	引脚 E
E 脉冲宽度	t_{PW}	150	—	—	ns	引脚 E
E 上升沿/下降沿时间	t_R,t_F	—	—	25	ns	
地址建立时间	t_{SP1}	30	—	—	ns	引脚 E、RS、R/W
地址保持时间	t_{HD1}	10	—	—	ns	
数据建立时间(读操作)	t_D	—	—	100	ns	引脚 DB0~DB7
数据保持时间(读操作)	t_{HD2}	20	—	—	ns	
数据建立时间(写操作)	t_{SP2}	40	—	—	ns	
数据保持时间(写操作)	t_{HD2}	10	—	—	ns	

从表中可以看到,以上时间参数全部是 ns 级别的,而 IAP15F2K61S2 单片机工作在 12T 模式,机器周期是 1 μs,即便在程序里不加延时程序,也可以很好地配合 LCD1602 的时序要求了。

4.2.2 LCD1602 与单片机的接口应用实例

【例 4.4】 编写程序,使开发板上的 LCD1602 显示一个字符串"How are you?"。已知开发板上 LCD1602 的接口电路如图 4-19 所示。

工作原理分析:开发板上用一个 LCD1(16P)的排针将单片机与 LCD1602 的接口引出,没有提供 LCD1602 模块,这里需要用双头为母头的杜邦线将 LCD1 排针与 LCD1602 模块进行连接。由图 4-19 可知,RS 引脚接 P20,R/W 引脚接 P21,E 引脚接 P12,数据端 DB0~DB7 接 P0 口,对 LCD1602 的操作,主要是通过 E、RS、R/W 三个引脚进行控制。

LCD 显示也是常用的器件,这里采用模块化编程设计,将其功能进行封装,方便其他项目的调用。直接复制【例 4.3】中创建的"模块化编程"文件夹,将文件夹重命名为"LCD 显示"。在 user 文件夹下,新建 LCD_display 文件夹,并在 Keil 软件的 user 组中新建 LCD_display.c 和 LCD_display.h 两个文件。这两个文件放在 LCD_display 文件夹下,最后在

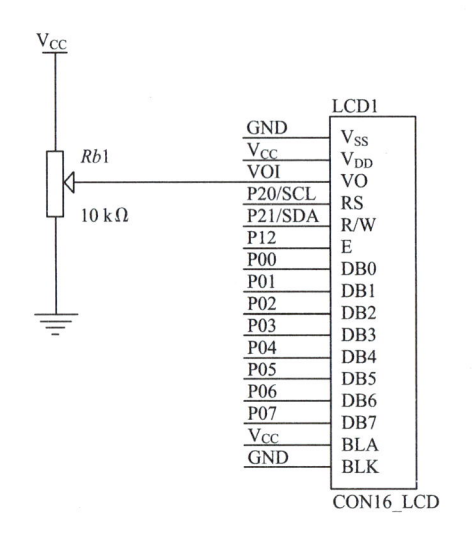

图 4-19　LCD1602 的接口电路

Keil 中指定 LCD_display.h 文件的路径。user 组中不用的模块可以移除，user 文件夹下的 LED_display 在本例中未用到，其文件夹可以删除，也可以保留。程序设计如下：

1. LCD_display.h 文件的程序设计

先将用到的总线接口进行声明：

```
sbit lcd1602_RS = P2^0;      //数据/命令选择端
sbit lcd1602_RW = P2^1;      //读/写功能选择端
sbit lcd1602_E  = P1^2;      //使能端
```

对 LCD1602 操作的基本步骤分为初始化液晶屏、指定显示的位置和在指定位置显示 3 个步骤。以下为用到的 4 个函数：

```
读状态函数：void Lcd1602_busy();        //判断是否空闲
液晶初始化函数：void Lcd1602_init();     //液晶初始化
写命令函数：void LcdWrite_cmd(u8 cmd);   //写命令
写数据函数：void LcdWrite_dat(u8 dat);   //写数据
```

LCD_display.h 文件的代码如下：

```
/********************* * LCD_display.h********************* * /
#ifndef __LCD_display_H__
#define __LCD_display_H__
#include "common.h"              //引用 common.h 文件
sbit lcd1602_RS = P2^0;          //数据/命令选择端
sbit lcd1602_RW = P2^1;          //读/写功能选择端
sbit lcd1602_E  = P1^2;          //使能端
void Lcd1602_busy();             //判断是否空闲
void Lcd1602_init();             //液晶初始化
void LcdWrite_cmd(u8 cmd);       //写命令
void LcdWrite_dat(u8 dat);       //写数据
#endif
```

2. LCD_display.c 文件的程序设计

在 LCD_display.c 文件中需完成 4 个函数的编写。

(1) 读状态函数

根据 LCD1602 的读操作时序图 4-17 可知,当 R/W 引脚为高电平时是读操作,RS 为低电平时是读状态。读状态函数的代码如下:

```c
void lcd1602_busy()         //检测液晶是否空闲
{
    P0 = 0xff;              //单片机读之前,必须保证内部是高电平
    lcd1602_RW = 1;         //读
    lcd1602_RS = 0;         //读状态
    lcd1602_E = 1;          //使能信号有效
    while(P0&0x80);         //bit7 表示液晶正忙,重复检测直到其为 0
    lcd1602_E = 0;          //之后将 E 引脚初始化为低电平
}
```

(2) 液晶初始化函数

LCD1602 的初始化主要是设置工作方式、显示开关控制、进入模式和清屏等操作。根据前面指令介绍,LCD1602 的初始化设置如下:

```c
void lcd1602_Init()
{
    LcdWrite_cmd(0x38);     //8 位数据接口,两行显示,5×8 点阵
    LcdWrite_cmd(0x0c);     //显示开,不显示光标,光标不闪烁
    LcdWrite_cmd(0x06);     //写入新数据后 7 位,地址加 1
    LcdWrite_cmd(0x01);     //清屏
}
```

(3) 写指令和写数据函数

根据 LCD1602 的写操作时序图 4-18 可知,当 R/W 引脚为低电平时是写操作,RS 为低电平时是写命令,RS 为高电平是写数据。在对 LCD1602 写操作前先调用"lcd1602_busy();"函数,对 LCD1602 的状态进行检测,当 E 引脚产生一个下降沿时,数据写入 LCD1602。以下是写命令和写数据函数的代码:

```c
/********************* 写命令函数*********************/
void LcdWrite_cmd(u8 cmd)   //写命令函数
{
    lcd1602_busy();         //检测液晶是否空闲
    lcd1602_RS=0;           //写命令
    lcd1602_RW=0;           //写
    P0=cmd;
    lcd1602_E=1;            //高电平
    delay(2);
    lcd1602_E=0;            //低电平,释放 P0 总线
}
/********************写数据函数********************/
void LcdWrite_dat(u8 dat)   //写数据函数
{
    lcd1602_busy();         //检测液晶是否空闲
```

```
    lcd1602_RS=1;          //写数据
    lcd1602_RW=0;          //写
    P0=dat;
    lcd1602_E=1;           //高电平
    delay(2);
    lcd1602_E=0;           //低电平,释放 P0 总线
}
```

3. main.c 主程序设计

在主函数中需完成对液晶的某一地址写一个字符串,所以在文件开始处需引用 LCD_display.h 文件。main.c 主程序代码如下:

```
/********************** * main.c*********************** */
#include "LCD_display.h"
u8 table[]="How are you?";
void main()                        //主函数
{
    u8 i;
    clr_init();                    //LED、继电器和蜂鸣器初始化
    lcd1602_Init();                //液晶初始化
    while(1)
    {
        LcdWrite_cmd(0x80);        //显示首地址,第一行第一个位置
        for(i=0;i<12;i++)
            LcdWrite_dat(table[i]);
    }
}
```

程序经过编译后下载,运行效果如图 4-20 所示。

注意:如果初次连接 LCD1602,因液晶的对比度不够可能导致无法显示数据,这时需要调节开发板上的 $Rb1$ 电位器。

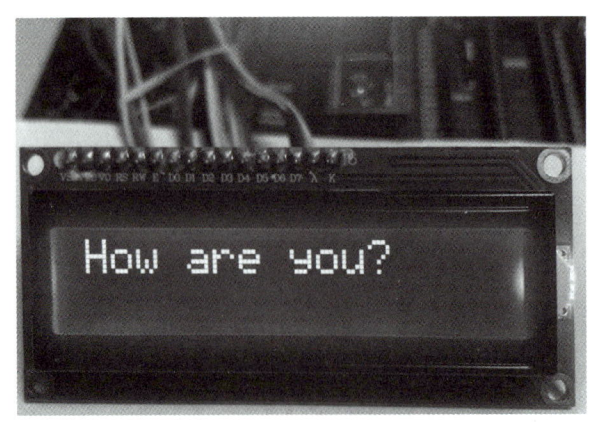

图 4-20 【例 4.4】运行效果

思考:如果将数据写在隐藏区域所在的地址,根据前面所讲述的指令,该如何修改程序?请自行完成代码的编写和测试。

4.3 键盘接口电路设计

键盘分为编码按键和非编码按键,其中利用译码器硬件电路产生键编码号或键值的称为编码键盘,如计算机键盘;而靠软件编程来识别的键盘称为非编码键盘,非编码键盘成本低且使用灵活,多应用在单片机应用系统中。根据连接方式,非编码键盘又分为独立键盘和矩阵键盘。

4.3.1 键盘的检测原理

键盘实际上就是一组按键,是一种电子开关,按键的闭合与否反应在输出电压上就是高电压或者低电压。通常所用按键多为机械弹性开关,由于机械弹性作用的影响,通常伴随着一定的时间触点机械抖动,然后其触点才稳定下来。其抖动过程如图 4-21 所示,抖动时间的长短与开关的机械特性有关,一般为 5~10 ms。按键抖动会引起按键被误读多次。为了确保 CPU 对按键的一次闭合仅做一次处理,必须采取消抖措施。消抖的方法有硬件消抖和软件消抖两种,硬件消抖是增加消抖电路或专用的键盘接口电路。软件消抖是先读取按键的状态,如果按键按下,延时 10 ms 后再次读取按键的状态,如果还是按下状态,则确认按键按下,转而执行相应的按键程序。

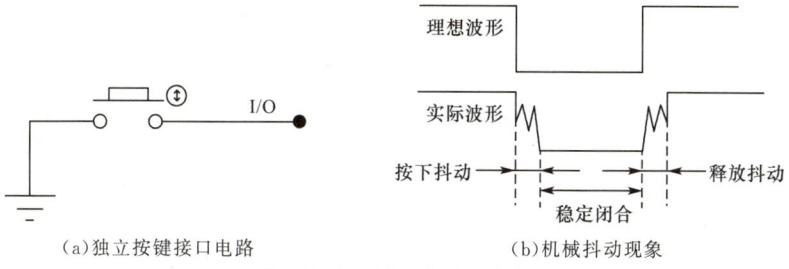

(a)独立按键接口电路　　(b)机械抖动现象

图 4-21　按键触点机械抖动过程

采用软件消抖的方法:当检测到有键按下时,执行一个 10 ms 左右的延时,再确认该键是否仍为低电平,如果仍为低电平则确认确实有键按下;相反,如果变为高电平则表示刚才的低电平为抖动影响。当按键松开时,I/O 口由低电平变为高电平,执行一个 10 ms 左右的延时,再确认是否仍为高电平,如果仍为高电平,则确认确实有按键松开。为了使电路更加简单,通常采用软件消抖。按键检测流程如下:

1. 设置 I/O 口为高电平(默认 I/O 口为高电平)。
2. 读取 I/O 口,确认是否有按键按下。
3. 如果 I/O 口为低电平,说明按键按下,延时 10 ms。
4. 再次读取 I/O 口电平,如果依然为低电平,则执行相应按键处理程序。
5. 检测按键是否释放,释放后退出按键检测。按键处理程序也可以放在按键释放之后执行。

4.3.2 独立键盘与单片机的接口应用实例

独立键盘结构简单,电路构成是由各个按键的一个管脚连接在一起接地,按键其他引脚分别接到单片机 I/O 口。如图 4-22 所示,4 个独立按键的管脚直接连接到单片机的 P30～P33 口,按键另一端接地。独立按键的电路配置灵活,但每个按键需占用一根 I/O 口线,适用于按键数量不多的电路,当按键数量较多时,I/O 口线浪费很大。

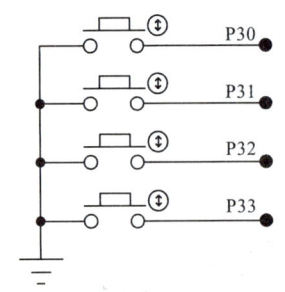

图 4-22 独立式按键接口

开发板上提供的键盘接口电路见 3.3 节中的图 3-4。将 J5 的 2 和 3 短接,即 BTN 模式时,按键 S4～S7 左端相当于接地,右端分别连接 P33～P30,构成独立按键接口。

【例 4.5】 编写程序,设计显示范围为 00～59 的电子秒表,秒表由定时/计数器产生,将数据显示在开发板的数码管上,并利用 4 个独立按键 S4～S7 控制电子秒表的运行。按键的功能如下:

1. S4:启动/暂停键。第一次按下 S4 时,秒表运行,第二次按下 S4 时,秒表暂停,第三次按下 S4 时,秒表又开始运行……

2. S5:清 0 键。

3. S6:减键。按下时,数据减 1。

4. S7:加键。

工作原理分析:根据开发板上键盘接口电路图,将 J5 调整为 BTN 模式(2、3 脚短接)。开发板上电时,数码管显示初始值 00。单片机工作模式默认为 12T,采用定时器 T0,工作在方式 0。在 T0 的中断服务函数中完成对显示数据的处理。

同样,本例题在【例 4.4】中创建的"LCD 显示"文件夹基础上进行,将文件夹重命名为"独立按键"。在 user 文件夹下,新建 Single_key 文件夹,并在 Keil 软件的 user 组中新建 Single_key.c 和 Single_key.h 两个文件,这两个文件放在 Single_key 文件夹下。最后在 Keil 中指定 Single_key.h 文件的路径。程序设计如下:

1. Single_key.h 文件的程序设计

先将用到的按键接口进行声明:

```
sbit s7=P3^0;
sbit s6=P3^1;
sbit s5=P3^2;
sbit s4=P3^3;
```

操作按键会影响电子秒表的时间,设时间为 n,该变量也会被定时/计数器中断服务函数调用,所以在 Single_key.h 文件中,用"extern u8 n;"语句对 n 进行声明。

Single_key.h 文件的代码如下:

```
/********************** * Single_key.h*********************** */
#ifndef __Single_key_H__
#define __Single_key_H__
```

```c
#include "common.h"
extern u8 n;
sbit s7=P3^0;
sbit s6=P3^1;
sbit s5=P3^2;
sbit s4=P3^3;
void sg_keyscan();
#endif
```

2. Single_key.c 文件的程序设计

Single_key.c 文件完成对按键的检测。S4 按下实现启动和暂停两种功能相互切换,对 T0 来说,实际上控制的是 T0 的运行控制位,所以可以用语句"TR0=~TR0;"实现。S5 是清 0 键,不论当前秒表如何运行,只要 S5 按下,定时器须关闭,即 TR0=0,且显示数据复位。S6 和 S7 是减和加按键,当 T0 运行时,S6 和 S7 按下不起作用,当 T0 不运行时,S6 和 S7 方起作用。所以,对 S6 和 S7 的操作,需要判断 TR0 的状态。在对按键进行检测时,注意要对按键进行消抖。Single_key.c 文件的代码如下:

```c
/********************* * Single_key.c*********************** */
#include "Single_key.h"
void sg_keyscan()              //按键检测
{
    if(s4==0)                  //启动/暂停
    {
        delay(50);             //延时 10 ms
        if(s4==0)
        {
            while(!s4);        //按键是否松开
            TR0=~TR0;
        }
    }
    if(s5==0)                  //清 0
    {
        delay(50);             //延时 10 ms
        if(s5==0)
        {
            TR0=0;             //关闭 T0
            while(!s5);
            n=0;               //n 为秒表的数值
        }
    }
    if(s6==0)                  //减 1
    {
        delay(50);
        if(s6==0)
        {
```

```
                if(TR0==0)              //T0 是否运行
                {
                    while(!s6);         //S6 是否释放
                    if(n==0)
                    n=60;
                    n--;
                }
            }
            if(s7==0)
            {
                delay(50);
                if(s7==0)
                {
                    if(TR0==0)          //T0 是否运行
                    {
                        while(!s7);     //S7 是否释放
                        n++;
                        if(n==60)
                        n=0;
                    }
                }
            }
        }
```

3. SEG_display.c 文件的修改

在本例中，显示采用 SEG1～SEG2，数据 n 的范围为 00～59，分辨率为 1 s，所以数码管上的小数点需要关闭。由于在 SEG_display.c 文件中，display1(u8 cm,u8 cn)函数体内用"P0=value_tab[cn]&0x7f;"语句将 SEG2 数码管的小数点点亮，所以该语句需要修改为"P0=value_tab[cn];"，其他不变。

4. main.c 主程序设计

根据题意，没有按键按下时，秒表的数据不变，当单片机检测到有按键按下时，才执行相应按键的功能。所以，在主函数中，对 T0 进行初始化操作时，应关闭 T0 的运行控制位 TR0（默认为 0）。T0 的初始化函数如下：

```
void t0_init()                          //T0 的初始化
{
    TH0=(65536-10000)/256;              //定时 10 ms
    TL0=(65536-10000)%256;
    TMOD=0x00;                          //工作方式 0
    ET0=1;
    EA=1;
}
```

对按键检测函数的调用须放在主函数中，由于单片机运行速度远远大于人的反应速度，所以可以随时对按键的操作进行响应。

选取第一组数码管(SEG1～SEG2)显示时间 n。需要注意的一点是,数码管是动态显示,显示函数须放在主函数进行调用,不能直接放在定时中断服务函数或按键检测函数中,否则数据显示会出现只显示一位数的情况。

main.c 程序代码如下:

```c
/********************** * main.c********************** */
#include "LED_display.h"          //引用 LED_display.h
#include "Single_key.h"           //引用 Single_key.h
u8 m,n;                           //定义 m,n,其中 n 已在 Single_key.h 文件声明
void t0_init()                    //T0 的初始化
{
    TH0=(65536-10000)/256;        //定时 10 ms
    TL0=(65536-10000)%256;
    TMOD=0x00;                    //工作方式 0
    ET0=1;
    EA=1;
}
void main()
{
    clr_init();                   //LED、继电器和蜂鸣器初始化
    t0_init();                    //T0 的初始化
    while(1)
    {
        sg_keyscan();             //按键检测
        display1(n/10,n%10);      //显示
    }
}
void t0_() interrupt 1            //T0 中断服务函数
{
    m++;
    if(m==100)                    //1 s 时间到
    {
        m=0;
        n++;
        if(n==60)                 //60 s 时间到
            n=0;
    }
}
```

程序经过编译后下载,操作 S4～S7,观察运行效果。

4.3.3 矩阵按键与单片机的接口应用实例

矩阵按键也称行列式按键,用在按键数量较多的场合。矩阵按键由行线和列线组成,按

键位于行、列的交叉点,行、列不直接连通。开发板上的按键接口电路见 3.3 节中的图 3-4,将 J5 的 1 和 2 短接,即 KBD 模式时,16 个按键组成 4×4 矩阵按键。对矩阵按键进行操作依然要进行消抖。

独立按键有一端固定为低电平,单片机写程序检测时比较方便。矩阵按键两端都与单片机 I/O 口相连,显然接法和识别都要复杂一些。无论是独立按键还是矩阵按键,单片机检测其是否被按下的依据都是一样的,也就是检测与该键对应的 I/O 口是否为低电平。因此在检测时须编程通过单片机 I/O 口送出低电平。检测方法有多种,最常用的是行列扫描法和线翻转法。下面介绍行列扫描法和线翻转法的工作原理。

行列扫描法:先送一列为低电平,其余列全为高电平,然后立即轮流检测一次各行是否有低电平,若检测到某一行为低电平,则可确认当前被按下的键是哪一行哪一列的,用同样方法轮流给各列送一次低电平,再轮流检测一次各行是否变为低电平,这样即可检测完所有的按键。当然也可以将行线置低电平,扫描列是否有低电平。从而达到整个键盘的检测。

线翻转法:将行线作为输入线,使所有行线为低电平,检测所有列线是否有低电平,如果有,就记录列线值;然后再翻转,将列线作为输入线,使所有列线都为低电平,检测所有行线的值,由于有按键按下,行线的值也会有变化,记录行线的值。根据记录的列线和行线的值来识别出所按下的键。

【例 4.6】 编写程序,利用单片机识别开发板上的矩阵按键的键号,并将识别的键号在数码管上进行显示。已知在开发板上,从左边开始,自下往上,第一列的按键为 S4~S7,第二列的按键为 S8~S11,第三列的按键为 S12~S15,第四列的按键为 S16~S19,键号即为 S 后面的数字。

工作原理分析:由开发板上键盘接口电路图可知,将 J5 调整为 BTN 模式(1、2 脚短接),16 个按键即组成 4×4 矩阵按键,第一列按键左端接 P44/RD,第二列按键左端接 P42/WR,第三列按键左端接 P35,第四列按键左端接 P34,四列开关行接在了 P30~P33。采用行列扫描法进行程序设计。

同样,复制"独立按键"文件夹,并重命名为"矩阵按键"。在 user 文件夹下,新建 Matrix_key 文件夹,并在 Keil 软件的 user 组中新建 Matrix_key.c 和 Matrix_key.h 两个文件,这两个文件放在 Matrix_key 文件夹下。最后在 Keil 中指定 Matrix_key.h 文件的路径。程序设计如下:

1. Matrix_key.h 文件的程序设计

按键检测程序须对按键号进行处理,设按键号为 key。主程序会对 key 进行调用,以便显示在数码管上,所以这里对 key 的声明需要加 extern 关键字。Matrix_key.h 文件的代码如下:

```
/********************* * Matrix_key.h********************* * /
#ifndef __matrix_key_H__
#define __matrix_key_H__
#include "common.h"
extern u8 key;                 //按键号
void matrix_keyscan();
#endif
```

2. Matrix_key.c 文件的程序设计

矩阵按键检测采用行列扫描法，设计思路如下：

(1)首先对一列送0，其他列为1。如第1列对应的语句是"P44=0;P42=1;P3=0xff;"

(2)判断行线是否有按下。即读取P3口的低四位P30~P33，判断4个行线是否有为0的情况。可以将"P3&0x0f"的结果与0x0f做判断，如果相等说明对应的列没有键按下，如果不相等说明有键按下。

(3)当有键按下时，延时10 ms进行消抖。接着判断"P3&0x0f"的结果，总共有4种情况：

(P3&0x0f)=0x07，说明第一行有键按下。
(P3&0x0f)=0x0b，说明第二行有键按下。
(P3&0x0f)=0x0d，说明第三行有键按下。
(P3&0x0f)=0x0e，说明第四行有键按下。

(4)行、列确定好后，就可以确定按键编号了。

Matrix_key.c 文件的代码如下：

```
/*********************** * Matrix_key.c*********************** */
#include "Matrix_key.h"
void matrix_keyscan()
{
    P44=0;P42=1;P3=0xff;                //第一列设为0
    if((P3&0x0f)!=0x0f)                 //读行 P30~P33
    {
        delay(50);                      //消抖
        if((P3&0x0f)!=0x0f)
        {
            switch((P3&0x0f))           //第一列的键号，由下往上为4~7
            {
                case 0x07:key=4;break;
                case 0x0b:key=5;break;
                case 0x0d:key=6;break;
                case 0x0e:key=7;break;
            }
            while((P3&0x0f)!=0x0f);     //按键是否松开
        }
    }
    P44=1;P42=0;P3=0xff;                //第二列设为0
    if((P3&0x0f)!=0x0f)                 //读行 P30~P33
    {
        delay(50);                      //消抖
        if((P3&0x0f)!=0x0f)
        {
            switch((P3&0x0f))           //第二列的键号，由下往上为8~11
```

```
                {
                    case 0x07:key=8;break;
                    case 0x0b:key=9;break;
                    case 0x0d:key=10;break;
                    case 0x0e:key=11;break;
                }
                while((P3&0x0f)!=0x0f);
            }
        }
        P44=1;P42=1;P3=0xdf;                //第三列设为0
        if((P3&0x0f)!=0x0f)                 //读行 P30~P33
        {
            delay(50);                       //消抖
            if((P3&0x0f)!=0x0f)
            {
                switch((P3&0x0f))            //第三列的键号,由下往上为 12~15
                {
                    case 0x07:key=12;break;
                    case 0x0b:key=13;break;
                    case 0x0d:key=14;break;
                    case 0x0e:key=15;break;
                }
                while((P3&0x0f)!=0x0f);
            }
        }
        P44=1;P42=1;P3=0xef;                //第四列设为0
        if((P3&0x0f)!=0x0f)                 //读行 P30~P33
        {
            delay(50);                       //消抖
            if((P3&0x0f)!=0x0f)
            {
                switch((P3&0x0f))            //第四列的键号,由下往上为 16~19
                {
                    case 0x07:key=16;break;
                    case 0x0b:key=17;break;
                    case 0x0d:key=18;break;
                    case 0x0e:key=19;break;
                }
                while((P3&0x0f)!=0x0f);
            }
        }
    }
}
```

3. main.c 主程序设计

主程序需要进行按键检测和数码管显示函数的调用，这里需要注意的是按键键号 key 需要定义。main.c 主程序代码如下：

```
/************************ * main.c************************ */
#include "LCD_display.h"          //引用数码管显示 LCD_display.h
#include "Matrix_key.h"           //引用矩阵按键操作 Matrix_key.h
u8 key;                           //定义键号
void main()
{
    clr_init();
    while(1)
    {
        matrix_keyscan();
        display4(key/10,key%10);
    }
}
```

程序经过编译后下载，操作 S4～S19，观察运行效果。

思考：如果按键检测采用线翻转法，该如何修改按键检测程序？请大家自行完成代码的编写和测试。

习题

❶ IAP15F2K61S2 单片机的 P0 口，当使用外部存储器时，它是一个_____。
A. 传输高 8 位地址口   B. 传输低 8 位地址口
C. 传输高 8 位数据口   D. 传输低 8 位地址/数据口

❷ 数码管动态扫描的程序设计一般需要"消隐"动作，才能保证显示效果清晰，下面基于实训平台的数码管显示代码片段中，第_____行是用来实现"消隐"功能的。

```
1  void display(void)
2  {
3      XBYTE[0xE000] = 0xff;
4      XBYTE[0xC000] = (1<<dspcom);
5      XBYTE[0xE000] = tab[dspbuf[dspcom]];
6      if(++dspcom == 8)
7          dspcom = 0;
8  }
```

A. 3   B. 4   C. 5   D. 8

❸ 已知数码管为共阴极，令数码管显示"F"的编码是_____。
A. 0xC8   B. 0x71   C. 0xd9   D. 0xE2

❹ 数码管驱动器输出为高电平，则数码管应该选择_____。
A. 共阳极   B. 不能确定
C. 共阴极共阳极均可   D. 共阴极

❺ 下列选项不能使 LCD1602 液晶屏上显示数字 4 的是_____。

A. LcdWrite_dat('4')；

B. LcdWrite_dat(0x34)；

C. LcdWriteData(4)；

D. LcdWriteData(Num[4])；//数组 Num[6]={0,1,2,3,4,5}

❻ 在单片机模块化设计中，通常不推荐的做法是_____。

A. 使用标准化的接口和协议　　　　B. 将功能相似的组件组合在一起

C. 提供详细的用户文档和接口文档　D. 将所有功能集成在一个模块中

❼ 在单片机程序中，按键按下通常被检测为_____。

A. 高电平　　　B. 低电平　　　C. 脉冲信号　　　D. 频率变化

❽ 在设计按键接口电路时，为了防止静电放电损坏微控制器，通常会在按键和微控制器之间添加的元件是_____。

A. 电阻　　　B. 电容　　　C. 电感　　　D. 二极管

❾ 利用定时/计时器和 LCD1602 设计一个 30 s 倒计时器，该定时器具有调整功能，其中 S4 为启动/暂停键，S5 为加 1 键，S6 为减 1 键，S7 为复位键。

❿ 利用 MM 模式修改【例 4.2】，并在开发板上调试、运行程序，观察测试效果。

第 5 章　IAP15F2K61S2 单片机总线接口技术

单片机作为现代电子系统的控制核心,其总线接口技术对于实现高效、可靠的系统通信至关重要。本章将详细介绍单片机中常见的总线接口技术的工作原理、常用芯片的工作原理及实现方法。

5.1　IIC 总线接口技术

IIC(Inter-Integrated Circuit)总线是一种由飞利浦公司开发的两线式串行总线,用于连接微控制器及其外围设备。IIC 总线最主要的优点是其简单性和有效性。由于接口直接在组件之上,因此 IIC 总线占用的空间非常小,减少了电路板的空间和芯片管脚的数量,降低了互联成本。IIC 总线的另一个优点是支持多主控,其中任何能够进行发送和接收的设备都可以成为主总线,以 10 kbps 的最大传输速率支持 40 个组件。主器件用于启动总线传送数据。

在总线上主和从、发和收的关系不是恒定的,而是取决于此时数据传送方向。如果主机要发送数据给从器件,则主机首先寻址从器件,然后主动发送数据至从器件,最后由主机终止数据传送;如果主机要接收从器件的数据,首先由主器件寻址从器件,然后主机接收从器件发送的数据,最后由主机终止接收过程。在这种情况下,主机负责产生定时时钟和终止数据传送。IIC 总线常用的连接方式如图 5-1 所示。SDA(串行数据线)和 SCL(串行时钟线)都是双向 I/O 线,接口电路为开漏输出,需通过上拉电阻接电源 V_{CC}。

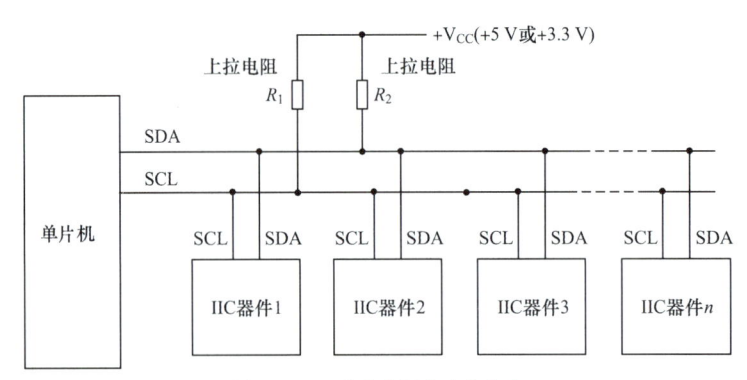

图 5-1 IIC 总线常用的连接方式

5.1.1 IIC 总线协议

IIC 的协议定义了通信的数据有效性、起始和停止信号、响应、仲裁、时钟同步和地址广播等环节。

(1) 数据有效性规定

IIC 总线进行数据传送时，时钟信号为高电平期间，数据线上的数据必须保持稳定，只有在时钟线上的信号为低电平期间，数据线上的高电平或低电平状态才允许变化，如图 5-2 所示。

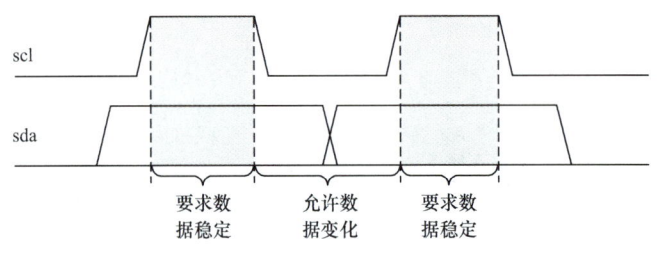

图 5-2 IIC 总线的数据有效性

(2) 起始和终止信号

scl 线为高电平期间，sda 线由高电平向低电平的变化表示起始信号；scl 线为高电平期间，sda 线由低电平向高电平的变化表示终止信号，如图 5-3 所示。起始和终止信号都是由主机发出的，在起始信号产生后，总线就处于被占用的状态；在终止信号产生后，总线就处于空闲状态。

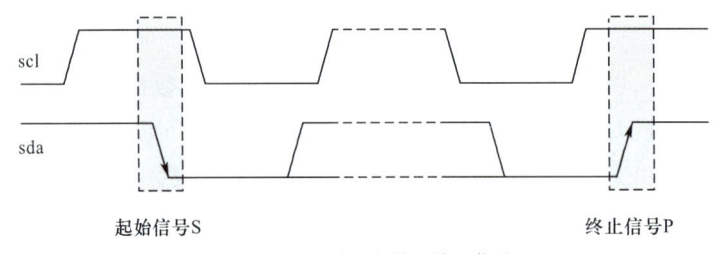

图 5-3 IIC 总线的起始和终止信号

本教材中，设 IIC 的时钟线为 scl，数据线为 sda，起始和终止信号的功能函数分别用 IIC_start() 函数和 IIC_stop() 函数表示，编写代码时要注意数据的有效性规定，由图 5-3 可以得出两个函数的代码如下：

```c
void IIC_start()            //起始
{
    scl=1;                  //scl 为高电平时,sda 产生下降沿
    sda=1;
    delay5us();
    sda=0;
    delay5us();
    scl=0;                  //scl 拉低,为接下来的写做准备
}
void IIC_stop()             //终止
{
    scl=1;                  //scl 为高电平时,sda 产生上升沿
    sda=0;
    delay5us();
    sda=1;
    delay5us();
}
```

(3) 应答信号

发送器每发送一个字节,就在第 9 个 CP 期间释放数据线,由接收器反馈一个应答信号。应答信号为低电平时,规定为有效应答位(ACK),表示接收器已经成功地接收了该字节;应答信号为高电平时,规定为非应答位(NACK),一般表示接收器接收该字节没有成功。

对于反馈有效应答位 ACK 的要求是,接收器在第 9 个 CP 之前的低电平期间将 sda 线拉低,并且确保在该时钟的高电平期间为稳定的低电平。如果接收器是主控器,则在它收到最后一个字节后,发送一个 NACK 信号,以通知被控发送器结束数据发送,并释放 sda 线,以便主控接收器发送一个终止信号。这里用 IIC_waitACK() 函数来实现对方的应答,该函数将返回一个应答信号 ACK。函数代码如下:

```c
bit IIC_waitACK()
{
    bit ACK;
    delay5us();             //进行写操作,scl 保持 5 μs
    ACK=sda;
    scl=1;                  //数据保持
    delay5us();
    scl=0;                  //scl 拉低,为接下来的操作做准备
    return ACK;
}
```

(4) IIC 总线上的数据读写操作

发送到 IIC 总线上的每个字节必须为 8 位,数据传送时,先传送最高位(MSB),每一个被传送的字节后面都必须跟随一位应答位,即一帧共有 9 位。为了保证在 scl 高电平期间,sda 的数据稳定,因此 sda 上的数据变化只能在 scl 低电平期间发生,IIC 总线数据的传输如图 5-4 所示。

这里往 IIC 总线上写字节功能用 IIC_write(u8 dat)函数实现,根据图 5-2 写出 IIC_write(u8 dat)的代码如下:

```c
void IIC_write(u8 dat)
{
    u8 i;
    delay5us();              //进行启动,scl 保持 5 μs
    for(i=0;i<8;i++)         //将写的字节 dat 依次送往总线,先写高位
    {
        scl=0;
        delay5us();
        sda=dat>>7;          //将 dat 的最高位移到最低位
        delay5us();
        dat<<=1;             //改变 dat 的值
        scl=1;
        delay5us();
    }
    scl=0;                   //scl 拉低,为接下来的应答做准备
    delay5us();
}
```

从 sda 线上读数据和写数据一样,首先读到的是最高位数据(MSB),所以要对 sda 连续读取 8 次才能获得一个字节的数据,写字节功能用 IIC_read()函数实现,这是一个具有返回值的函数。函数代码如下:

```c
u8 IIC_read()
{
    u8 i,temp=0;
    delay5us();              //应答信号,scl 保持 5 μs
    for(i=0;i<8;i++)
    {
        temp=(temp<<1)|sda;
        scl=1;
        delay5us();
        scl=0;
        delay5us();
    }
    scl=0;                   //scl 拉低,为接下来的应答做准备
    return temp;
}
```

以上 5 个函数即完成了 IIC 总线的底层驱动,为方便以后调用 IIC 总线驱动程序,这里用 IIC.c 和 IIC.h 两个文件对其功能进行封装。在上例 user 文件夹中,新建 IIC 文件夹,并在 Keil 软件的 user 组中新建 IIC.c 和 IIC.h 两个文件。这两个文件放在 IIC 文件夹下,最后在 Keil 中指定 IIC.h 文件的路径。IIC.c 和 IIC.h 的程序如下:

```c
/********************* * IIC.c ********************** */
#include "IIC.h"
void delay5us()
{
    _nop_();
    _nop_();
    _nop_();
    _nop_();
    _nop_();
}
void IIC_start()            //起始
{
    scl=1;                  //scl 为高电平时,sda 产生下降沿
    sda=1;
    delay5us();
    sda=0;
    delay5us();
    scl=0;                  //scl 拉低为接下来的写做准备
}
void IIC_stop()             //终止
{
    scl=1;                  //scl 为高电平时,sda 产生上升沿
    sda=0;
    delay5us();
    sda=1;
    delay5us();
}
bit IIC_waitACK()           //应答
{
    bit ACK;
    delay5us();             //紧接着进行写操作,scl 保持 5 μs
    ACK=sda;
    scl=1;                  //数据保持
    delay5us();
    scl=0;                  //scl 拉低,为接下来的操作做准备
    return ACK;
}
void IIC_write(u8 dat)      //向 IIC 总线上写一个字节
{
    u8 i;
    delay5us();             //启动,scl 保持 5 μs
    for(i=0;i<8;i++)        //将写的字节 dat 依次送往总线,先写高位
```

```c
    {
        scl=0;
        delay5us();
        sda=dat>>7;                    //将 dat 的最高位移到最低位
        delay5us();
        dat<<=1;                       //改变 dat 的值
        scl=1;
        delay5us();
    }
    scl=0;                             //scl 拉低,为接下来的应答做准备
    delay5us();
}
u8 IIC_read()                          //从 IIC 总线上读取一个字节
{
    u8 i,temp=0;
    delay5us();                        //应答信号,scl 保持 5 μs
    for(i=0;i<8;i++)
    {
        temp=(temp<<1)|sda;
        scl=1;
        delay5us();
        scl=0;
        delay5us();
    }
    scl=0;                             //scl 拉低,为接下来的应答做准备
    return temp;
}
/*********************** * IIC.h************************ */
#ifndef __IIC_H__
#define __IIC_H__
#include "common.h"
#include "intrins.h"
sbit sda=P2^1;                         //数据线
sbit scl=P2^0;                         //时钟线
void delay5us();
void IIC_start();                      //起始
void IIC_write(u8 dat);                //向 IIC 总线上写一个字节
bit IIC_waitACK();                     //应答
u8 IIC_read();                         //从 IIC 总线上读取一个字节
void IIC_stop();                       //终止
#endif
```

这里的 delay5us()函数采用的是语句"_nop_();"实现延时,在 IIC.h 文件中应引用其所在的头文件"intrins.h"。

IAP15F2K61S2 单片机内部没有 IIC 接口,但是通过普通 I/O 口模拟即可实现单片机(主设备)与从设备的 IIC 通信。下面讲述主从设备的数据传输流程。

(5)数据的传输

在 IIC 总线上传送的每一位数据都有一个时钟脉冲相对应(或同步控制),即在 scl 串行时钟的配合下,在 sda 上逐位地串行传送每一位数据,数据位的传输是边沿触发。总线上的所有通信都是由主控器引发的。在一次通信中,主控器与被控器总是在扮演着两种不同的角色。IIC 总线时序如图 5-4 所示。

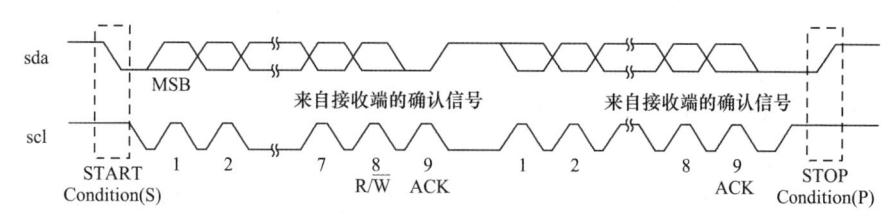

图 5-4 IIC 总线时序

① 总线的寻址方式

IIC 通信支持 7 位寻址和 10 位寻址两种方式。其中 7 位寻址模式,地址帧(8 bit)的高 7 位为从机地址,地址帧第 8 位决定数据帧传送的方向:7 位从机地址＋1 位读/写(R/$\overline{\text{W}}$)位,R/$\overline{\text{W}}$ 控制从机的数据传输方向(0:写;1:读)。10 位寻址和 7 位寻址兼容,而且可以结合使用。10 位寻址不会影响已有的 7 位寻址,有 7 位和 10 位地址的器件可以连接到相同的 IIC 总线。这里以 7 位寻址为例介绍。7 位寻址的帧格式见表 5-1。

表 5-1　　　　　　　　　　　7 位寻址的帧格式

D7	D6	D5	D4	D3	D2	D1	D0
7 位从机地址							R/$\overline{\text{W}}$

② 数据的传输过程

IIC 总线上传送的数据既包括地址信号,又包括真正的数据信号。在总线的一次数据传送过程中,发起始信号后必须传送一个从机的地址(7 位),第 8 位是数据的传送方向位(R/$\overline{\text{W}}$),用"0"表示主机发送(写)数据,"1"表示主机接收数据(R)。每次数据传送总是由主机产生的终止信号结束。但是,若主机希望继续占用总线进行新的数据传送,则可以不产生终止信号,马上再次发出起始信号对另一从机进行寻址。数据传输方式见表 5-2。

表 5-2　　　　　　　　　　　数据传输方式

S	SLA(7 位)	R/$\overline{\text{W}}$	ACK/NACK	DATA(8 位)	ACK/NACK	P

S 表示开始条件。

SLA 表示从机地址。

R/$\overline{\text{W}}$ 表示发送和接收的方向。当 R/$\overline{\text{W}}$=1 时,将数据从从机发送到主机;当 R/$\overline{\text{W}}$=0 时,将数据从主机发送到从机。

DATA 表示发送和接收的数据。

P 表示停止条件。

主机写入过程和读取过程如下：

A. 主机写入过程：

• 发送起始位。

• 发送从设备的地址和读/写选择位。

• 释放总线，等到 EEPROM 拉低总线进行应答。

• 如果 EEPROM 接收成功，则进行应答。

• 若没有接收成功或者发送的数据错误时 EEPROM 不产生应答，此时要求重发或者终止。

• 发送想要写入的内部寄存器地址。

• EEPROM 对其发出应答。

• 发送数据。

• 发送停止位。

• EEPROM 收到停止信号后，进入一个内部的写入周期，大概需要 10 ms，此间任何操作都不会被 EEPROM 响应。

B. 主机读取过程：

• 发送起始位。

• 发送从设备的地址和写选择位。

• 发送内部寄存器地址。

• 重新发送起始位。

• 重新发送从设备的地址和读选择位。

• 读取数据，主机接收器在接收到最后一个字节后，也不会发出 ACK 信号。于是，从机发送器释放 sda 线，以允许主机发出 P 信号结束传输。

5.1.2 PCF8591 的工作原理

PCF8591 是飞利浦公司出品的一款集成了 8 位模数转换器（ADC）和 8 位数模转换器（DAC）功能的芯片。该芯片由独立电源供电，工作电压为 2.5~6 V。具有片上跟踪与保持电路。具有 4 个模拟输入、1 个模拟输出和 1 个串行 IIC 总线接口，采样速率取决于 IIC 总线速度。PCF8591 的 3 个地址引脚 A0、A1 和 A2 可用于硬件地址编程，允许在同一个 IIC 总线上接入 8 个 PCF8591 器件，而无须额外的硬件。在 PCF8591 器件上输入输出的地址、控制和数据信号都通过 IIC 总线以串行的方式进行传输。其引脚符号如图 5-5 所示。

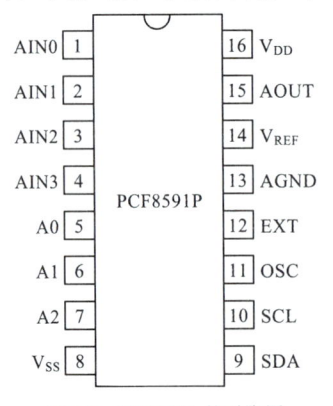

图 5-5　PCF8591 的引脚图

AIN0、AIN1、AIN2、AIN3：模拟信号输入管脚。

A0、A1、A2：硬件地址设定管脚。

V_{DD}：接电源(2.5～6 V)正极。

V_{SS}：接电源(2.5～6 V)负极，即 GND。

SDA：IIC 总线的数据线。

SCL：IIC 总线的时钟线。

OSC：外部时钟输入端，内部时钟输出端。

EXT：内部、外部时钟选择线，使用内部时钟时 EXT 接地。

AGND：模拟信号地。

AOUT：D/A 转换输出端。

V_{REF}：基准电源端。

PCF8591 采用典型的 IIC 总线接口器件寻址方法，即总线地址由器件地址、引脚地址和方向位组成，地址格式见表 5-3。

表 5-3　　　　　　　　　　　PCF8591 的地址格式

D7	D6	D5	D4	D3	D2	D2	D0
1	0	0	1	A2	A1	A0	R/$\overline{W}$

飞利浦公司规定 A/D 器件地址为 1001。可编程部分必须根据引脚地址 A2、A1、A0 设置。其值由用户选择，因此 IIC 系统中最多可接 8 个具有 IIC 总线接口的 A/D 器件。R/$\overline{W}$ 位为读写控制位，当主控器对 A/D 器件进行读操作时为 1，进行写操作时为 0。在 IIC 总线协议中，由器件地址、引脚地址和方向位组成的从地址为主控器发送的第一字节。PCF8591 的控制字节格式如图 5-6 所示：

D7、D3 特征位：固定为 0。

D6：模拟输出允许位，0：A/D 转换，1：D/A 转换。

D5、D4：模拟量输入方式，00：四路单端输入，01：三路差分输入，10：两路单端、一路差分输入，11：两路差分输入。

D2：自动增量允许位，0：禁止自动增量，1：运行自动增量。

D1、D0：模拟输入通道，00：AIN0 通道，01：AIN1 通道，10：AIN2 通道，11：AIN3 通道。

PCF8591 作为 DAC 时，其输出电压由下列公式给出：

$$V_{AOUT}=V_{AGND}+\frac{V_{REF}-V_{AGND}}{256}\sum_{i=0}^{7}D_{i}\times 2^{i}$$

开发板上，PCF8591 的接口电路如图 5-7 所示，scl 连接 P20，sda 连接 P21，A2、A1、A0 接地，对应地址为 000。AIN0～AIN3 四个通道分别连外接排针、光敏检测电路、放大器电路、电位器 Rb2。

```
        msb                         lsb
      ┌───┬───┬───┬───┬───┬───┬───┬───┐
      │ 0 │ × │ × │ × │ 0 │ × │ × │ × │
      └───┴───┴───┴───┴───┴───┴───┴───┘
```

模拟输入通道
- 00　AIN 0
- 01　AIN 1
- 10　AIN 2
- 11　AIN 3

自动增量允许位

模拟量输入方式

00　四路单端输入
- AIN0 ──── channel 0
- AIN1 ──── channel 1
- AIN2 ──── channel 2
- AIN3 ──── channel 3

01　三路差分输入
- AIN0(+)/AIN3(-) ──── channel 0
- AIN1(+)/AIN3(-) ──── channel 1
- AIN2(+)/AIN3(-) ──── channel 2

10　两路单端、一路差分输入
- AIN0 ──── channel 0
- AIN1 ──── channel 1
- AIN2(+)/AIN3(-) ──── channel 2

11　两路差分输入
- AIN0(+)/AIN1(-) ──── channel 0
- AIN2(+)/AIN3(-) ──── channel 1

模拟输出允许位

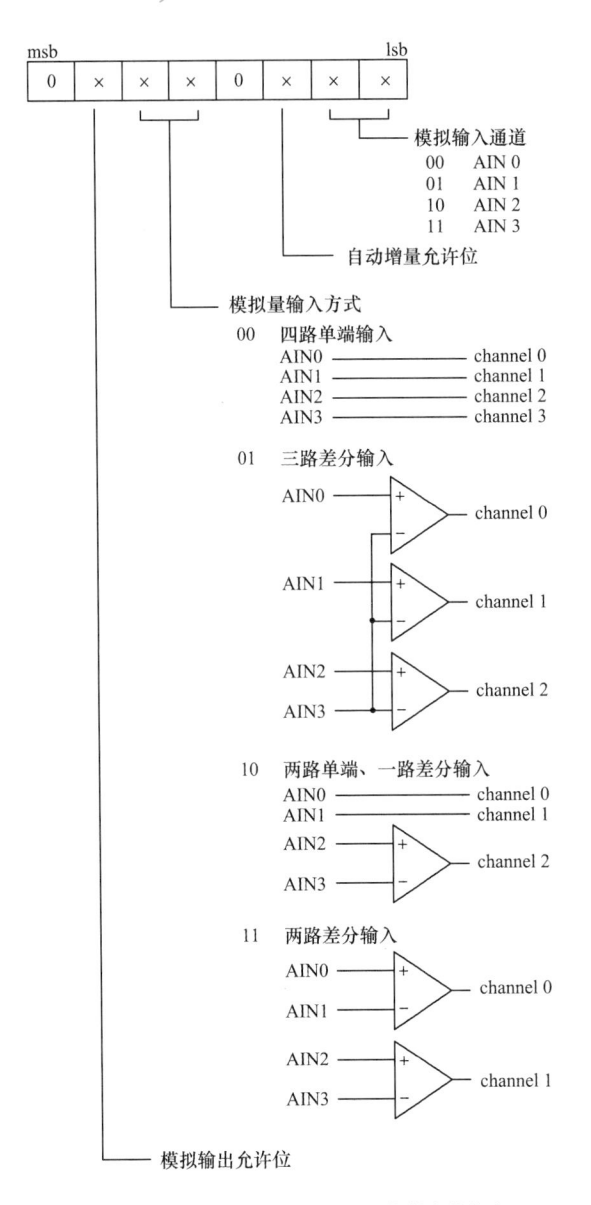

图 5-6　PCF8591 的控制字节格式

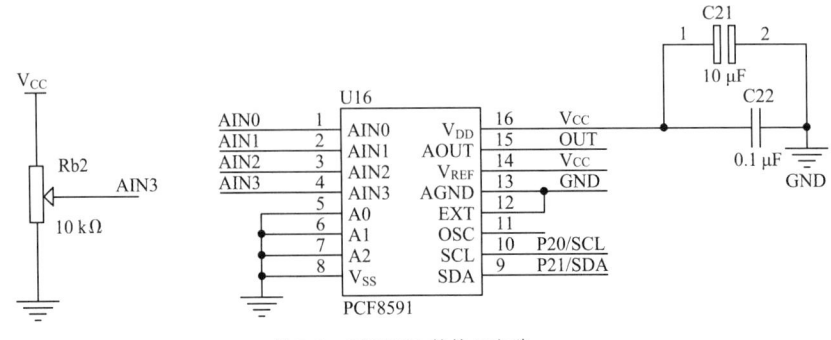

图 5-7　PCF8591 的接口电路

5.1.3 PCF8591 与单片机的接口应用实例

【例 5.1】 编写程序,利用单片机对 PCF8591 的 AIN3 路模拟信号进行检测,并将检测的结果显示在数码管上。

工作原理分析:PCF8591 的写设备地址为 0x90,读设备地址为 0x91;电位器 Rb2 接到 AIN3 通道;控制寄存器应写入:0x03。设计流程如下:

- 发送写设备地址 0x90,选择 IIC 总线上的 PCF8591 器件。
- 发送控制字节,选择模拟量输入模式和通道。
- 发送读设备地址 0x91,选择 IIC 总线上的 PCF8591 器件。
- 读取 PCF8591 中目标通道的数据。

对 PCF8591 的控制寄存器写入控制字时,根据其控制字格式得 D6=0,A/D 转换;D5D4=00,四路单端输入;D2=0,禁止自动增量。D1D0 的取值根据通道号设定,由于对通道 AIN3 和其他通道的读取过程除了通道号不一样外其他都是一样的,为了以后调用方便,这里可以设置一个带参数的函数 PCF8591_AD(u8 channel)来实现对模拟信号的检测,channel 变量的取值为通道 AIN0~AIN3 的通道编号 00~03。

同样,在 user 文件夹下,新建 PCF8591 文件夹,并在 Keil 软件的 user 组中新建 PCF8591.c 和 PCF8591.h 两个文件,这两个文件保存在 PCF8591 文件夹下。最后在 Keil 中指定 PCF8591.h 文件的路径。程序设计如下:

1. PCF8591ADDA.h 文件的程序设计

PCF8591 芯片既可以进行 A/D 转换,也可以进行 D/A 转换。A/D 转换函数用 PCF8591_AD(u8 channel)表示,D/A 转换函数用 PCF8591_DA(u8 temp)表示。两类转换函数在此文件中进行声明,由于 PCF8591 是 IIC 器件,这里引用 IIC.h 头文件。PCF8591ADDA.h 文件的代码:

```
/********************* * PCF8591ADDA.h********************* */
#ifndef __PCF8591ADDA_H__
#define __PCF8591ADDA_H__
#include "common.h"
#include "IIC.h"              //引用 IIC 底层驱动头文件
u8 PCF8591_AD(u8 channel);    //PCF8591 的 A/D 转换函数
void PCF8591_DA(u8 temp);     //PCF8591 的 D/A 转换函数
#endif
```

2. PCF8591ADDA.c 文件的程序设计

根据上面的工作原理分析,写出 PCF8591ADDA.c 文件的代码:

```
/********************* * PCF8591ADDA.c********************* */
#include "PCF8591ADDA.h"
u8 PCF8591_AD(u8 channel)     //PCF8591 进行 A/D 转换
{
    u8 dat;
    IIC_start();              //IIC 总线起始信号
    IIC_write(0x90);          //PCF8591 的写设备地址
```

```
        IIC_waitACK();              //等待从机应答
        IIC_write(channel);         //写入 PCF8591 的控制字
        IIC_waitACK();              //等待从机应答
        IIC_stop();                 //IIC 总线终止信号
        IIC_start();                //IIC 总线起始信号
        IIC_write(0x91);            //PCF8591 的读设备地址
        IIC_waitACK();              //等待从机应答
        dat=IIC_read();             //读取 PCF8591 通道 1 的数据
        IIC_stop();                 //IIC 总线终止信号
        return dat;
    }
```

语句"u8 PCF8591_AD(u8 channel)"中的 channel 是 PCF8591 转换选择的通道,取值为 0x00~0x03。

3. main.c 主程序设计

PCF8591 芯片的参考电压 V_{REF} 引脚接的 V_{CC} 为 5 V,所以分辨率为 $5/2^8$,PCF8591 转换后的数据为 00~255,这里将分辨率扩大 1 000 倍,取 4 位数,即数码管显示的值为 PCF8591 输出数字量乘以 5×1 000/28,整数部分的小数点在 LED_display.c 文件中修改 display1 函数即可。这里选取第一组数码管 SEG1~SEG2 和第二组数码管 SEG3。所以主程序调用第二组数码管显示函数 display2(u8 cm,u8 cn)时,需要将 SEG4 关闭,共阳极数码管熄灭的字段码为 0xff。这里需要修改 LED_display.c 文件定义的数组 value_tab[]的值,即"u8 code value_tab[]={0xc0,0xf9,0xa4,0xb0,0x99,0x92,0x82,0xf8,0x80,0x90,0xff};",main.c 主程序代码如下:

```
    #include "LED_display.h"         //引用 LED_display.h
    #include "PCF8591ADDA.h"         //引用 PCF8591ADDA.h
    void main()
    {
        u8 dat;
        u16 num;
        clr_init();
        while(1)
        {
            dat=PCF8591_AD(0x03);    //选择通道 AIN3
            num=dat*195;
            display1(num/10000,num/1000%10);
            display2(num/100%10,num/10%10);
        }
    }
```

程序经过编译后下载,用万用表探测 PCF8591 芯片的 AIN3 端或者 Rb2 滑头端,得到 PCF8591 的 AIN3 通道输入电压值为 2.351 V,开发板上数码管显示值为 2.382 V,运行效果如图 5-8 所示。

练习:请同学们调整 Rb2,改变 PCF8591 的 AIN3 通道的输入电压,用万用表观测,并同数码管显示数据相比较,自拟表格,测量多组数据进行误差分析。

(a)实际输入电压　　　　　(b)单片机处理后的电压

图 5-8　PCF8591 模数转换运行效果

【例 5.2】 编写程序,利用单片机控制 PCF8591 的 D/A 转换功能输出三角波,并将转换后的信号通过示波器进行观察。

工作原理分析:PCF8591 的 D/A 转换功能和 A/D 转换功能类似。设计流程如下:
- 发送写设备地址 0x90,选择 IIC 总线上的 PCF8591 器件。
- 发送控制字节,即 D/A 转换模式。
- 对 PCF8591 中写数据。

对 PCF8591 的控制寄存器写入控制字时,根据其控制字格式得 D6=1,D/A 转换;D2=0,禁止自动增量。其他对模拟通道的设定全部取 0,即对 PCF8591 的控制寄存器写的第二个字节为 0x40。

在【例 5.1】中已经在 PCF8591ADDA.h 文件中对 PCF8591 转换函数 PCF8591_DA(u8 temp)进行了声明,所以只需在 PCF8591ADDA.c 文件中增加 PCF8591_DA(u8 temp)函数。修改后的 PCF8591ADDA.c 程序代码如下:

```
/*********************** * PCF8591ADDA.c*********************** */
#include "PCF8591ADDA.h"
u8 PCF8591_AD(u8 channel)           //PCF8591 进行 A/D 转换
{
    u8 dat;
    IIC_start();                    //IIC 总线起始信号
    IIC_write(0x90);                //PCF8591 的写设备地址
    IIC_waitACK();                  //等待从机应答
    IIC_write(channel);             //写入 PCF8591 的控制字
    IIC_waitACK();                  //等待从机应答
    IIC_stop();                     //IIC 总线终止信号
    IIC_start();                    //IIC 总线起始信号
```

147

```
    IIC_write(0x91);            //PCF8591的读设备地址
    IIC_waitACK();              //等待从机应答
    dat1=IIC_read();            //读取PCF8591通道1的数据
    IIC_stop();                 //IIC总线终止信号
    return dat;
}
void PCF8591_DA(u8 dat)         //PCF8591进行D/A转换
{
    IIC_start();
    IIC_write(0x90);            //写设备地址
    IIC_waitACK();
    IIC_write(0x40);            //写控制字
    IIC_waitACK();
    IIC_write(dat);             //dat为要转换的数字量
    IIC_waitACK();
    IIC_stop();
}
```

在main.c文件中要实现三角波,即可以将数据依次进行递增或递减送入PCF8591进行转换,输出信号即为三角波。main.c主程序代码如下:

```
/*********************** * main.c*********************** */
#include "LED_display.h"
#include "PCF8591ADDA.h"
void main()
{
    clr_init();                 //LED、继电器和蜂鸣器的初始化
    while(1)
    {
        u8 i,j;
        for(i=0;i<255;i++)
        {
            PCF8591_DA(i);
            _nop_();
        }
        for(j=255;j>0;j--)
        {
            PCF8591_DA(j);
            _nop_();
        }
    }
}
```

程序经过编译后下载,PCF8591的15号引脚(AOUT)可以从J3的18号引脚引出接在示波器上,运行效果如图5-9所示。

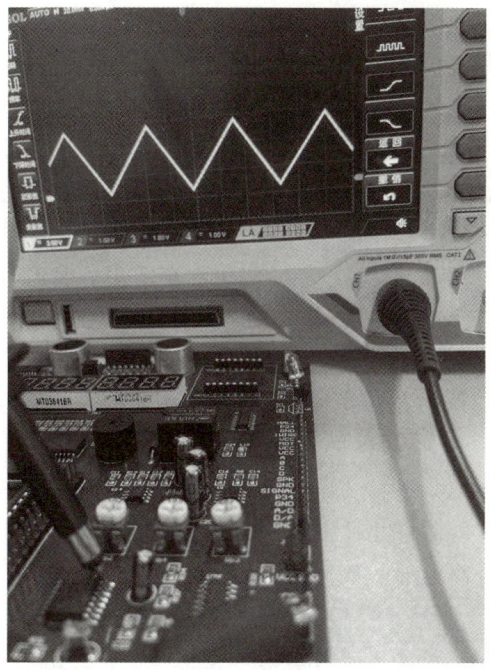

图 5-9　PCF8591 D/A 转换输出三角波运行效果

5.1.4　AT24C02 的工作原理

　　EEPROM(Electrically Erasable Programmable Readonly Memory)是指带电可擦可编程只读存储器,是一种掉电后数据不丢失的存储芯片。EEPROM 是用户可更改的只读存储器(ROM),其可通过高于普通电压的作用来擦除和重编程(重写)。EEPROM 的擦除不需要借助于其他设备,它是以电子信号来修改其内容的,而且是以 Byte 为最小修改单位,不必将资料全部洗掉才能写入,彻底摆脱了 EPROM Eraser 和编程器的束缚。EEPROM 在写入数据时,仍要利用一定的编程电压,此时,只需用厂商提供的专用刷新程序就可以轻而易举地改写内容,所以,它属于双电压芯片。常用的存储芯片有 AT24C01/02/04/08/16……,后面的数字代表了存储空间的大小。开发板上使用的是 AT24C02(EEPROM)芯片,本教材以 AT24C02 为例讲解存储器的扩展和应用方法。

　　AT24C02 是一个 2K 位串行 CMOS EEPROM,内部含有 256 个 8 位字节,催化剂(CATALYST)公司的先进 CMOS 技术实质上减少了器件的功耗。AT24C02 有一个 8 字节页写缓冲器。此芯片具有 IIC 通信接口,芯片内保存的数据在掉电情况下都不丢失,有一个专门的写保护功能,工作电压 5 V。AT24C02 的引脚如图 5-10 所示。

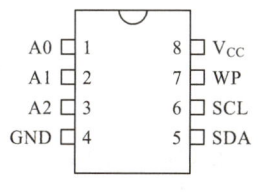

```
A0  □ 1      8 □ V_CC
A1  □ 2      7 □ WP
A2  □ 3      6 □ SCL
GND □ 4      5 □ SDA
```

图 5-10　AT24C02 引脚符号

　　SCL 串行时钟引脚:AT24C02 串行时钟输入管脚,用于产生器件所有数据发送或接收的时钟。

SDA 串行数据/地址引脚:AT24C02 双向串行数据/地址管脚用于器件所有数据的发送或接收,SDA 是一个开漏输出管脚,可与其他开漏输出或集电极开路输出进行线或(wire-OR)。

A0、A1、A2 器件地址输入端引脚:这 3 个输入引脚用于多个器件级联时设置器件地址,当这些引脚悬空时默认值为 0。如果只有一个 AT24C02 被总线寻址,A1 和 A2 地址管脚可悬空或连接到 V_{SS}。

WP 写保护引脚:如果 WP 管脚连接到 V_{CC} 所有的内容都被写保护(只能读)。当 WP 引脚连接到 V_{SS} 或悬空,允许器件进行正常的读/写操作。

1. AT24C02 的地址

AT24C02 支持 IIC 总线数据传送协议。IIC 总线协议规定任何将数据传送到总线的器件作为发送器,任何从总线接收数据的器件作为接收器。AT24C02 器件地址为 7 位,高 4 位固定为 1010,低 3 位由 A0、A1、A2 信号线的电平决定。因为传输地址或数据是以字节为单位传输的,当传输地址时,器件地址占 7 位,还有最后一位(最低位 R/$\overline{W}$)用来选择读/写方向,它与地址无关,其器件地址的数据格式见表 5-4。

表 5-4　　　　　　　　　　AT24C02 的器件地址数据格式

D7	D6	D5	D4	D3	D2	D1	D0
1	0	1	0	A2	A1	A0	R/$\overline{W}$

IIC 总线的寻址过程中,通常在起始条件后的第一个字节决定主机选择哪一个从机,该字节的最后一位决定数据传输方向。

开发板上,AT24C02 和单片机的连接方式如图 5-11 所示。开发板上已经将芯片的 A0、A1、A2 连接到 GND,所以器件地址为 1010000。如果要对芯片进行写操作,R/$\overline{W}$ 即为 0,写器件地址即为 0xa0;如果要对芯片进行读操作,R/$\overline{W}$ 即为 1,此时读器件地址为 0xa1。开发板上也将 WP 引脚直接接在 GND 上,此时芯片允许数据正常读/写。图中 SCL 接 P20,SDA 接 P21,接 R_7 和 R_9 是为了使 IIC 总线默认为高电平,所以对 SCL 和 SDA 管脚接了上拉电阻。

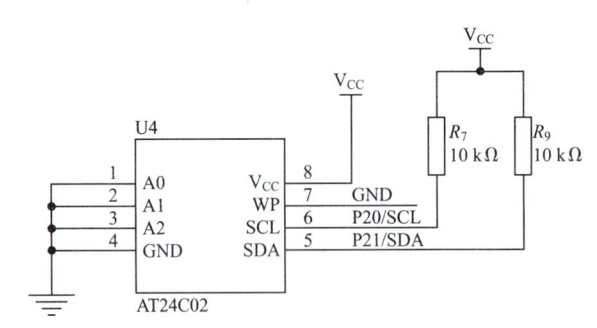

图 5-11　AT24C02 的接口电路

2. AT24C02 读/写过程

AT24C02 的存储空间为 2K 位(256 字节),AT24C02 有两种写入方式:字节写和页写。AT24C02 有三种读操作方式:当前地址读、随机读和连续读。

(1)字节写

在字节写模式下,主器件发送起始信号和从器件地址信息(R/$\overline{W}$ 位置 0)给从器件,在从器件送回应答信号后,主器件发送 AT24C02 的字节地址,主器件在收到从器件的应答信号后,再发送数据到被寻址的存储单元。AT24C02 再次应答,并在主器件产生终止信号后开始内部数据的擦写,在内部擦写过程中,AT24C02 不再应答主器件的任何请求。AT24C02 字节写数据格式如图 5-12 所示。写字节函数用" AT24C02_write(u8 addr,u8 dat)"表示,IIC 驱动函数见 5.1.1 小节。

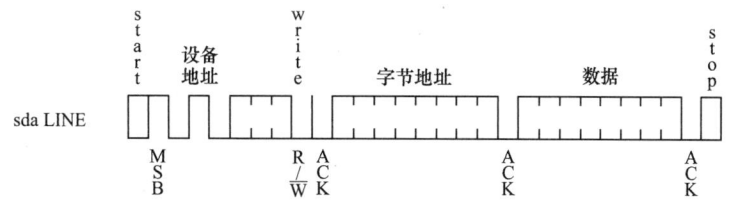

图 5-12 AT24C02 的字节写数据格式

```
void AT24C02_write(u8 addr,u8 dat)    //往 24c02 的一个地址写入一个数据
{
    IIC_start();
    IIC_write(0xa0);                  //发送写器件地址 0xa0
    IIC_waitACK();                    //等待应答
    IIC_write(ADDR);                  //发送要写入内存的地址
    IIC_waitACK();
    IIC_write(DAT);                   //发送数据
    IIC_waitACK();
    IIC_stop();
}
```

(2) 页写

字节写模式只能单字节写入,而在页写模式下,AT24C02 可以一次写入 16 个字节的数据,页写操作的启动和字节写一样,不同在于传送了一字节数据后并不产生终止信号,主器件被允许发送 $P(P=15)$ 个额外的字节。每发送一个字节数据后 AT24C02 产生一个应答位并将字节地址低位加 1,高位保持不变。如果在发送终止信号之前主器件发送超过 $P+1$ 个字节,地址计数器将自动翻转,先前写入的数据被覆盖。接收到 $P+1$ 字节数据和主器件发送的终止信号后,AT24C02 启动内部写周期将数据写到数据区,所有接收的数据在一个写周期内写入 AT24C02。AT24C02 的页写数据流如图 5-13 所示。

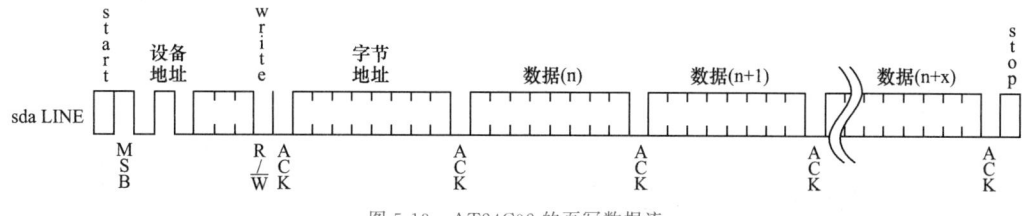

图 5-13 AT24C02 的页写数据流

(3) 当前地址读

AT24C02 的地址计数器内容为最后操作字节的地址加 1,即如果上次读/写操作的地址为 N,则立即读的地址从地址 N+1 开始。如果 N=E(AT24C02:E=255)则计数器将翻

转到0且继续输出数据。AT24C02接收到从器件地址信号后(R/$\overline{W}$位置1),它首先发送一个应答信号,然后发送一个8位字节数据。主器件不需要发送一个应答信号,但要产生一个终止信号。读字节函数用"AT24C02_read(u8 addr)"表示,该函数将读取的数据进行返回。AT24C02对当前地址读数据流如图5-14所示。

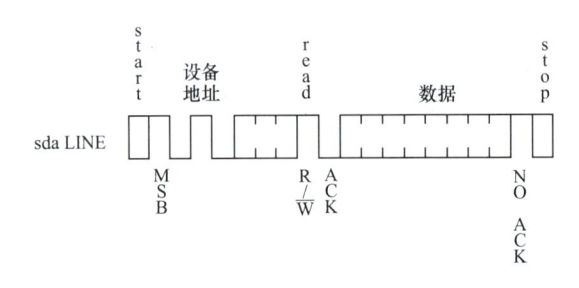

图5-14　AT24C02当前地址读数据流

```
u8 AT24C02_read(u8 addr)
{
    u8 temp;
    IIC_start();
    IIC_write(0xa0);            //发送写器件地址 0xa0
    IIC_waitACK();
    IIC_write(addr);            //发送要读取的地址单元
    IIC_waitACK();
    IIC_start();
    IIC_write(0xa1);            //发送读器件地址 0xa1
    IIC_waitACK();
    temp=IIC_read();            //读取数据存到 temp 中
    IIC_stop();
    return temp;                //返回读取的数据 temp
}
```

(4)随机读(随机写)

随机读操作允许主器件对寄存器的任意字节进行读操作,主器件首先通过发送起始信号、从器件地址和要读取字节数据的地址执行一个伪写操作。在AT24C02应答之后,主器件重新发送起始信号和从器件地址,此时R/$\overline{W}$位置1,AT24C02响应并发送应答信号,然后输出所要求的一个8位字节数据,主器件不发送应答信号但产生一个终止信号。AT24C02随机读(随机写)数据流如图5-15所示。

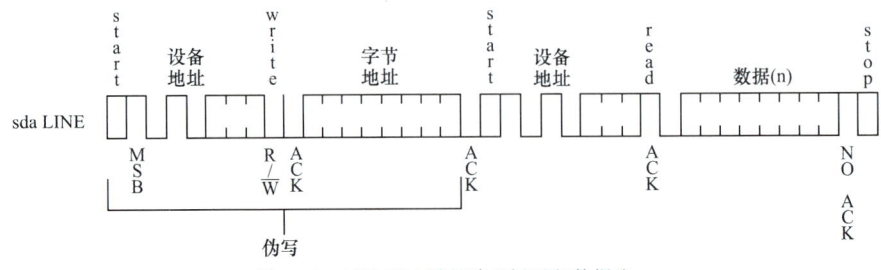

图5-15　AT24C02随机读(随机写)数据流

(5) 连续读

连续读操作可通过立即读或选择性读操作启动。在 AT24C02 发送完一个 8 位字节数据后,主器件产生一个应答信号来响应,告知 AT24C02 主器件要求更多的数据,对应每个主机产生的应答信号 AT24C02 将发送一个 8 位数据字节。当主器件不发送应答信号而发送终止位时结束此操作。从 AT24C02 输出的数据按顺序由 n 到 n+x 输出。读操作时地址计数器在 AT24C02 整个地址内增加,这样整个寄存器区域可在一个读操作内全部读出。当读取的字节超过 E(对 AT24WC02:E=255;对 AT24WC04:E=511)计数器将翻转到 0 并继续输出数据字节。AT24C02 连续读数据流如图 5-16 所示。

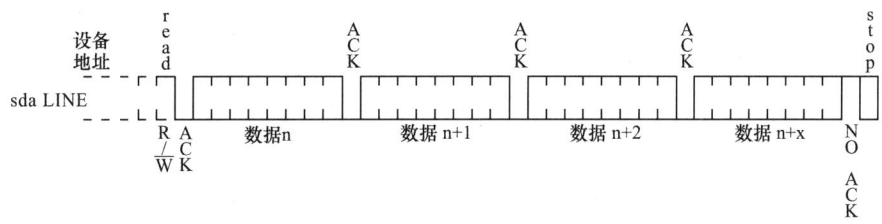

图 5-16 AT24C02 连续读数据流

这里只讨论对字节写和当前地址的读取操作。为方便以后调用,这里用 AT24C02.c 和 AT24C02.h 两个文件对其功能进行封装。在上例 user 文件夹中,新建 IIC 文件夹,并在 Keil 软件的 user 组中新建 AT24C02.c 和 AT24C02.h 两个文件。这两个文件放在 AT24C02 文件夹下,最后在 Keil 中指定 AT24C02.h 文件的路径。AT24C02.c 和 AT24C02.h 的程序如下:

```
/*********************** * AT24C02.c*********************** */
#inclued "AT24C02.h"
void AT24C02_write(u8 addr,u8 dat)      //往 AT24C02 的一个地址写入一个数据
{
    IIC_start();
    IIC_write(0xa0);                    //发送写器件地址
    IIC_waitACK();                      //等待应答
    IIC_write(addr);                    //发送要写入内存的地址
    IIC_waitACK();
    IIC_write(dat);                     //发送数据
    IIC_waitACK();
    IIC_stop();
}
u8 AT24C02_read(u8 addr)
{
    u8 temp;
    IIC_start();
    IIC_write(0xa0);                    //发送写器件地址
    IIC_waitACK();
    IIC_write(addr);                    //发送要读取的地址
    IIC_waitACK();
    IIC_start();
```

```
        IIC_write(0xa1);              //发送读器件地址
        IIC_waitACK();
        temp=IIC_read();              //读取数据
        IIC_stop();
        return temp;                  //返回读取的数据
    }
    /********************* * AT24C02.h********************** * /
    #ifndef __AT24C02_H__
    #define __AT24C02_H__
    #include "IIC.h"
    void AT24C02_write(u8 addr,u8 dat);   //AT24C02 写字节操作
    u8 AT24C02_read(u8 addr);             //AT24C02 地址读取操作
    #endif
```

5.1.5 AT24C02 与单片机的接口应用实例

【例 5.3】 编写程序,实现按键 S7 向 AT24C02 的某一地址单元写一个字节数据,按键 S6 对存储的数据进行读取,按键 S5 可对数据进行加 1,按键 S4 可对数据进行清 0。数据在数码管上行显示。

工作原理分析:例题中需要 S7～S4 4 个按键,这里将 J5 设置为 BTN 模式(2 和 3 短接),即独立按键模式。

同样,复制"PCF8591 转换"文件夹,并重命名为"AT24C02 存储器"。在 user 文件夹下,新建 AT24C02 文件夹,并在 Keil 软件的 user 组中新建 AT24C02.c 和 AT24C02.h 两个文件,这两个文件放在 AT24C02 文件夹下。最后在 Keil 中指定 AT24C02.h 文件的路径。程序设计如下:

user 文件夹下有独立按键对应的 Single_key.c 和 Single_key.h 两个文件,本例只需要修改 4 个按键实现的功能,即修改 Single_key.c 文件即可。由于按键需要对 AT24C02 进行操作,所以在 Single_key.c 文件中,除引用它自己的头文件外,还需要引用 AT24C02.h。当然 AT24C02.h 的引用也可以放在 Single_key.h 文件中。Single_key.c 程序设计如下:

```
    /********************* * Single_key.c********************* * /
    #include "Single_key.h"
    #include "AT24C02.h"
    void sg_keyscan()              //按键检测
    {
        if(s4==0)                  //S4,显示数据清 0
        {
            delay(50);
            if(s4==0)
            {
                n=0;
                while(!s4);
            }
```

```
        }
        if(s5==0)                    //S5,显示数据加1
        {
            delay(50);
            if(s5==0)
            {
                n++;
                if(n>255)
                n=0;
                while(! s5);
            }
        }
        if(s6==0)                    // S6,读取上次保存的数据
        {
            delay(50);               //延时 10 ms
            if(s6==0)
            {
                n=AT24C02_read(0x00);    //读取 AT24C02 的 0x00 地址单元的数据
                while(! s6);             //按键是否松开
            }
        }
        if(s7==0)                    // S7,保存显示的数
        {
            delay(50);               //延时 10 ms
            if(s7==0)
            {
                AT24C02_write(0x00,n);   //往 AT24C02 的 0x00 地址单元写数据 n
                delay(100);
                while(! s7);             //按键是否松开
            }
        }
    }
```

对 AT24C02 的操作在按键功能模块中进行,在主函数中,只需要调用按键和显示功能函数。main.c 主程序代码如下:

```
/************************ * main.c************************ */
#include "Single_key.h"
#include "LED_display.h"
u8 n=153;                //写入 AT24C02 某一地址单元的初始值
void main()
{
    clr_init();          //LED、继电器和蜂鸣器初始化
    while(1)
```

```
        {
            sg_keyscan();              //按键查询
            display1(n/100,n/10%10);
            display2(n%10,10);         //SEG4 熄灭
        }
}
```

按键功能函数是对 AT24C02 的 00H 地址单元写入 n,在主函数中须对 n 进行定义。

程序经过编译后下载,上电时 SEG1～SEG3 数码管显示的是变量 n 的数据,按下 S4、S5 改变 n 的值,然后按下 S7 将数据写入 00H 地址单元,任何时候按下 S6,数码管上显示的依然是写入 00H 地址单元的数据。开发板程序重新上电时,按下 S6,之前存储的数据未丢失。请大家对照开发板验证本题,理解 AT24C02 的掉电保持功能。

5.2 单总线接口技术

单总线(1-Wire bus)是由美国达拉斯半导体公司(DALLAS)推出的外围扩展总线,与目前多数标准串行数据通信 IIC/SPI/MICROWIRE 等方式不同,它具有占用 I/O 资源少、硬件电路简单等优点。单总线将数据线、地址线、控制线合为一根信号线,并且允许在该线上挂载多个单总线器件。当只有一个从机位于总线上时,系统可按照单节点系统操作;而当多个从机位于总线上时,则系统按照多节点系统操作。单总线器件连接示意图如图 5-17 所示。

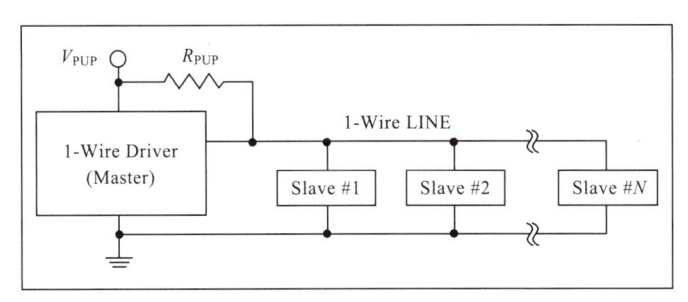

图 5-17 单总线器件连接示意图

单总线系统中配置的各种器件,由 DALLAS 公司提供的专用芯片实现,如 DS18B20、DHT11 等都是使用的单总线通信协议。每个单总线芯片都有 64 位 ROM。厂家对每一个芯片都用激光烧写编码,其中存有 16 位十进制编码序列号,它是器件的地址编号,确保它被控在总线上后,可以唯一被确定。除了器件的地址编码外,芯片内还包含收发控制和电源存储电路。这些芯片的耗电量很小,工作时从总线上馈送到大电容就可以工作,一般不需要另加电源。

5.2.1 单总线通信协议

单总线通信协议定义了通信的初始化、单总线写时序和单总线读时序、主机发出的复位脉冲和从机的应答脉冲。

1. 单总线的初始化

单总线上所有的通信都是以初始化序列开始的。初始化序列包括主机发出的复位脉冲和从机的应答脉冲；如图 5-18 所示，黑色实线代表系统主机拉低总线，灰色实线代表从机拉低总线，而黑色的虚线则代表上拉电阻将总线拉高。单总线的初始化步骤如下：

(1) 微处理器（单片机）首先将总线（数据线）拉低 480 μs 以上，然后释放总线。

(2) 总线释放，将总线拉高。

(3) 单总线器件检测到上升沿，在等待 15～60 μs 后，拉低总线，表示应答。

(4) 微处理器在单总线器件应答期间，读取总线上的电平，如果是低电平则表示复位成功。

(5) 单总线器件在产生 60～240 μs 的应答信号后，释放总线。

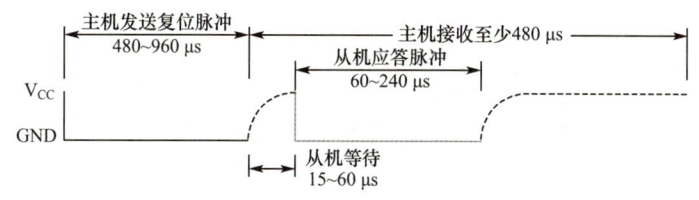

图 5-18 单总线初始化时序

本教材中，设单总线器件引脚为 DQ，根据单总线初始化时序和步骤写出 DQ 的初始化函数"init_DQ()"的代码如下，该函数会返回一个应答信号。

```c
bit onewire_init()              //单总线初始化
{
    bit ACK;
    DQ=0;                       //拉低总线，发复位脉冲
    Delay500us();               //480～960 μs
    DQ=1;                       //总线释放
    Delay60us();                //15～60 μs
    DQ=0;
    Delay200us();
    ACK=DQ;
    DQ=1;
    Delay500us();
    return ACK;
}
```

"return ACK；"为返回应答状态，是对初始化函数的返回值进行判断，为低电平(0)表示应答成功，复位完成。由于开发板上单总线器件只有一个 DS18B20，它和单片机直接连接，不存在多机通信，复位一般都会成功，所以也可以不对返回值进行检验。

2. 单总线的写时序

单总线通信协议中写时序有写 0 时序和写 1 时序。单总线写时序如图 5-19 所示，黑色实线代表系统主机拉低总线，黑色虚线代表上拉电阻将总线拉高。写时序至少需要 60 μs，且在两次独立的写时序之间至少需要 1 μs 的恢复时间。两种写时序均起始于主机拉低数据总线。在写时序开始后 15～60 μs 期间，单总线器件采样总线电平状态。如果在此期间采样值为高电平，则逻辑 1 被写入器件；如果为低电平，则写入逻辑 0。单总线的写时序步

骤如下：

(1) 数据线先置低电平"0"。

(2) 延时 15 μs。

(3) 按从低位到高位的顺序发送数据(一次只发送一位)。

(4) 延时 60 μs。

(5) 将数据线拉到高电平。

(6) 重复 1~5 步骤，直到发送完整的字节。

(7) 最后将数据线拉高。

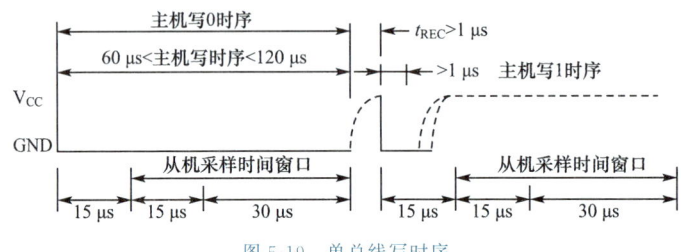

图 5-19 单总线写时序

根据单总线的写时序和步骤写出 DQ 的写字节函数"onewrite_Write(u8 dat)"的代码如下：

```
void onewire_Write(u8 dat)        //对总线写一个字节
{
    u8 i;
    for(i=0;i<8;i++)
    {
        DQ=0;                     //无论写1还是写0,均拉低2μs
        _nop_();
        _nop_();
        DQ=dat&0x01;              //DS18B20进行采样,先写低位再写高位
        Delay60us();              //60μs后,单片机释放总线
        DQ=1;
        dat>>=1;                  //写下一位
    }
}
```

3. 单总线的读时序

单总线器件仅在主机发出读时序时才向主机传输数据。单总线读时序如图 5-20 所示。黑色实线代表系统主机拉低总线，灰色实线代表从机拉低总线，而黑色的虚线则代表上拉电阻将总线拉高。读时序至少需要 60 μs，且在两次读时序之间至少需要 1 μs 的恢复时间。每个读时序都由主机发起，拉低总线至少 1 μs。在主机发出读时序后，单总线器件才开始在总线上发送 1 或 0。若从机发送 1，则保持总线为高电平；若发送 0，则拉低总线。从机发出的数据可保持 15 μs 的有效时间，因此主机在读时序期间必须释放总线，并且在时序起始后的 15 μs 之内采样总线状态。

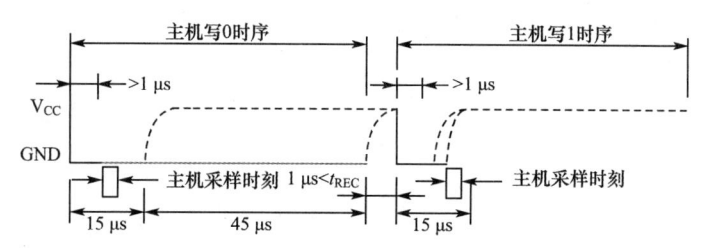

图 5-20 单总线读时序

由单总线的写时序和步骤写出 DQ 的写字节函数"onewire_Read()"的代码如下：

```c
u8 onewire_Read()              //从总线读字节
{
    u8 i,dat=0;
    for(i=0;i<8;i++)
    {
        dat>>=1;               //依次右移,将先进来的位移到低位
        DQ=0;                  //无论读1还是读0,均拉低2 μs
        _nop_();
        _nop_();
        DQ=1;
        if(DQ==1)              //先读低位,再读高位
        dat=dat|0x80;          //即使为0,右移后也进入相应的位
        Delay60us();           //60 μs 后,单片机释放总线
        DQ=1;
    }
    return dat;
}
```

以上 3 个函数即完成了单总线的底层驱动,为方便以后调用单总线驱动程序,这里用 onewire.c 和 onewire.h 两个文件对工程进行封装。在上例 user 文件夹中,新建 onewire 文件夹,并在 Keil 软件的 user 组中新建 onewire.c 和 onewire.h 两个文件。这两个文件放在 onewire 文件夹下,最后在 Keil 中指定 onewire.h 文件的路径。onewire.c 和 onewire.h 的程序如下：

```c
/*********************** * onewire.c*********************** */
#include "onewire.h"
#include "intrins.h"
void Delay500us()              //12.000 MHz,单片机为 STC15F2K60S2
{
    unsigned char i, j;
    i = 6;
    j = 211;
    do
    {
        while (--j);
    } while (--i);
}
void Delay60us()               //12.000 MHz,单片机为 STC15F2K60S2
```

```c
{
    unsigned char i;
    _nop_();
    _nop_();
    i = 177;
    while (--i);
}
void Delay200us()            //12.000 MHz,单片机为STC15F2K60S2
{
    unsigned char i, j;
    i = 3;
    j = 82;
    do
    {
        while (--j);
    } while (--i);
}
bit onewire_init()           //单总线初始化
{
    bit ACK;
    DQ=0;                    //拉低总线 发复位脉冲
    Delay500us();            //480~960 μs
    DQ=1;                    //总线释放
    Delay60us();             //15~60 μs
    DQ=0;
    Delay200us();
    ACK=DQ;
    DQ=1;
    Delay500us();
    return ACK;
}
void onewire_Write(u8 dat)   //对总线写一个字节
{
    u8 i;
    for(i=0;i<8;i++)
    {
        DQ=0;                //无论写1还是写0,均拉低2 μs
        _nop_();
        _nop_();
        DQ=dat&0x01;         //DS18B20进行采样,先写低位再写高位
        Delay60us();         //60 μs后,单片机释放总线
        DQ=1;
        dat>>=1;             //写下一位
    }
}
```

```c
u8 onewire_Read()                    //从总线读字节
{
    u8 i,dat=0;
    for(i=0;i<8;i++)
    {
        dat>>=1;                     //依次右移,将先进来的位移到低位
        DQ=0;                        //无论读1还是读0,均拉低2μs
        _nop_();
        _nop_();
        DQ=1;
        if(DQ==1)                    //先读低位,再读高位
            dat=dat|0x80;            //即使为0,右移后也进入相应的位
        Delay60us();                 //60μs后,单片机释放总线
        DQ=1;
    }
    return dat;
}
/********************* * onewire.h *********************/
#ifndef __onewire_H__
#define __onewire_H__
#include "common.h"
sbit DQ=P1^4;
void Delay500us();
void Delay60us();
void Delay200us();
bit onewire_init();
void onewire_Write(u8 dat);
u8 onewire_Read();
#endif
```

单总线操作对时间的要求比较严格,以上延时时间可利用 STC-ISP 软件中的"软件延时计算器"生成,根据时间修改定时长度。开发板上的单片机是 IAP15F2K61S2,系统频率需 12 MHz,8051 指令集需选 STC-Y5。如图 5-21 所示。

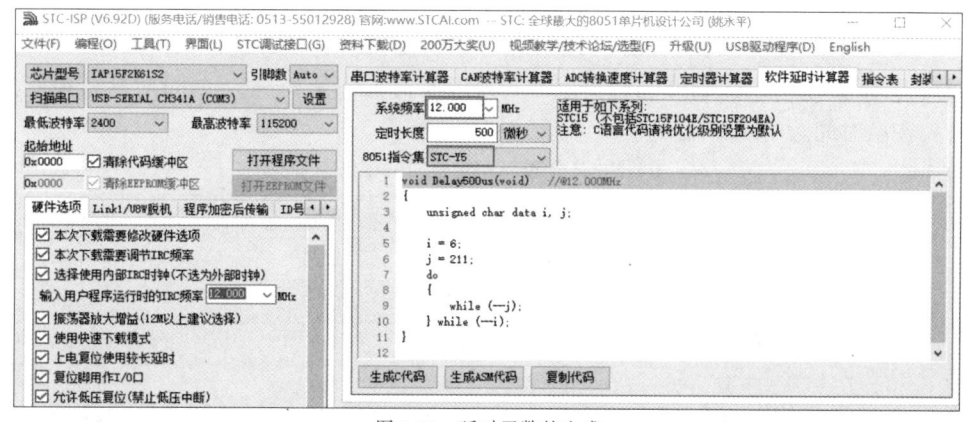

图 5-21 延时函数的生成

5.2.2　DS18B20 的工作原理

DS18B20 是美国 DALLAS 公司生产的数字温度传感器，可提供 9～12 位摄氏温度测量，而且有一个由高低电平触发的可编程的不因电源消失而改变的报警功能。DS18B20 可通过一个单线接口直接将温度转化成数字信号传送给单片机处理，因而可省去传统的信号放大、A/D 转换等外围电路。DS18B20 的外部引脚排列如图 5-22 所示。

图 5-22　DS18B20 引脚图

DS18B20 可测量的温度范围为 −55～+128 ℃，在 −10～+85 ℃ 范围内，测量精度可达 0.5 ℃。它非常适合于恶劣环境的现场温度测量，也可用于各种狭小空间内设备的测温。除此之外，DS18B20 能直接从单线通信线上汲取能量，除去了对外部电源的需求。

DS18B20 通过 DALLAS 公司独有的单总线通信协议依靠一个单线端口通信。当全部器件经由一个 3 态端口或者漏极开路端口（DQ 引脚在 DS18B20 上的情况下）与总线连接的时候，控制线需要连接一个弱上拉电阻。

1. 配置寄存器

DS18B20 片内有非易失性温度报警触发器 TH 和 TL，可由软件写入用户报警的上下限值。高速暂存器中第 5 个字节为配置寄存器，对其进行设置可更改 DS18B20 的测温分辨率，配置寄存器的数据格式见表 5-5。

表 5-5　DS18B20 配置寄存器的数据格式

D7	D6	D5	D4	D3	D2	D1	D0
TM	R1	R0	1	1	1	1	1

TM：测试模式位。用于设置 DS18B20 在工作模式还是在测试模式。在出厂时已被写入 0，用户不能改变。

D4～D0：低 5 位全部为 1。

R1 和 R0：设置 DS18B20 的精度（分辨率），分别以 0.5 ℃、0.25 ℃、0.125 ℃ 和 0.062 5 ℃ 增量递增。R1、R0 与分辨率和转换时间的关系见表 5-6。复位时默认精度为 12 位，最大转换时间为 750 ms。

表 5-6　R1、R0 与分辨率和转换时间的关系

R1	R0	分辨率/位	最大转换时间/ms	分辨率/℃
0	0	9	93.75	0.5
0	1	10	187.5	0.25
1	0	11	375	0.125
1	1	12	750	0.062 5

64 位 ROM 中存放的 48 位序列号用于识别同一单线上连接的多个 DS18B20，以实现

多点测温。64 位 ROM 代码的格式为 8 位 CRC 校验码＋48 位序列号＋8 位系列码(0x28)，其中 8 位 CRC 校验码是 48 位序列号和 8 位系列码的 CRC 校验码。DS18B20 的高速暂存存储器的字节分布见表 5-7。

表 5-7　　　　　　　　　　　高速暂存存储器的字节分布

字节地址	名称	类型	说明
0	低 8 位温度	只读	b15～b11:符号位。b10～b4:7 位整数。b3～b0:4 位小数(补码)
1	高 8 位温度	只读	
2	TH 或用户字节 1	读写	b7:符号位。b6～b0:7 位温度报警高值(补码)
3	TL 或用户字节 1	读写	b7:符号位。b6～b0:7 位温度报警低值(补码)
4	配置寄存器 CR	读写	b6～b5:分辨率。00～11:9～12 位
5～7	保留	只读	
8	CRC 校验值	只读	暂存器 0～7 数据 CRC 校验码

当 DS18B20 采集的温度为＋85 ℃时,输出的值为 0x0550,则实际温度＝(0x0550)/16＝$(5×16^2+5×16^1)/16=85$ ℃。

当 DS18B20 采集的温度为－55 ℃时,输出的值为 0xFC90。由于是补码,则先将 11 位数据取反后加 1,得 0x0370,注意符号位不变,也不参加运算,则:

实际温度＝$(3×16^2+7×16^1)/16=55$ ℃。

注意,负号需要对采集的温度进行判断后,再予以显示。

2. DS18B20 的命令

DS18B20 的所有命令均为 8 位长。其常用的命令代码见表 5-8。

表 5-8　　　　　　　　　　　DS18B20 命令表

命令	命令代码	命令功能
转换温度	0x44	启动温度转换,0-转换,1-完成
读暂存器	0xbe	读取暂存器的 0～8 内容
读 ROM	0x33	读 DS18B20 的序列号(总显示仅有一个 DS18B20)
跳过 ROM	0xcc	跳过读序列号的操作(总显示仅有一个 DS18B20)
写暂存器	0x4e	将 TH、TL、CR 写入暂存器的第 2～4 字节
匹配 ROM	0x55	匹配 ROM(总线上有多个 DS18B20)
搜索 ROM	0xf0	搜索 ROM(单片机识别所在 DS18B20 的 64 位编码)
报警搜索命令	0xec	报警搜索命令(温度超过设定的上限或下限值时才响应)
读电源供给方式	0xb4	读电源供给方式,0 位寄生电源,1 位外部电源

3. DS18B20 的温度读取过程

DS18B20 的操作包括下列 3 步：

- 复位
- ROM 命令
- 功能命令

DS18B20 的典型温度读取过程:复位→发 SKIP ROM(跳过 ROM)命令(0xcc)→发开始转换命令(0x44)→延时→复位→发送 SKIP ROM 命令(0xcc)→发读暂存器命令(0xbe)→连续读出两个字节数据(温度)→结束。

4. DS18B20 的接口电路

开发板上的温度传感器 DS18B20 的接口电路如图 5-23 所示,总线引脚 DQ 接 P14,并用一个 10 kΩ 的电阻将 DQ 进行上拉。

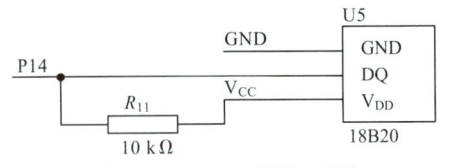

图 5-23　DS18B20 的接口电路

5.2.3　DS18B20 与单片机的接口应用实例

【例 5.4】 编写程序,利用开发板上的 DS18B20 和 LCD1602 对环境温度进行检测,分辨率为 0.01 ℃,如果温度为负数,数字点前显示"－",检测数据有几位数据就显示几位。

工作原理分析:DS18B20 的设备只有一个,所以这里不需要读 DS18B20 的序列号,跳过读序列号操作的指令:0xcc;启动温度转换操作指令:0x44;跳过读序列号的操作:0xcc;读暂存器内容指令:0xbe;保存数据。温度检测流程如下:

1. 发送跳过读序列号操作指令 0xcc,总线上只有一个 DS18B20 器件。
2. 发送启动温度转换操作指令 0x44,启动 DS18B20 温度转换能力。
3. 发送跳过读序列号操作指令 0xcc,选择 IIC 总线上的 DS18B20 器件。
4. 发送读暂存器内容:0xbe,读取 DS18B20 中环境温度的数据。

同样,复制"AT24C02 存储器"文件夹,并重命名为"DS18B20"。在 user 文件夹下,新建 DS18B20 文件夹,并在 Keil 软件的 user 组中新建 DS18B20.c 和 DS18B20.h 两个文件,这两个文件放在 DS18B20 文件夹下。最后在 Keil 中指定 DS18B20.h 文件的路径。程序设计如下:

```
/********************* * DS18B20.c********************** * /
#include "DS18B20.h"
int ds18b20_Temperread()           //温度读取
{
    u8 tempH=0,tempL=0;
    int temp;                      //存储 16 位温度数据
    onewire_init();                //初始化
    onewire_Write(0xcc);           //忽略 ROM 指令
    onewire_Write(0x44);           //温度转换指令
    onewire_init();                //初始化
    onewire_Write(0xcc);           //忽略 ROM 指令
    onewire_Write(0xbe);           //温度转换指令
    tempL=onewire_Read();          //先读低位字节
    tempH=onewire_Read();          //后读高位字节
    temp=(tempH<<8)|tempL;         //有符号数,16 位数据
    return temp;
```

```
}
/********************* * DS18B20.h************************ * /
#ifndef __DS18B20_H__
#define __DS18B20_H__
#include "onewire.h"
int ds18b20_Temperread();
#endif
```

DS18B20 检测后的数据 temp 是一个带符号的 16 位整形数据。首先判断 temp 是正数还是负数。如果 temp 是负数,需要先将 temp 转变成补码,再乘以分辨率 0.062 5;如果是正数,则 temp 直接乘以分辨率 0.062 5,相乘的结果即为转换后的温度值。由于例题要求"检测数据有几位数据就显示几位",所以紧接着要对温度值大小进行判断,并将数据显示在第一行。将第一行第一个位置作为符号位,如果是负数,即显示"-",如果是正数,则预留该位置。main.c 主程序代码如下:

```
/********************* * main.c************************ * /
#include "DS18B20.h"
#include "LCD_display.h"
void ds18b20_Tempercov()                    //温度处理
{
    int temp;                               //读取当前温度值
    float num;                              //num 设为浮点数
    temp=ds18b20_Temperread();              //温度读取
    if(temp<0)                              //温度是负数
    {
        temp=(~temp)+1;                     //求补码
        num=temp;
        temp=num * 0.0625 * 100;            //小数点保留 2 位
        LcdWrite_cmd(0x80);
        LcdWrite_dat('-');                  //显示负号
    }
    else
    {
        num=temp;
        temp=num * 0.0625 * 100;
        LcdWrite_cmd(0x80);
        LcdWrite_dat(' ');                  //显示空格,代表正数
    }
    if(temp>=10000)                         //温度大于等于 100 ℃
    {
        LcdWrite_cmd(0x81);
        LcdWrite_dat(temp/10000+'0');       //百位
        LcdWrite_dat(temp/1000%10+'0');     //十位
        LcdWrite_dat(temp/100%10+'0');      //个位
```

```
            LcdWrite_dat('.');                      //小数点
            LcdWrite_dat(temp/10%10+'0');           //小数点第1位
            LcdWrite_dat(temp%10+'0');              //小数点第2位
        }
        else
        {
            if(temp>=1000)                          //温度小于100℃大于等于10℃
            {
                LcdWrite_cmd(0x81);
                LcdWrite_dat(temp/1000+'0');        //百位
                LcdWrite_dat(temp/100%10+'0');
                LcdWrite_dat('.');
                LcdWrite_dat(temp/10%10+'0');
                LcdWrite_dat(temp%10+'0');
            }
            else                                    //温度小于10℃
            {
                LcdWrite_cmd(0x81);
                LcdWrite_dat(temp/100+'0');         //个位
                LcdWrite_dat('.');
                LcdWrite_dat(temp/10%10+'0');
                LcdWrite_dat(temp%10+'0');
            }
        }
        LcdWrite_dat(0xdf);                         //显示温度单位
        LcdWrite_dat('C');
}
void main()
{
    onewire_init();
    lcd1602_init();
    while(1)
    {
        delay(50);
        ds18b20_Tempercov();
    }
}
```

user 文件夹有 LCD_display.c 和 LCD_display.h 两个文件,如果 Keil 中 user 工作组没有 LCD_display.c 文件,须加载该文件,并指定该文件的路径。

程序经过编译后下载,运行效果如图 5-24 所示。大家可以用手捏住 DS18B20,观察 LCD1602 显示数据的变化。

思考:如果采用数码管显示温度,该如何修改主程序?请大家自行完成代码的编写和测试。

图 5-24　DS18B20 环境温度读取运行效果

5.3　时钟芯片扩展

DS1302 是美国 DALLAS 公司推出的涓流充电时钟芯片,内含有一个实时时钟/日历和 31 字节静态 RAM,DS1302 实际上并不使用 SPI(Serial Peripheral Interface)总线,而是使用一个三线制的串行通信协议,也被称为 SPI 兼容接口,但它与传统的 SPI 总线在时序和信号线上有所不同。

5.3.1　DS1302 的工作原理

DS1302 的工作电压比较宽,在 2.0～5.5 V 内都可以正常工作。功耗低,在工作电压为 2.0 V 的时候,工作电流小于 300 nA。内部实时时钟/日历电路提供秒、分、时、日、周、月、年的信息,每月的天数和闰年的天数可自动调整。时钟操作可通过 AM/PM 指示决定采用 24 或 12 小时格式。时钟/RAM 的读/写数据以一个字节或多达 31 个字节的字符组方式通信。DS1302 工作时功耗很低,保持数据和时钟信息时功率小于 1 mW。DS1302 是 DS1202 的升级产品,与 DS1202 兼容,但增加了主电源/后备电源双电源引脚,同时提供了对后备电源进行涓细电流充电的能力。DS1302 引脚图如图 5-25 所示。

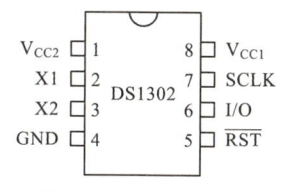

图 5-25　DS1302 引脚图

V_{CC2}:主用电源引脚。

X1、X2:DS1302 外部晶振引脚,通常需外接 32.768 kHz 的晶振。

GND:电源地。

$\overline{RST}$:使能/片选引脚,低电平有效。通过把 $\overline{RST}$ 输入驱动置高电平来启动所有的数据传送。

I/O:串行数据引脚,从这个引脚输入或者输出数据。

SCLK:串行时钟引脚。

V_{CC1}:备用电源 。在主电源关闭的情况下,也能保持时钟的连续运行。

DS1302 由 V_{CC1} 或 V_{CC2} 两者中的较大者供电。当 V_{CC2} 大于 V_{CC1}＋0.2 V 时,V_{CC2} 给

DS1302 供电。当 V_{CC2} 小于 V_{CC1} 时,DS1302 由 V_{CC1} 供电。

对 DS1302 的操作包含初始化设置、时间读取以及与微处理器之间的数据交换,这些对于确保 DS1302 正确运行和同步系统时间是至关重要的。DS1302 有 12 个寄存器,其中有 7 个寄存器与日历/时钟相关,存放的数据位为 BCD 码形式。接下来,将详细介绍 DS1302 的寄存器功能。

1. 控制寄存器

控制寄存器用于存放 DS1302 的控制命令字,DS1302 的 $\overline{\text{RST}}$ 引脚回到高电平后写入的第一个字节就是控制命令。它用于对 DS1302 读/写过程进行控制,其控制寄存器的数据格式见表 5-9。

表 5-9　　　　　　　　　　　DS1302 控制寄存器的数据格式

D7	D6	D5	D4	D3	D2	D1	D0
1	RAM / $\overline{\text{CK}}$%	A4	A3	A2	A1	A0	RD / $\overline{\text{WR}}$

D7:固定为 1。

D6:片内的 RAM 或日历/时钟寄存器选择位,D6=1 为片内 RAM,D6=0 为日历/时钟寄存器。

D5~D1:地址位,用于选择进行读/写的日历/时钟寄存器或片内 RAM。

D0:D0=1,即 RD,表示下一步操作为读操作;D0=0,即 $\overline{\text{WR}}$,表示下一步操作为写操作。

2. 日历/时钟寄存器

DS1302 有 7 个与日历/时钟相关的寄存器,存放的数据为 BCD 码形式。格式见表 5-10。

表 5-10　　　　　　　　　　　DS1302 日历/时钟寄存器的格式

寄存器名称	取值范围	D7	D6	D5	D4	D3	D2	D1	D0
秒寄存器	00~59	CH	秒的十位			秒的个位			
分寄存器	00~59	0	分的十位			分的个位			
小时寄存器	01~12 / 00~23	12/24	0	A/P	HR	小时的个位			
日寄存器	01~31	0	0	日的十位		日的个位			
月寄存器	01~12	0	0	0	1 或 0	月的个位			
星期寄存器	01~07	0	0	0	0	星期几			
年寄存器	01~99	年的十位				年的个位			
写保护寄存器		WP	0	0	0	0	0	0	0
慢充电寄存器		TCS	TCS	TCS	TCS	DS	DS	RS	RS
时钟突发寄存器									

秒寄存器:最高位 D7 为 DS1302 的运行标志位,当 CH=0 时,DS1302 内部时钟运行;当 CH=1 时,秒就会停止,导致时钟整个都暂停。

小时寄存器:最高位 D7 为 12/24 小时的模式选择位,D7＝1 表示 12 小时格式。D7＝0 表示 24 小时格式;D5＝0 表示 PM,D5＝1 表示 AM。

年寄存器:只能记录 2000 年到 2099 年(因为只有十位和个位可变)。

写保护寄存器:最高位 WP 为 1 时,DS1302 只读不写,一般在往 DS1302 写数据之前确保 WP 为 0。

慢充电寄存器(涓细电流充电):当 DS1302 掉电时,可以马上调用外部电源保护时间数据。该寄存器是配置备用电源的充电选项的。TCS 位为控制慢充电的选择,当为 1010 时才能使慢充电工作。DS 为二极管选择位。DS＝01 表示选择一个二极管,DS＝10 表示选择两个二极管,DS＝11 或 00 表示充电器被禁止,与 TCS 无关。RS 用于选择连接在 V_{CC2} 和 V_{CC1} 之间的电阻,RS＝00,充电器被禁止,与 TCS 无关,电阻的选择见表 5-11。

表 5-11　　　　　　　　　　慢充电寄存器电阻的选择

RS 位	电阻器	阻值
00	无	无
01	R1	2 kΩ
10	R2	4 kΩ
11	R3	8 kΩ

由控制寄存器和日历/时钟寄存器的数据格式可得常用寄存器指令,见表 5-12。

表 5-12　　　　　　　　　　常用寄存器指令

寄存器名称	D7	D6	D5	D4	D3	D2	D1	D0
	1	RAM/$\overline{CK}$	A4	A3	A2	A1	A0	RD/$\overline{WR}$
秒寄存器	1	0	0	0	0	0	0	0 或 1
分寄存器	1	0	0	0	0	0	1	0 或 1
小时寄存器	1	0	0	0	0	1	0	0 或 1
日寄存器	1	0	0	0	0	1	1	0 或 1
月寄存器	1	0	0	0	1	0	0	0 或 1
星期寄存器	1	0	0	0	1	0	1	0 或 1
年寄存器	1	0	0	0	1	1	0	0 或 1
写保护寄存器	1	0	0	0	1	1	1	0 或 1
慢充电寄存器	1	0	0	1	0	0	0	0 或 1
时钟突发寄存器	1	0	1	1	1	1	1	0 或 1
RAM0	1	1	0	0	0	0	0	0 或 1
…	1	1	…	…	…	…	…	0 或 1
RAM30	1	1	1	1	1	1	0	0 或 1
RAM 突发模式	1	1	1	1	1	1	1	0 或 1

实际使用时根据单片机对 DS1302 的读/写方向即可得到对应寄存器的地址。如对秒寄存器写入,那么写入的命令为秒寄存器的地址 0x80,若从秒寄存器读取,那么读取的命令为 0x81。

3. DS1302 的读/写时序

DS1302 在控制命令字输入后的下一个 SCLK 时钟的上升沿时,数据被写入 DS1302,数据输入从低位(位 0)开始。同样,在紧跟 8 位控制命令字后的下一个 SCLK 脉冲的下降沿读出 DS1302 的数据,读出数据时从低位 0 位到高位 7。其时序图如图 5-26(a)、(b)所示。

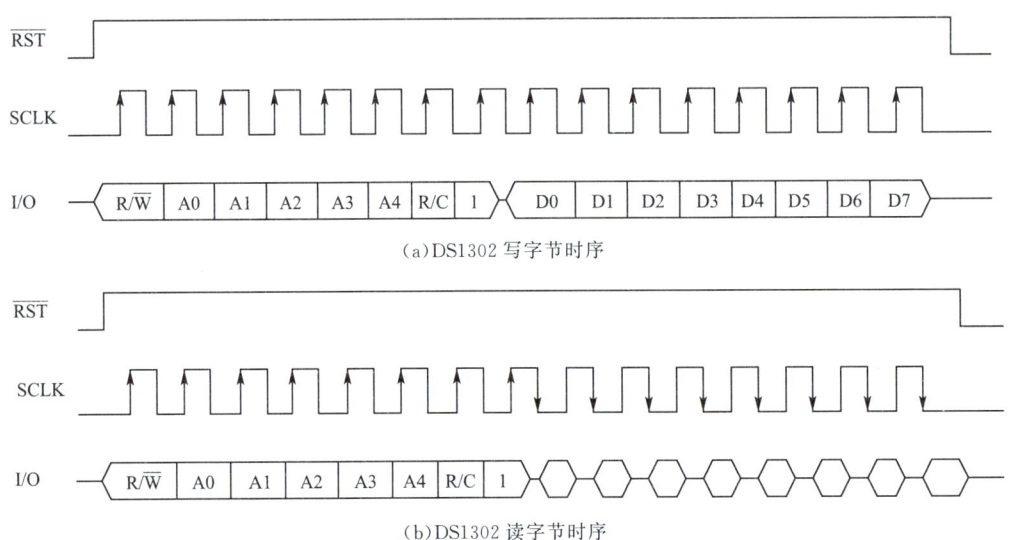

(a) DS1302 写字节时序

(b) DS1302 读字节时序

图 5-26　DS1302 的读/写时序图

DS1302 有三个时序:复位时序、单字节写时序、单字节读时序。

复位时序:$\overline{RST}$ 引脚产生一个正脉冲,在整个读/写器件过程中,$\overline{RST}$ 要保持高电平,一次字节读/写完毕之后,要注意把 $\overline{RST}$ 返回低电平准备下次读/写周期。

单字节写时序:对 DS1302 进行写操作,首先写入一个字节的控制命令,然后再写入数据。两个字节的数据配合 16 个上升沿即可将数据写入。

单字节读时序:单片机对 DS1302 的读操作包含写命令字和读数据两个步骤。单片机首先将 $\overline{RST}$ 置高电平,在 SCLK 时钟的上升沿上,将命令字写进去,数据的传输从低位开始。DS1302 在单片机写命令字操作的第 8 个脉冲上升沿结束后紧接着的下降沿开始将寄存器的最低位数据传到数据线 I/O 上,单片机此时将 I/O 数据线释放掉,开始读出 DS1302 发来的数据。经过 8 个下降沿后,单片机读取完成,释放 I/O 数据线,$\overline{RST}$ 置 0,整个操作结束。

4. DS1302 与单片机的接口电路

开发板上的温度传感器 DS1302 的接口电路如图 5-27 所示,时钟引脚 SCLK 接 P17,I/O 引脚接 P23,使能引脚 $\overline{RST}$ 接 P13,外置晶振为 32.768 kHz。

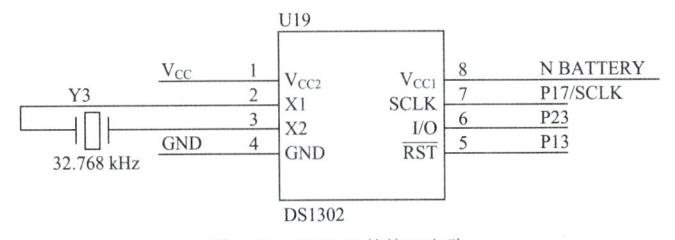

图 5-27　DS1302 的接口电路

5.3.2 DS1302 的接口应用实例

【例 5.5】编写程序,利用开发板上的 DS1302 设计一个实时时钟,并在 LCD1602 上进行显示,第一行显示年-月-日 周,格式为 20xx-xx-xx x 。第二行显示时:分:秒,格式为 xx:xx:xx。

工作原理分析:对 DS1302 时钟芯片的操作实际上是对 DS1302 对应地址的操作,主要包含三个流程:

(1) 根据图 5-26 写出 DS1302 的写字节函数 ds1302_write(u8 addr,u8 dat)和读字节函数 ds1302_read(u8 addr)。

(2) 对 DS1302 进行初始化,即将初始日期和时间写入 DS1302 对应的地址,由于日期和时间是变化的,为了方便后续的操作,可以定义一个数组 write_time[]存放日期和时间信息。

(3) 将 DS1302 读取的信息重新存放在 write_time[]数组中。

程序采用模块化设计,复制"DS18B20 传感器"文件夹,并重命名为"DS1302 时钟"。在 user 文件夹下,新建 DS1302 文件夹,并在 Keil 软件的 user 组中新建 DS1302.c 和 DS1302.h 两个文件,这两个文件放在 DS1302 文件夹下。最后在 Keil 中指定 DS1302.h 文件的路径。程序设计如下:

1. DS1302.h 文件的程序设计

DS1302.h 文件主要对引脚和相关函数进行声明,数组 write_time[]既存放初始信息,也存放从 DS1302 读到的信息,在主程序中也会用到,所以加上 extern 将其声明为全局变量。DS1302.h 文件的代码如下:

```
/********************* * DS1302.h********************* */
#ifndef __ds1302_H__
#define __ds1302_H__
#include "common.h"
sbit ds1302_CE=P1^3;
sbit ds1302_CLK=P1^7;
sbit ds1302_IO=P2^3;
extern u8 write_time[];              //全局变量
void ds1302_write(u8 addr,u8 dat);
u8 ds1302_read(u8 addr);
void ds1302_init();
void ds1302_read_time();
#endif
```

2. DS1302.c 文件的程序设计

根据对 DS1302 操作的三个流程,这里设计 4 个函数,其中 ds1302_write(u8 addr,u8 dat)函数是对地址进行写字节操作,ds1302_read(u8 addr)是将地址中的信息进行读取操作,ds1302_init()函数是对 DS1302 的初始化操作,ds1302_read_time()函数是将从 DS1302 读取到的信息进行存放。DS1302.c 文件的代码如下:

```
/********************* * DS1302.c********************* */
#include "DS1302.h"
```

```c
#include "intrins.h"
/*************************************************** * DS1302 存储顺序为
秒、分、时、日、月、周、年,存储格式是 BCD 码
    初始化时间 2023 年 10 月 18 日,周三,23 点 59 分 50 秒
***************************************************/
u8 write_time[]={0x50,0x59,0x23,0x18,0x10,0x03,0x23};
void ds1302_write(u8 addr,u8 dat)           //向 DS1302 的某一地址写数据
{
    u8 i;
    ds1302_CE=0;                            //使能端拉低
    _nop_();
    ds1302_CLK=0;
    _nop_();
    ds1302_CE=1;                            //使能端拉高
    _nop_();
    for(i=0;i<8;i++)                        //上升沿时传送 8 位地址命令,先低位传送
    {
        ds1302_CLK=0;
        ds1302_IO=(addr>>i)&0x01;
        ds1302_CLK=1;                       //上升沿写入
    }
    for(i=0;i<8;i++)                        //上升沿时写入 8 位数据
    {
        ds1302_CLK=0;
        ds1302_IO=(dat>>i)&0x01;
        ds1302_CLK=1;
    }
    ds1302_CE=0;                            //关闭使能,写操作结束
    _nop_();
}
u8 ds1302_read(u8 addr)                     //从某一地址读取数据
{
    u8 i,num=0,temp=0;
    ds1302_CE=0;                            //使能端拉低
    _nop_();
    ds1302_CLK=0;
    _nop_();
    ds1302_CE=1;                            //使能端拉高
    _nop_();
    for(i=0;i<8;i++)                        //开始传送 8 位地址命令,先低位传送
    {
        ds1302_CLK=0;
        ds1302_IO=(addr>>i)&0x01;           //写指令
```

```c
            ds1302_CLK=1;              //上升沿写入8位地址
        }
        for(i=0;i<8;i++)               //读取8位数据,先读低位
        {
            ds1302_CLK=0;
            temp>>=1;
            if(ds1302_IO)
            temp|=0x80;
            ds1302_CLK=1;
        }
        ds1302_CE=0;                   //关闭使能,读操作结束
        ds1302_IO=0;                   //读取后将IO设置为0,数据位从0开始
        return temp;                   //temp为BCD码
    }
    void ds1302_init()                 //DS1302的初始化
    {
        u8 i,addr=0x80;                //秒的写地址为0x80
        ds1302_write(0x8e,0);          //关闭写保护
        for(i=0;i<7;i++)               //写入秒、分、时、日、月、周、年
        {
            ds1302_write(addr,write_time[i]);
            addr+=2;                   //分、时、日、月、周、年写入地址依次加2
        }
        ds1302_write(0x8e,0x80);       //打开写保护
    }
    void ds1302_read_time()            //读取DS1302时钟信息
    {
        u8 i,addr=0x81;                //秒的读地址为0x81
        for(i=0;i<7;i++)               //读取秒、分、时、日、月、周、年
        {
            write_time[i]=ds1302_read(addr); //读取的信息存入write_time[]数组
            addr+=2;                   //分、时、日、月、周、年读地址依次加2
        }
    }
```

秒、分、时、日、月、周、年的写入地址为0x80,0x82,0x84,0x86,0x88,0x8a,0x8c,读取地址为0x81,0x83,0x85,0x87,0x89,0x8b,0x8d,在ds1302_init()和ds1302_read_time()两个函数中,用addr变量定义初始地址0x80和0x81,后面信息所在的地址依次比前一个信息所在的地址多2,用语句"addr+=2;"实现。

3. main.c 主程序设计

主程序首先对LCD1602和DS1302进行初始化,然后将读取到的write_time[]数组中的数据送往LCD1602进行显示。由于存放进DS1302的数据是BCD码格式,所以读出时将BCD码转为十进制后读出。main.c主程序代码如下:

```c
/********************* * main.c************************ */
#include "DS1302.h"
#include "LCD_display.h"
void main()
{
    u8 i,time_tab[8];                    //time_tab[8]数组用于存放转换后的十进制数据
    ds1302_init();
    lcd1602_Init();
    while(1)
    {
        ds1302_read_time();                              //读取时间
        time_tab[0]=write_time[2]/16+0x30;               //时的高四位转化为十位
        time_tab[1]=write_time[2]%16+0x30;               //时的低四位转化为个位
        time_tab[2]=':';
        time_tab[3]=write_time[1]/16+0x30;               //分
        time_tab[4]=write_time[1]%16+0x30;
        time_tab[5]=':';
        time_tab[6]=write_time[0]/16+0x30;               //秒
        time_tab[7]=write_time[0]%16+0x30;
        LcdWrite_cmd(0xc0);                              //LCD1602第二行首地址
        for(i=0;i<8;i++)
        {
            LcdWrite_dat(time_tab[i]);
            delay(1);
        }
        time_tab[0]=write_time[6]/16+0x30;               //年
        time_tab[1]=write_time[6]%16+0x30;
        time_tab[2]='-';
        time_tab[3]=write_time[4]/16+0x30;               //月
        time_tab[4]=write_time[4]%16+0x30;
        time_tab[5]='-';
        time_tab[6]=write_time[3]/16+0x30;               //日
        time_tab[7]=write_time[3]%16+0x30;
        time_tab[8]=' ';
        time_tab[9]=write_time[5]+0x30;                  //周只有一位数
        LcdWrite_cmd(0x80);                              //LCD1602第一行首地址
        LcdWrite_dat('2');                               //20 先写入
        LcdWrite_dat('0');
        for(i=0;i<10;i++)
        {
            LcdWrite_dat(time_tab[i]);
            delay(3);
        }
    }
}
```

程序经过编译后下载,运行效果如图 5-28 所示,其中图 5-28(a)是上电 9 s 后的运行效果,图 5-28(b)是上电 10 s 后的运行效果,从(b)图可以看出 DS1302 时钟将时间和日期进行了自动更新。

(a)上电 9 s　　　　　　　　　　　　　　(b)上电 10 s

图 5-28　DS1302 运行效果

思考: 开发板上的 DS1302 模块未接电源,请使用 AT24C02 完成时间的存储。

习题

❶ 某存储器芯片的地址线为 12 根,数据线为 16 根,它的存储容量为_____。
A. 1 KB　　　　B. 2 KB　　　　C. 4 KB　　　　D. 8 KB

❷ IIC 总线在读/写操作前,开始的信号为_____。
A. scl 为高电平期间,sda 从低变高
B. scl 为高电平期间,sda 从高变低
C. scl 为低电平期间,sda 从低变高
D. scl 为低电平期间,sda 从高变低

❸ 下列说法中不正确的是_____。
A. IAP15F2K61S2 单片机可以通过串口实现在线仿真功能
B. 单片机竞赛实训平台在 I/O 和 MM 模式下,均可实现对数码管和 LED 指示灯的分别操作,互不影响
C. 对 DS1302 进行单字节写操作时,数据在时钟线 SCLK 下降沿写入 DS1302
D. IIC 总线的起始信号和终止信号,只能由主器件发起。

❹ IIC 总线的速度模式可以配置为_____bit/s。
A. 100k　　　　B. 400k　　　　C. 1M　　　　D. 10M

❺ 使用 DS18B20 温度传感器采集温度数据时,以下说法正确的是_____。
A. DS18B20 与单片机进行通信采用的是并行通信方式,可同时传输多个数据位
B. 对 DS18B20 进行初始化操作时,若检测到存在脉冲响应,则表明传感器正常连接且可以开始后续读/写操作
C. DS18B20 的温度转换结果默认以十六进制形式存储在其内部寄存器中,直接读取出来就能得到实际温度值,无须任何转换计算
D. 在向 DS18B20 写入数据时,数据位的传输顺序是从高位到低位依次写入

❻ 下列关于 DS18B20 温度传感器的说法中正确的是_____。
A. 通过单总线协议进行通信

B. 能够在 0.1 s 内将温度数据转换为 12 位数字

C. 最高转换精度为 0.062 5 ℃

D. 可以 DQ 引脚寄生电源供电，V_{DD} 可以不接电源

❼ AT24C02 的写保护功能是通过_____来实现的。

A. 软件　　　　　B. 硬件开关　　　　C. 写保护引脚　　　D. 密码保护

❽ 由单片机从 PCF8591 读取模数转换，已知 PCF8591 的 A2、A1、A0 引脚分别接 V_{CC}、GND、GND，则 PCF8591 的地址应为_____。

A. 0x90　　　　　B. 0x91　　　　　C. 0x98　　　　　D. 0x99

❾ 下列_____语句可以实现向 DS1302 写入分时间。

A. ds1302_write(0x8e);　　　　　　B. ds1302_write(0x80);

C. ds1302_write(0x82);　　　　　　D. ds1302_write(0x84);

❿ 利用数码管显示 DS18B20 测量的温度、DS1302 的时间和 555 定时模块输出型号的频率，并通过按键 S4 控制三个界面的切换。具体要求：

(1) 时间界面、温度界面和频率界面如图 5-29 所示，时间界面显示内容包括时、分、秒数据和间隔符"-"，时、分、秒数据固定占 2 位显示宽度，不足 2 位补 0。

| 1 | 3 | - | 0 | 3 | - | 0 | 5 |

时间显示：13 时 03 分 5 秒

(a) 时间界面

| C | 8 | 8 | - | 2 | 3. | 2 | 8 |

温度显示：23.28 ℃

(b) 温度界面

| F | 8 | 8 | - | 2 | 0 | 0 | 0 |

频率显示：2 000 Hz

(c) 频率界面

图 5-29　时间界面、温度界面、频率界面

(2) S4 控制时间界面、温度界面和频率界面的切换。切换模式如图 5-30 所示。

图 5-30　切换模式

第 6 章　IAP15F2K61S2 单片机串行通信

串行通信是单片机最常用的一种通信接口,在单片机与外部设备或其他单片机之间进行数据交换时发挥着重要作用。本章将深入探讨串行通信的基础知识,包括串行通信的基本概念、工作原理,以及在 IAP15F2K61S2 单片机中的具体应用和实现方法。

6.1　通信基础知识

在嵌入式系统中 MCU 与各种外部设备之间、MCU 与 MCU 之间进行的数据信息交换称为通信。通信有两种基本方式:并行方式和串行方式。并行通信方式是指多个比特数据同时通过并行线进行传输,数据传输速度快,但传输线路长度较短;串行通信方式是将数据按位依次传输,相对于并行通信,其优点是传输线少、传输距离远,缺点是传输速度较低。在嵌入式系统设计中,串行通信方式是应用最为广泛的通信方式。

6.1.1　并行通信

在并行通信中,数据传输中有多个数据位,通过多根数据线在两个设备之间传输,例如 8 个数据位,如图 6-1 所示。发送设备将 8 个数据位通过 8 条数据线传送给接收设备;接收设备可同时接收这 8 位数据。在 MCU 内部的数据通信通常以并行方式进行,如 MCU 内核与缓存、外设寄存器等之间的数据传输。并行通信数据线的数量通常为 8 位、16 位或 32 位,通常也称数据总线宽度,例如 IAP15F2K61S2 单片机 P0 端口为 8 位端口。

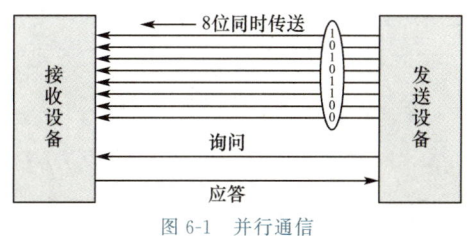

图 6-1　并行通信

6.1.2 串行通信

串行通信是通信双方按协议规定将数据字节分成一位一位的形式在一条传输线上逐个传送,每一位数据占据一个固定的时间长度,如图 6-2 所示为典型串行通信原理图。由于串行通信有传输线数量少、传输距离远等优点,一般用于嵌入式系统之间、设备之间的数据传输与共享。

图 6-2 串行通信

1. 同步通信与异步通信

根据收发设备之间串行数据传输方式的不同,串行通信可以分为同步通信与异步通信。

同步通信是将传输信息分成"小组"(信息帧)进行发送。同步通信的数据帧一般包含"同步信号"、数据位和"结束信号",收发双方通过"同步信号"指示开始一帧数据的传输;在传输过程中需要收发一方提供时钟信号以便发送端和接收端在同一个时间片内正确传输一个数据位;当接收方接收到"结束信号"之后停止接收数据位。同步通信需要收发双方保持通信时钟严格的同步,因此,同步通信中通常有一位时钟总线。在嵌入式系统中,典型的同步串行通信有 SPI 和 IIC 等。

异步通信是以字符为单位组成字符帧进行传输,收发双方通过按照约定的速率发送或接收数据位信息。异步通信的字符帧通常包括"起始位"、n 个"数据位"和"停止位",以确保接收方能够正确接收字符帧。在异步通信过程中,字符帧间的时间间隔可以是任意的,但是字符帧中每一位信息的传输时间是固定的。通用异步收发传输器(Universal Asynchronous Receiver/Transmitter,UART)是目前嵌入式系统中应用最为广泛的异步串行通信接口。

2. 串行通信的传输方向

依据数据传输的方向,串行通信可以分为全双工、半双工和单工,如图 6-3 所示。全双工通信是数据双向传输,收发双方能够在同一个时刻进行发送和接收;全双工通信至少需要两条传输线:发送线路和接收线路。半双工通信是收发双方只有一条传输线,虽然数据可以双向传输,但是通信双方不能同时发送和接收数据。单工通信是数据仅能实现单向传输,数据只能从发送端到接收端。

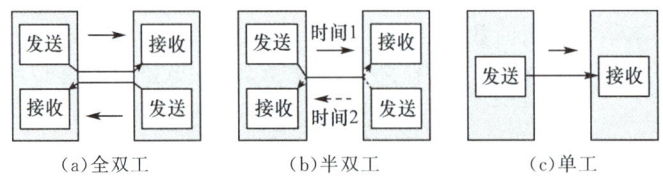

(a)全双工 (b)半双工 (c)单工

图 6-3 串行通信的传输方向

6.1.3 串行通信接口标准

EIA-RS-232C 是电子工业协会(Electronic Industries Association,EIA)所制定的数据

终端设备(DTE)与数据通信设备(DCE)之间的物理接口标准。EIA-RS-232C 规定了连接电缆的机械、电气特性、信号功能及传送过程。RS-232C 接口最大传输速率为 20 Kbps,线缆最长为 15 m。RS-232C 规定标准接口有 25 条线(DB-25),具有 20 mA 电流环接口功能,计算机和嵌入式系统中常用的 RS232 接口为 9 条线(DB-9)。

串口通信的传送速率也称波特率,表示每秒传输二进制数据的位数,单位是 bps。EIA-RS-232C 规定的标准传送速率有 50 b/s、75 b/s、110 b/s、150 b/s、300 b/s、600 b/s、1 200 b/s、2 400 b/s、4 800 b/s、9 600 b/s、19 200 b/s,可以灵活地适应不同速率的设备。

6.1.4 RS-232C 电平与 TTL 电平的转换

RS-232C 采用负逻辑体系,−15～−3 V 用逻辑"1"表示,+15～+3 V 用逻辑"0"表示。而单片机采用的是 TTL 电平,逻辑"1"表示 5 V,逻辑"0"表示 0 V,所以单片机串口(TTL 电平)想和计算机串口(232 电平)通信,就需要使二者的电平逻辑一样才可以。这时候,就需要用到转换 TTL-232 电平的芯片,常用的有 MAX232、MAX3232、SP232、SP3232 等。开发板上采用的是 USB 转 TTL 串口。常用的 USB 转 TTL 芯片有很多,如 CH340、PL2303、CP2102、FT232 等。开发板上,板载 USB 转 TTL 芯片用到的是 CH340,电路原理图如图 6-4 所示。

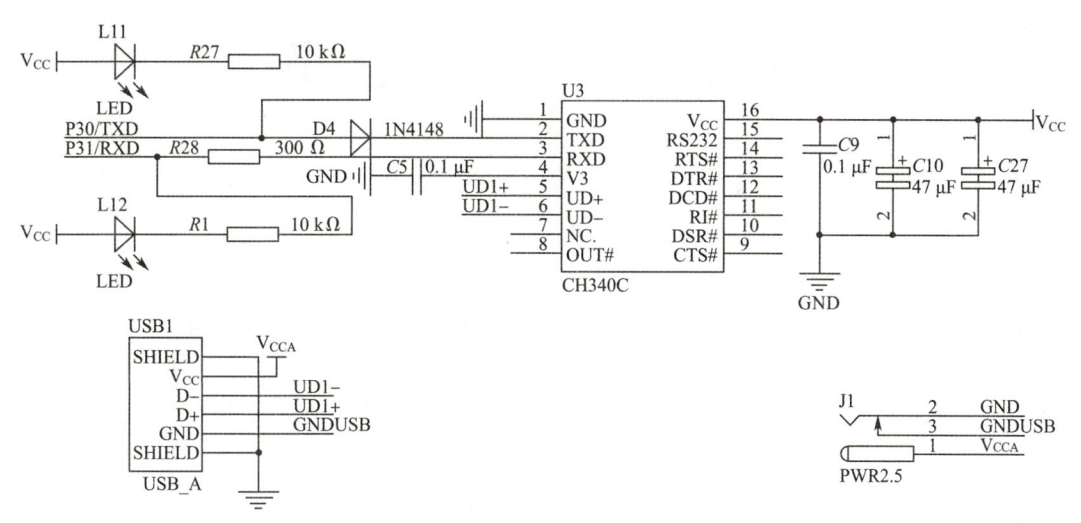

图 6-4　USB 转串口电路原理图

6.1.5 UART 通信协议

通用异步收发器(Universal Asynchronous Receiver/Transmitter,UART)是一种通用异步串行数据总线,具有两根数据线 TX 和 RX,可以以全双工的形式进行发送和接收数据。在嵌入式系统中,UART 用于各种设备之间的通信,如单片机与 PC 之间的通信、单片机与串口显示屏之间的通信等。

UART 的工作原理是将接收到的并行数据转换成串行数据来传输。UART 数据帧从一个低位起始位开始,后面是 5～8 个数据位,一个可用的奇偶位和一个或几个高位停止位。一个完整的数据帧应该包含:起始位、数据位、停止位。UART 数据帧格式如图 6-5 所示。

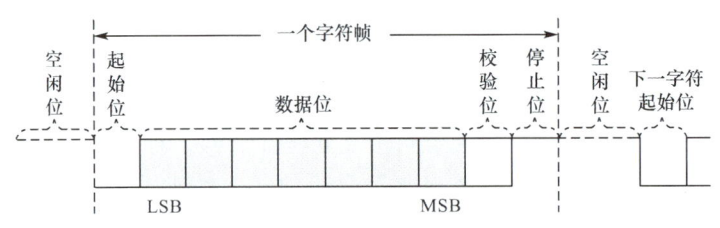

图 6-5 UART 数据帧格式

起始位：先发出一个逻辑"0"信号，表示传输字符的开始。

数据位：串行通信中所要传送的数据内容，可以是 5～8 位逻辑"0"或"1"；在数据位中，低位先发，高位后发。

校验位：用于对字符传送做正确性检查；该位有效时，使得"1"的位数应为偶数（偶校验）或奇数（奇校验）。

停止位：一个字符数据的结束标志，停止位在一帧数据的最后。停止位可以是 1 位、1.5 位、2 位的逻辑"1"（高电平）。

空闲位：处于逻辑"1"状态，表示当前线路上没有数据传送。

6.2　IAP15F2K61S2 单片机的串行口

6.2.1　串行口的内部结构

IAP15F2K61S2 单片机内部有 2 个采用 UART 工作方式的全双工串行通信接口（串行口1 和串行口2）。每个串行口（简称串）由 2 个数据缓冲器、1 个移位寄存器、1 个串行控制寄存器和 1 个波特率发生器等组成。每个串行口的数据缓冲器由 2 个相互独立的接收、发送缓冲器（SBUF）构成，可以同时发送和接收数据。发送缓冲器只能写入而不能读出，接收缓冲器只能读出而不能写入，因而两个缓冲器可以共用一个地址码。串行口1 的两个数据缓冲器的共用地址码是 99H，和标准型 51 单片机的串行口兼容。串行口2 的两个数据缓冲器的共用地址码是 9BH。串行口1 的内部结构如图 6-6 所示。

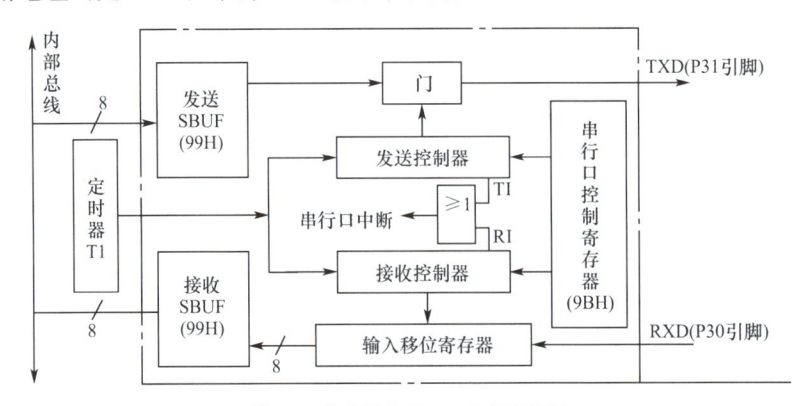

图 6-6　单片机串行口1内部结构图

IAP15F2K61S2 单片机串行口1 默认的引脚是 TXD(P31)和 RXD(P30)，IAP15F2K61S2

提供了其他两组备用引脚,通过串行口 1 进行切换的寄存器 AUXR1 中的 S1_S1 和 S1_S0 两个控制位可实现串行口 1 在 P3(P31,P30)、P1(P17,P16)和 P4(P46,P47)三组引脚的切换,具体见 6.2.2 小节中 AUXR1 寄存器的介绍。

串行口 2 默认的引脚是 TXD2 和 RXD2,同样,通过串行口 2 的外围设备功能切换控制寄存器 P_SW2 中的 S2_S/P_SW2.0 控制位可以设置串行口 2 在 P1(P10,P11)和 P4(P46,P47)之间来回切换。本教材将以串行口 1 为例讲述单片机串行口的工作原理和应用。

6.2.2 与串行口 1 相关的寄存器

IAP15F2K61S2 单片机与串行口 1 相关的寄存器见表 6-1。其中寄存器 T2H、T2L 与定时器有关;AUXR 与串行口方式 0 的速度有关。SCON、PCON 是串行口 1 的两个控制寄存器;SBUF 是串行口的缓冲寄存器;寄存器 IE、IP 与中断有关;寄存器 AUXR1 与串行口的引脚切换有关;寄存器 SADEN、SADDR 和从机地址有关;CLK_DIV 与串行口 1 的中继广播方式有关。

表 6-1　　　　　　　　　　与串行口 1 相关的寄存器

SFR	位定义								
	D7	D6	D5	D4	D3	D2	D1	D0
T2H								
T2L								
AUXR	T0x12	T1x12	UART_M0x6	T2R	T2_C/$\overline{\text{T}}$	T2x12	EXTRAM	S1ST2
SCON	SM0/FE	SM1	SM2	REN	TB8	RB8	TI	RI
PCON	SMOD	SMOD0	LVDF	POF	GF1	GF0	PD	IDL
SBUF								
IE	EA	ELVD	EADC	ES	ET1	EX1	ET0	EX0
IP	PPCA	PLVD	PADC	PS	PT1	PX1	PT0	PX0
SADEN								
SADDR								
AUXR1	S1_S1	S1_S0	CCP_S1	CCP_S0	SPI_S1	SPI_S0	0	DPS
CLK_DIV	MCKO_S1	MCKO_S1	ADRJ	Tx_Rx	MCLKO_2	CLKS2	CLKS1	CLKS0

1. 串行口控制寄存器(SCON)

STC15 系列单片机的串行口 1 设有两个控制寄存器:串行口控制寄存器(SCON)和电源控制寄存器(PCON)。

SCON 寄存器用于设定串行口的工作方式、接收/发送控制以及设置状态标志。可位寻址,复位值为 0x00,其数据格式见表 6-2。

表 6-2　　　　　　　　　SCON 控制寄存器的数据格式

SCON (98H)	D7	D6	D5	D4	D3	D2	D1	D0
	SM0/FE	SM1	SM2	REN	TB8	RB8	TI	RI

SM0/FE:当 PCON 寄存器中 SMOD0(PCON.6)为 1 时,该位用于检测帧错误。当检测到一个无效停止位时,通过 UART 接收器设置该位。它必须由软件清 0。当 PCON 寄存

器中 SMOD0(PCON.6)为 0 时,该位和 SM1 位一起指定串行口 1 的通信方式。SM1、SM0 工作方式见表 6-3。

表 6-3　　　　　　　　　　　　　串行口 1 的工作方式

SM0	SM1	工作方式	功能说明	波特率
0	0	方式 0	同步移位寄存器	UART_M0x6=0 时,波特率=$f_{OSC}/12$
				UART_M0x6=1 时,波特率=$f_{OSC}/2$
0	1	方式 1	8 位异步通信	波特率=T1(T2)的溢出率/4(T1 工作在模式 1(16 位重装)且作波特率发生器或 T2 作波特率发生器)
				波特率=T1 的溢出速率×2SMOD/32(T1 工作在模式 2(8 位重装)且作为波特率发生器)
1	0	方式 2	9 位异步通信	(2SMOD/64) * f_{OSC}
1	1	方式 3	9 位异步通信	波特率=T1(T2)的溢出率/4(T1 工作在模式 0(16 位重装)且作波特率发生器或 T2 作波特率发生器)
				波特率=T1 的溢出速率×2SMOD/32(T1 工作在模式 2(8 位重装)且作为波特率发生器)

SM2:多机通信控制位,主要用于方式 2 和方式 3。当 SM2=1 时可以利用收到的 RB8 来控制是否激活 RI(RB8=0 时不激活 RI,收到的信息丢弃;RB8=1 时收到的数据进入 SBUF,并激活 RI,进而在中断服务中将数据从 SBUF 读走)。

当 SM2=0 时,不论收到的 RB8 为 0 还是 1,均可以使收到的数据进入 SBUF,并激活 RI(此时 RB8 不具有控制 RI 激活的功能)。通过控制 SM2,可以实现多机通信。

REN:允许串行接收位。若软件置 REN=1,则启动串行口接收数据;若软件置 REN=0,则禁止接收。

TB8:在方式 2 或方式 3 中,是发送数据的第九位,可以用软件规定其作用。可以用作数据的奇偶校验位,或在多机通信中,作为地址帧/数据帧的标志位。在方式 0 和方式 1 中,该位不用。

RB8:在方式 2 或方式 3 中,是接收到数据的第九位,作为奇偶校验位或地址/数据帧的标志位。在方式 1 中,若 SM2=0,则 RB8 是接收到的停止位。

TI 和 RI 是中断标志位,在 3.2.2 节中已介绍,这里不再赘述。

2. 电源控制寄存器(PCON)

电源控制寄存器(PCON)和串口相关的有波特率选择位 SMOD 和帧错误检测有效控制位 SMOD0,其数据格式见 3.2.2 节。SMOD 用于设置方式 1、方式 2、方式 3 的波特率是否加倍。

SMOD=1 时,则使串行口工作方式 1、2 和 3 的波特率加倍;SMOD=0 时,则使各工作方式的波特率不加倍。

SMOD0=1 时,SCON 寄存器中的 SM0/FE 比特位用于 FE(帧错误检测)功能;SMOD0=0 时,SCON 寄存器中的 SM0/FE 比特位用于 SM0 功能,该位和 SM1 位一起用来确定串行口的工作方式,复位时 SM0=0。

3. 数据缓冲寄存器(SBUF)

IAP15F2K61S2 单片机的串行口 1 缓冲寄存器(SBUF)的字节地址为 0x99,该寄存器实际上是两个缓冲寄存器(发送寄存器和接收寄存器),但是共用一个字节地址。在单片机内部结构中,SBUF 是两个独立的寄存器,一个在发送通道是发送缓冲寄存器,写 SBUF 操作完成待发数据加载;另一个在接收通道是接收缓冲寄存器,读 SBUF 操作可从该寄存器获得已接收到的数据。

4. 定时器 2 的寄存器 T2H、T2L

定时器 2 的寄存器 T2H 的地址为 0xD6,复位值为 0x00;寄存器 T2L 的地址为 0xD7,复位值为 0x00。寄存器 T2H、T2L 用于保存重装时间常数。IAP15F2K61S2 单片机的串行口 2 只能选择定时器 2 作为波特率发生器。

5. 中断使能寄存器(IE)

串行口中断允许控制位 ES 位于 IAP15F2K61S2 单片机中断使能寄存器(IE)中,当 ES=0 时,禁止串行口中断;当 ES=1 时,允许串行口中断。IE 的数据格式见 3.2.4 节。

6. 中断优先级控制寄存器(IP)

串行口 1 中断优先级控制位 PS 位于 IAP15F2K61S2 单片机中断优先级控制寄存器(IP)中,当 PS=0 时,串行口 1 中断为低优先级中断;PS=1 时,串行口 1 中断为高优先级中断。IP 的数据格式见 3.2.4 节。

7. 用于串行口 1 切换的配置寄存器 AUXR1(P_SW1)

IAP15F2K61S2 单片机串行口 1 的硬件部分可以在 3 组引脚之间切换,寄存器 AUXR1(P_SW1)中 S1_S1 位和 S1_S0 位确定串行口 S1 的切换配置。其数据格式见表 6-4。

表 6-4　　　　　　　　　　AUXR1 寄存器的数据格式

AUXR1 (P_SW1)	D7	D6	D5	D4	D3	D2	D1	D0
	S1_S1	S1_S0	CCP_S1	CCP_S0	SPI_S1	SPI_S0	0	DPS

与串行口 1 的硬件部分切换相关的 S1_S1 位和 S1_S0 位含义见表 6-5。

表 6-5　　　　　　　　　　串行口 1 切换控制位含义

S1_S1	S1_S0	串行口 1/S1 可在 P1/P3 之间来回切换
0	0	串行口 1/S1 在[P30/RXD,P31/TXD]
0	1	串行口 1/S1 在[P36/RXD_2,P37/TXD_2]
1	0	串行口 1/S1 在[P16/RXD_3/XTAL2,P17/TXD_3/XTAL1] 串行口 1 在 P1 口时要使用内部时钟
1	1	无效

6.3　IAP15F2K61S2 单片机串行口 1 的工作方式

IAP15F2K61S2 单片机的串行通信接口有 4 种工作模式,通过设置寄存器 SCON 中 SM0、SM1 位选择串行口工作方式,串行口 1 的工作方式见表 6-3。工作方式 0 时,串行口为同步移位寄存器的输入、输出方式;方式 1、方式 2 和方式 3 为异步通信,每个发送和接收的字符都带有起始位和停止位。

6.3.1 串行口1的工作方式0

当设置 SCON 的 SM0、SM1 为"00"时,串行口1为工作方式0,串行口工作在同步移位寄存器的输入、输出模式,主要用于扩展并行输入、输出口。数据由 RXD(P30)引脚输入、输出,同步移位脉冲由 TXD(P31)引脚输出。发送和接收均为8位数据,低位在先,高位在后。

在工作方式0,串行口的波特率由辅助寄存器 AUXR 中的 UART_M0x6 设置。数据由 RXD(P30)引脚输入、输出,同步移位脉冲由 TXD(P31)引脚输出。发送和接收均为8位数据,低位在先,高位在后。默认 UART_M0x6=0,即波特率为 $f_{\mathrm{osc}}/12$。对应的输入、输出时序如图6-7所示。

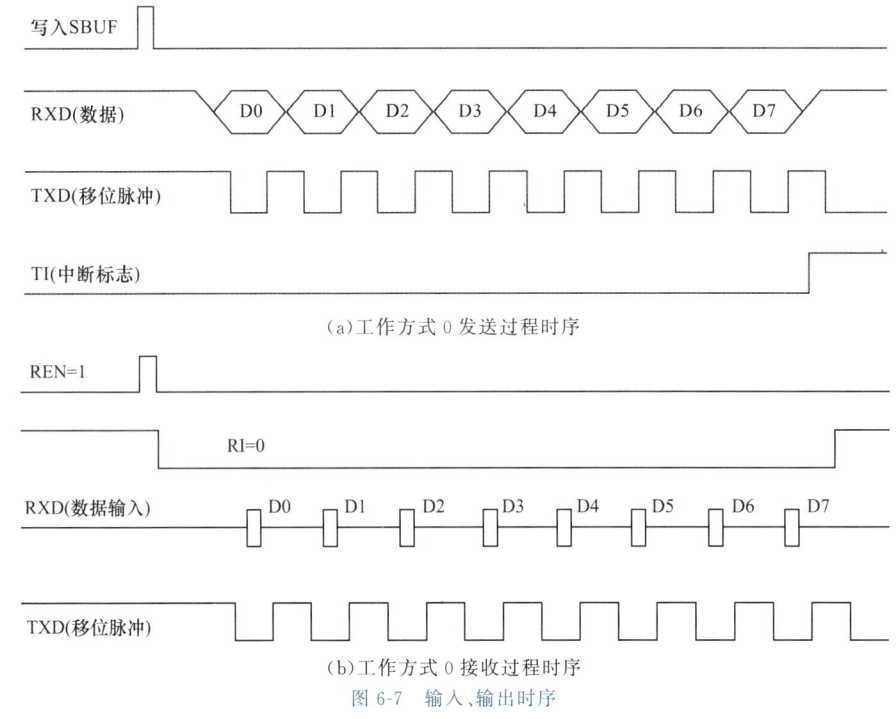

(a)工作方式0发送过程时序

(b)工作方式0接收过程时序

图6-7 输入、输出时序

注意:工作方式0必须对多机通信控制位 SM2 清0,使不影响 TB8 位和 RB8 位。由于波特率为固定值,不需要定时器提供,直接由单片机的时钟作为同步移位脉冲。

6.3.2 串行口1的工作方式1

当设置 SCON 的 SM0、SM1 为"01"时,串行口1为工作方式1。此模式为8位 UART 格式,一帧信息为10位:1位起始位,8位数据位(低位在先)和1位停止位。TXD/P31 发送信息,RXD/P30 为接收端接收信息,串行口为全双工接收/发送串行口。

工作方式1的发送过程:串行口发送时,数据由串行口发送端 TXD 输出。当主机执行一条写 SBUF 的指令就启动串行通信的发送,并通知 TX 控制单元开始发送。发送各位的定时由16分频计数器同步。移位寄存器将数据不断右移送 TXD 端口发送,在数据的左边不断移入"0"作补充。当 TXD 发送完"停止位"后,即完成一帧信息的发送,并置位中断请求位 TI,即 TI=1,向主机请求中断处理。

工作方式1的接收过程:用软件置 REN 为1,接收器以所选择波特率的16倍速率采样

RXD 引脚电平,检测到 RXD 引脚输入电平发生负跳变时,则说明起始位有效,将其移入输入移位寄存器,并开始接收这一帧信息的其余位。接收过程中,数据从输入移位寄存器右边移入,起始位移至输入移位寄存器最左边时,控制电路进行最后一次移位。当 RI＝0 且 SM2＝0(或接收到的停止位为 1)时,将接收到的 9 位数据的前 8 位数据装入接收 SBUF,第 9 位(停止位)进入 RB8,并置 RI＝1,向 CPU 请求中断。对应的输入、输出时序如图 6-8 所示。

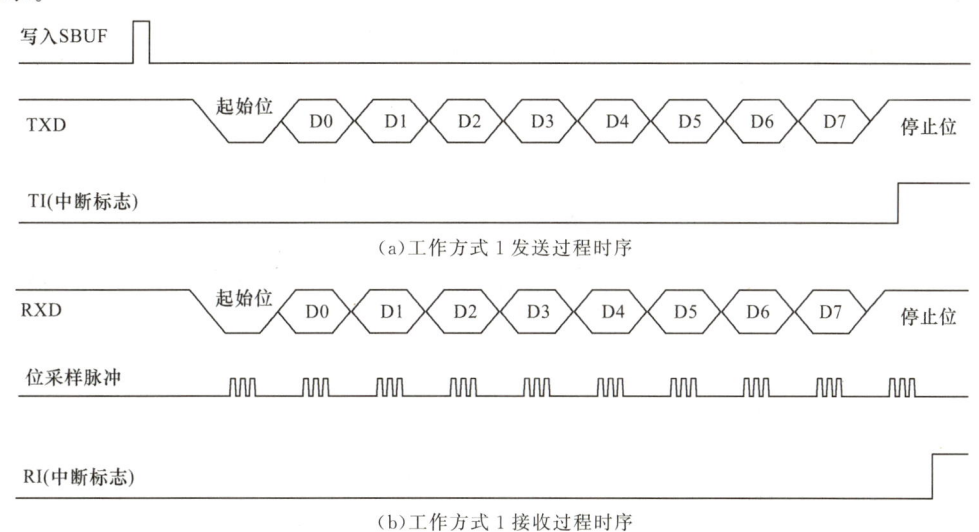

(a)工作方式 1 发送过程时序

(b)工作方式 1 接收过程时序

图 6-8　输入、输出时序

6.3.3　串行口 1 的工作方式 2

当设置 SCON 的 SM0、SM1 为"10"时,串行口 1 为工作方式 2。此模式为 9 位数据异步通信 UART 模式,其一帧的信息由 11 位组成:1 位起始位,8 位数据位(低位在先),1 位可编程位(第 9 位数据)和 1 位停止位。发送时可编程位(第 9 位数据)由 SCON 中的 TB8 提供,可用软件设置为 1 或 0;或者可将 PSW 中的奇偶校验位 P 值装入 TB8。接收时第 9 位数据装入 SCON 的 RB8。TXD/P31 为发送端口,RXD/P30 为接收端口,以全双工模式进行接收/发送。

在工作方式 2 下,串行口的波特率是固定的,由 PCON 中的 SMOD 位进行设置,当 SMOD＝1 时,选择 $f_{osc}/32$;当 SMOD＝0 时,选择 $f_{osc}/64$。

工作方式 2 的发送过程:串行口发送时,数据由串行口发送端 TXD 输出。当主机执行一条写 SBUF 的指令时,就启动串行通信的发送,并通知 TX 控制单元开始发送。发送各位的定时由 16 分频计数器同步。移位寄存器将数据不断右移送 TXD 端口发送,在数据的左边不断移入"0"作补充。SBUF 数据的最高位移到移位寄存器的输出位置,紧跟其后发送的是 SCON 中 TB8 的值(该位设置为奇偶校验位);最后再发送"停止位",即完成一帧信息的发送,并置位中断请求位 TI,即 TI＝1,向主机请求中断处理。

工作方式 2 的接收过程:用软件置 REN 为 1 时,接收器以所选择波特率的 16 倍速率采样 RXD 引脚电平,检测到 RXD 引脚输入电平发生负跳变时,则说明起始位有效,将其移入输入移位寄存器,并开始接收这一帧信息的其余位。接收过程中,数据从输入移位寄存器右边移入,起始位移至输入移位寄存器最左边时,控制电路进行最后一次移位。当 RI＝0 且

SM2＝0(或接收到的第9位数据为1)时,接收到的数据装入接收缓冲器 SBUF 和 RB8(接收数据的第9位),置 RI＝1,向 CPU 请求中断。如果条件不满足,则数据丢失,且不置位 RI,继续搜索 RXD 引脚的负跳变。对应的输入、输出时序如图 6-9 所示。

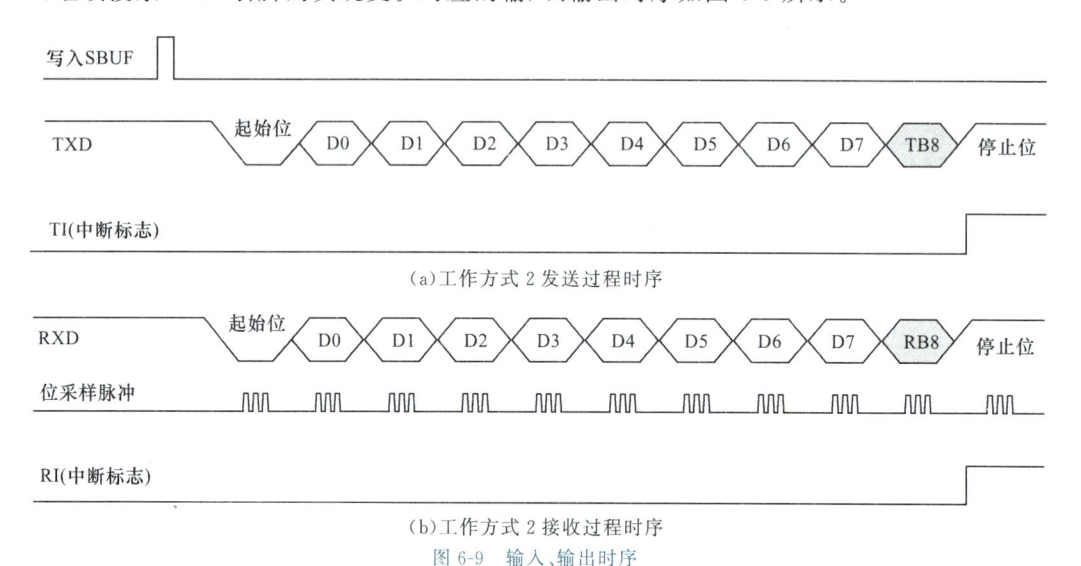

(a)工作方式 2 发送过程时序

(b)工作方式 2 接收过程时序

图 6-9　输入、输出时序

当设置 SCON 的 SM0、SM1 为"11"时,串行口 1 的工作方式 3,与工作方式 2 的原理相同,收发过程相同;两种工作方式的不同点是,工作方式 3 的波特率也是可变的,可变的波特由定时/计数器 1 或定时器 2 产生。

6.3.4　串行口 1 的波特率设置

在串行通信中,收发双方对发送或接收数据的速率要有约定。通过软件可对单片机串行口 1 编程为四种工作方式,其中方式 0 和方式 2 的波特率是固定的,而方式 1 和方式 3 的波特率是可变的,由定时器 T1 的溢出率来决定。

串行口的四种工作方式对应三种波特率。由于输入的移位时钟的来源不同,所以,各种方式的波特率计算公式也不相同。

方式 0 中,UART_M0x6＝0 时,波特率＝$f_{osc}/12$；UART_M0x6＝1 时,波特率＝$f_{osc}/2$。

方式 2 的波特率＝$(2SMOD/64) \cdot f_{osc}$

方式 1 和方式 3 的波特率是可变的,并且计算公式相同,可变的波特率由 T1 或 T2 产生,优先选择 T2 产生波特率。当串行口 1 用 T2 作为其波特率发生器时,串行口 1 的波特率＝(T2 的溢出率)/4,当 T2 工作在 1T 模式(AUXR.2/T2x12＝1)时,T2 的溢出率＝$f_{osc}/(65\,536-[RL\_TH2,RL\_TL2])$,此时串行口 1 的波特率＝$f_{osc}/(65\,536-[RL\_TH2,RL\_TL2])/4$。

在单片机的应用中,常用的晶振频率为 12 MHz 和 11.059 2 MHz。所以,选用的波特率也相对固定。常用的串行口波特率以及各参数的关系见表 6-6。

表 6-6　　　　　　　　　　　常用波特率初值表

频率 (bps)	晶振 (MHz)	初值 SMOD=0	初值 SMOD=1	误差 (%)	晶振 (MHz)	初值 SMOD=0	初值 SMOD=1	误差(12 MHz 晶振(%)) SMOD=0	误差(12 MHz 晶振(%)) SMOD=1
300	11.059 2	0xA0	0x40	0	12	0x98	0x30	0.16	0.16
600	11.059 2	0xD0	0xA0	0	12	0xCC	0x98	0.16	0.16
1 200	11.059 2	0xE8	0xD0	0	12	0xE6	0xCC	0.16	0.16
1 800	11.059 2	0xF0	0xE0	0	12	0xEF	0xDD	2.12	−0.79
2 400	11.059 2	0xF4	0xE8	0	12	0xF3	0xE6	0.16	0.16
3 600	11.059 2	0xF8	0xF0	0	12	0xF7	0xEF	−3.55	2.12
4 800	11.059 2	0xFA	0xF4	0	12	0xF9	0xF3	−6.99	0.16
7 200	11.059 2	0xFC	0xF8	0	12	0xFC	0xF7	8.51	−3.55
9 600	11.059 2	0xFD	0xFA	0	12	0xFD	0xF9	8.51	−6.99
14 400	11.059 2	0xFE	0xFC	0	12	0xFE	0xFC	8.51	8.51
19 200	11.059 2	—	0xFD	0	12	—	0xFD	—	8.51
28 800	11.059 2	0xFF	0xFE	0	12	0xFF	0xFE	8.51	8.51

6.3.5　串口调试助手的配置

计算机和单片机的通信需要借助串口调试助手,在开发过程中,开发板上的 USB 转串口扮演着双重角色:一方面,作为程序下载口用于将编译好的程序烧录到单片机中;另一方面,也充当串行通信接口,使得计算机能够通过串口与单片机进行数据交换。在程序编译并下载到单片机之后,就可以开始进行串口调试助手的配置工作。

STC-ISP 软件提供了名为"USB-CDC/串口助手"的工具,用于实现计算机与单片机之间的通信。用户可以通过 STC-ISP 软件界面轻松访问这一工具。在将程序下载到单片机之后,用户需要在 STC-ISP 软件界面上单击"USB-CDC/串口助手"标签,以进入串口配置界面,如图 6-10 所示。接下来,在串口选项中,用户需要选择正确的 COM 串口。这里的串口号"COM＊"应该与开发板连接到计算机时显示的"USB-SERIAL CH341(COM＊)"一致。选择正确的串口号是确保通信成功的关键步骤。此外,用户还需要设置波特率,为了确保通信的顺畅,设置的波特率必须与程序中设定的波特率相匹配。在配置界面中,用户可以选择不同的波特率选项,如 4 800、9 600 等,以满足不同的通信需求。

除了串口号和波特率之外,其他配置选项如校验位、停止位等,通常可以保留默认设置,除非特定的通信协议或硬件有特殊的配置需求。一旦这些基本的通信参数被正确设置,用户就可以通过单击"打开串口"按钮来激活串口通信。界面中的"发送缓冲区"是单片机的发送数据区域。接收缓冲区是计算机接收信息的显示区域。

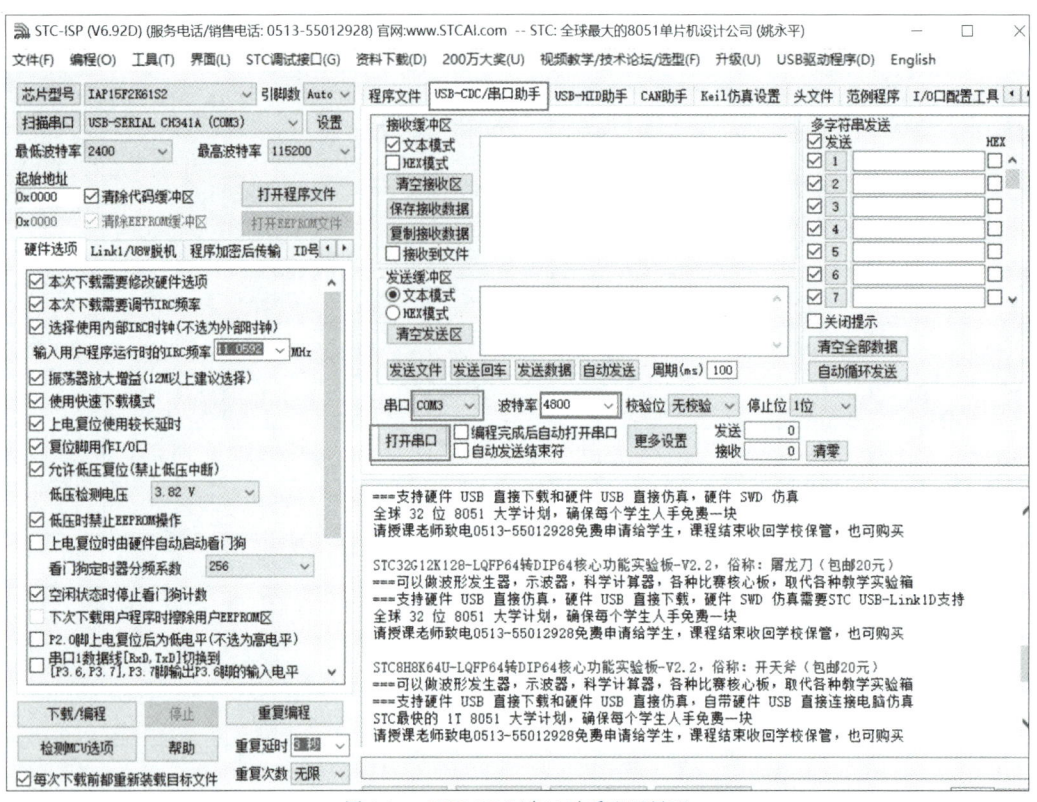

图 6-10 USB-CDC/串口助手配置界面

6.4 IAP15F2K61S2 单片机串行口程序设计实例

【例 6.1】 编写程序，计算机通过串口调试助手向单片机发送一个字符，单片机接收后再返回给计算机，并在后面加"is OK!"。

工作原理分析：例题中单片机的数据传输方向是双向的，由于单片机的串口接收缓冲寄存器和发送缓冲寄存器共用地址 99H，所以接收和发送不能同时进行，否则数据会发送混乱。这里用变量 flag 来标记数据的传输方向。设单片机接收数据采用中断方式，单片机发送数据采用查询方式。在单片机发送数据前，须将中断关闭；发送完成后，开启中断，为下次接收做准备。

本例用到与串行通信有关的寄存器有 SCON、TMOD、IE 和 AUXR。开发板上晶振设置为 11.059 2 MHz，采用串行口 1，工作方式 1，12T 工作模式进行通信。波特率发生器用 T1，工作在方式 2，波特率选 9 600 bps，波特率不倍增。通过查询表 6-6 可知 TH1 和 TL1 的初始值为 0xFD。本例题的程序如下：

```
#include "STC15F2K60S2.h"
#define u8 unsigned char
u8 a,flag;
u8 tab[7]=" is OK!";
```

```c
void hc_74573(u8 k)
{
    switch(k)
    {
        case 4:P2= (P2&0x1f)|0x80 ;break;        //led   1001 1111
        case 5:P2= (P2&0x1f)|0xa0 ;break;        //继电器和蜂鸣器
        case 6:P2= (P2&0x1f)|0xc0 ;break;        //数码管片
        case 7:P2= (P2&0x1f)|0xe0 ;break;        //数码管段
    }
}
void clr_init()
{
    hc_74573(4);                                 //关闭 led
    P0=0xff;
    P2=P2&0x1f;
    hc_74573(5);                                 //关闭继电器和蜂鸣器
    P0=0;
    P2=P2&0x1f;
}
void main()
{
    u8 i;
    AUXR&=0xbe;                                  //对 AUXR 进行清 0
    SM0=0;                                       //串行口工作在方式 1
    SM1=1;
    REN=1;
    TMOD=0x20;                                   //T1 工作在方式 2,8 位自动重装
    TH1=0xfd;                                    //设置波特率为 9 600 bps
    TL1=0xfd;
    EA=1;                                        //打开中断总开关
    ES=1;                                        //允许串口中断
    TR1=1;                                       //启动 T1
    clr_init();                                  //继电器、蜂鸣器初始化
    while(1)
    {
        if(flag==1)                              //单片机接收
        {
            ES=0;                                //关闭中断
            SBUF=a;
            while(! TI);                         //是否发送完
            TI=0;
            for(i=0;i<7;i++)
            {
```

```c
                SBUF=tab[i];
                while(!TI);
                TI=0;
            }
            ES=1;              //中断开启
            flag=0;            //标志位复位
        }
    }
}
void es0() interrupt 4
{
    a=SBUF;
    RI=0;
    flag=1;
}
```

程序中,需要对 AUXR 进行初始化。串行口 1 用定时器 1,时钟 12T 模式,则 S1ST2/AUXR.0 = 0,T1x12/AUXR.0 = 0,为不影响 AUXR 其他位的设定,可用"AUXR&=0xbe;"语句。如果头文件使用的是 reg51.h,则需要对 AUXR 进行定义,语句为"sfr AUXR=0x8e;"。

程序经过编译后下载到单片机,这里串口使用的是 COM3,波特率选择 9 600 bps,在发送缓冲区和接收缓冲区选择"文本模式",输入一个字符,观察接收缓冲区接收的信号。运行效果如图 6-11 所示。

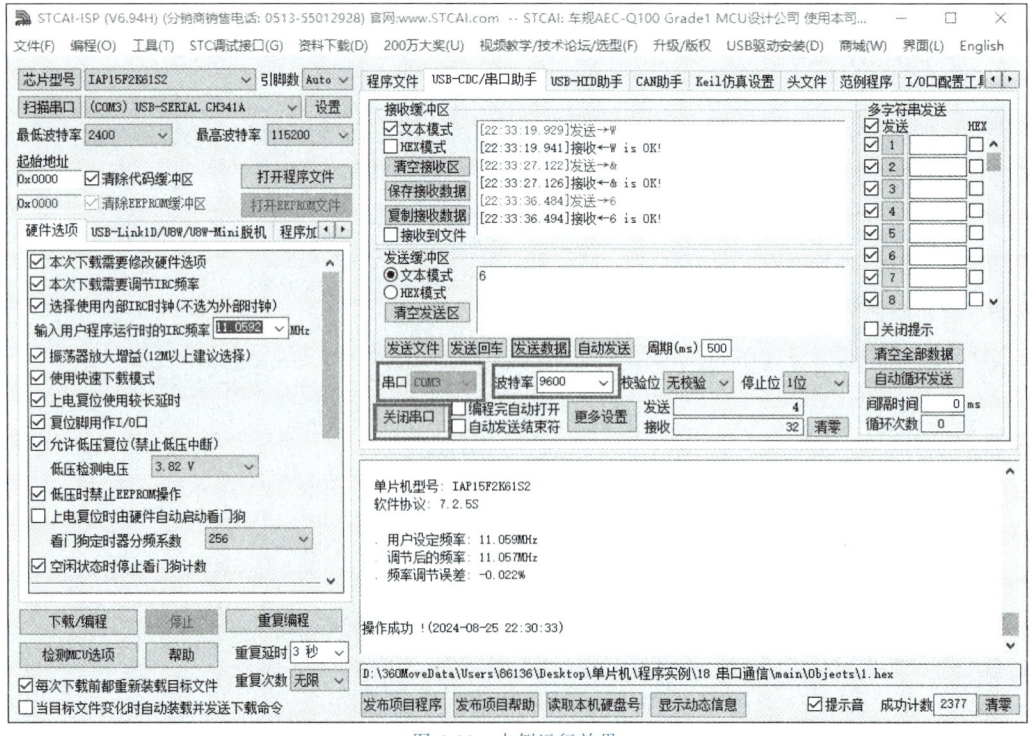

图 6-11 本例运行效果

习 题

❶ 串口通信用波特率表示数据的传输速度，波特率表示的是_____。

A. 帧/秒　　　　　B. 字符/秒　　　　　C. 字节/秒　　　　　D. 位/秒

❷ 关于 51 单片机的串口，下列说法错误的是_____。

A. 单片机和 PC 的通信使用 MAX232 芯片是为了电平转换

B. 异步通信中，波特率是指每秒传送的字节数

C. 空闲状态下，TX 引脚上的电平为高

D. 一般情况下，使用非整数晶振，是为了获得精准的波特率

❸ 全双工串行通信是指_____。

A. 设计有数据发送和数据接收引脚　　　　B. 发送与接收不互相制约

C. 设计有两条数据传输线　　　　　　　　D. 通信模式和速度可编程、可配置

❹ 以 9 600 bps 波特率进行串口通信时，完成 1K 字节的数据传输，大约需要_____。

A. 0.1 s　　　　　B. 1 s　　　　　C. 5 s　　　　　D. 10 s

❺ 将单片机 UART 转换为 RS232 接口输出的原因是_____。

A. RS232 具有更高的通信速度

B. 提高通信电平，提升抗干扰能力

C. 完成数制编码转换

D. 通过 RS232 接口可以实现双向通信

❻ 下列通信方式可以不用独立的时钟信号线的是_____。

A. UART　　　　　B. SPI　　　　　C. 1-Wire　　　　　D. IIC

❼ IAP15F2K61S2 单片机的 UART1 可以通过_____作为波特率发生器。

A. 定时器 0　　　　B. 定时器 1　　　　C. 定时器 2　　　　D. 独立波特率发生器

❽ 下列关于 RS232 通信接口的说法中错误的是_____。

A. 可以实现全双工通信

B. 采用"正逻辑"传输

C. 无须专用接口芯片，接口电平兼容 TTL

D. 传输距离小于 RS485

❾ RS232 标准通常用于_____类型的通信。

A. 局域网(LAN)通信　　　　　　　　B. 无线通信

C. 串行通信　　　　　　　　　　　　D. 并行通信

❿ 计算机向单片机发送 PFC8591 模数转换器的通道选择信息，单片机接收信息启动 PFC8591 进行模数转换，并将转换后的数据处理为电压值。随后，单片机将电压值和通道信息显示在数码管上，并把数据发送回计算机。请自行编写相应的程序，并进行调试以确保功能正确，数码管的显示效果自定义。

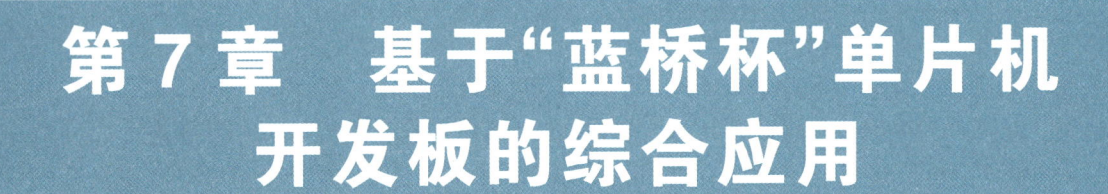

第 7 章 基于"蓝桥杯"单片机开发板的综合应用

本章以第十三届和第十五届蓝桥杯全国软件和信息化技术专业人才大赛省赛题为例，系统讲述单片机技术的综合应用。

7.1 单片机设计与开发综合应用（一）

7.1.1 系统功能要求

系统硬件框图如图 7-1 所示。

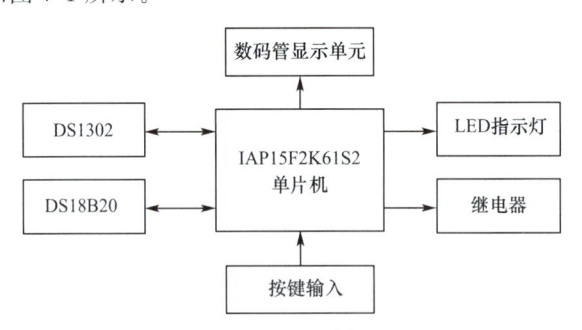

图 7-1 系统硬件框图

1. 功能描述

(1) 通过读取 DS18B20 温度传感器，获取环境温度数据。
(2) 通过读取 DS1302 时钟芯片，获取时、分、秒数据。
(3) 通过数码管完成题目要求的数据显示功能。
(4) 通过按键完成题目要求的显示界面切换和设置功能。
(5) 通过 LED 指示灯、继电器完成题目要求的输出指示和开关控制功能。

2. 性能要求

(1)温度数据采集及刷新时间≤1 s。

(2)按键动作响应时间≤0.2 s。

(3)继电器响应时间≤0.1 s(条件触发后,继电器在 0.1 秒内执行相关动作)。

3. 显示功能

(1)温度显示界面

温度显示界面如图 7-2 所示,显示内容包括界面编号(U1)和温度数据,温度数据保留小数点后 1 位有效数字,单位为摄氏度。

U 1	8 8 8	2 3. 5
界面编号:1	熄灭	温度:23.5 ℃

图 7-2 温度显示界面

(2)时间显示界面

时间显示界面如图 7-3 所示,显示内容包括界面编号(U2)和时间数据(时、分),时间格式为 24 小时制。

U 2	8	2 3	-	2 5
界面编号:2	熄灭	23时	分隔符	25分

图 7-3 时间显示界面(时、分)

(3)参数设置界面

参数设置界面如图 7-4 所示,显示内容包括界面编号(U3)和当前温度参数。

U 3	8 8 8 8	2 3
界面编号:3	熄灭	23 ℃

图 7-4 参数设置界面

4. 按键功能

S12:定义为"切换"按键,按下 S12 按键,切换温度显示界面、时间显示界面和参数设置界面,S12 按键切换界面如图 7-5 所示。

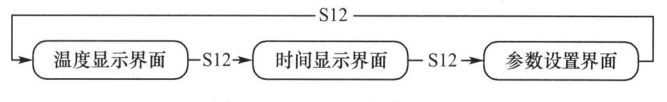

图 7-5 通过 S12 切换界面

S13:定义为"模式"按键,用于切换工作模式,S13 按键切换模式如图 7-6 所示。

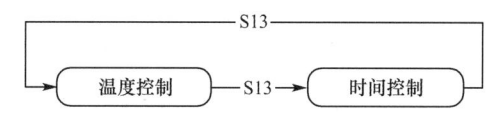

图 7-6 通过 S13 切换模式

S16:定义为"加"按键。在参数设置界面下按下 S16 按键,温度参数增加 1 ℃。

S17:定义为"减"按键。在参数设置界面下按下 S17 按键,温度参数减少 1 ℃。

在时间显示界面下:若 S17 按键处于按下的状态,时间界面显示分、秒(显示格式参考图 7-7);松开 S17 按键,则显示时、分(显示格式参考图 7-3)

U	2		5	3	-	2	0
界面编号：2	熄灭	53 分	分隔符	20 秒

图 7-7　时间显示参考界面（分、秒）

其他要求：

(1) 按键应做好消抖处理，避免出现一次按键动作导致功能多次触发等问题。

(2) 按键动作不影响数码管显示和数据采集过程。

(3) S16 按键仅在参数设置界面下有效，S17 按键在时间显示界面、参数设置界面下有效。

5. 继电器控制功能

(1) 温度控制模式

继电器状态受温度控制，若当前采集的温度数据超过了温度参数值，继电器吸合（L10 点亮），否则继电器断开（L10 熄灭）。

(2) 时间控制模式

继电器状态受时间控制，每个整点（如 08:00:00）继电器吸合（L10 点亮）5 s 后断开（L10 熄灭）。

备注：温度控制和时间控制两种工作模式应互不影响、互不干扰。

6. LED 指示灯功能

(1) 整点时（如 08:00:00），指示灯 L1 开始点亮，5 s 后熄灭。

(2) 指示灯 L2 定义为工作模式指示灯，温度控制模式时指示灯点亮，否则指示灯熄灭。

(3) 若继电器处于吸合状态（L10 点亮），指示灯 L3 以 0.1 s 为间隔切换亮、灭状态，否则指示灯 L3 熄灭。

(4) 其余指示灯均处于熄灭状态。

7. 初始状态说明

(1) 初始状态上电默认处于温度显示界面，数码管显示和 LED 指示功能启用。

(2) 初始状态上电默认处于温度控制模式。

(3) 初始状态上电默认温度参数为 23 ℃。

8. 竞赛板配置要求

(1) 将 IAP15F2K61S2 单片机内部振荡器频率设定为 12 MHz。

(2) 键盘工作模式跳线 J5 配置为 KBD 键盘模式。

(3) 扩展方式跳线 J13 配置为 I/O 模式。

7.1.2　系统设计

1. 主程序设计

系统上电时，单片机首先对继电器和蜂鸣器、定时/计数器 T0、DS1302、单总线等进行初始化，然后调用按键检测、数码管显示、LED 和继电器处理等函数。其中数码管显示函数包含温度的测量和时间的获取，LED 和继电器函数包含判断时间是否整点，LED 闪烁在定时/计数器 T0 中断服务程序中实现。主程序流程如图 7-8 所示。

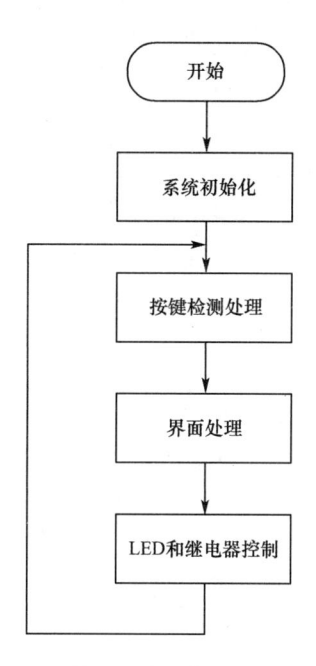

第7章 基于"蓝桥杯"单片机开发板的综合应用

图 7-8 主程序流程

main.c 主程序代码如下：

```c
#include "DS1302.h"
#include "DS18B20.h"
#include "LED_display.h"
//按键 C 行 R 列
sbit R3 = P3^5;
sbit R4 = P3^4;
sbit C3 = P3^2;
sbit C4 = P3^3;
u8 state_stage=0;                   //界面
u16 temp=0,par=0;                   //温度、温度参数
u8 state_led,state_relay;
u16 count_flag,count;               //继电器和 L1 计数值、定时器计数值
bit state_mode=0,state_time=0;      //模式、时间界面,0 时-分;1 分-秒
bit flag_time=0;                    //1 整点
bit flag_temp=0;                    //1 采集的温度大于温度参数
bit flag_relay=0;                   //1 继电器吸合
bit flag_L1=0;                      //L1 指示灯标志位,为 1 时亮
bit flag_L3=0;                      //L3 指示灯标志位,为 1 时亮
void main()
{
    clr_init();                     //继电器、轰鸣器初始化
    InitTimer0();                   //定时器初始化
    ds1302_init();                  //DS1302 初始化
```

```
    onewire_init();              //单总线初始化
    par=23;                      //温度参数初始为23
    state_stage=state_mode=0;    //界面显示状态值和工作模式状态值初始化
    while(1)
    {
        key_work();              //按键检测处理
        stage();                 //界面处理
        control();               //LED和继电器控制
    }
}
```

(1)继电器和蜂鸣器初始化由头文件"common.h"中的clr_init()函数实现。
(2)DS1302初始化由头文件"DS1302.h"中的ds1302_init()函数实现。
(3)DS18B20初始化由头文件"onewire.h"中的onewire_Init()函数实现。
定时/计数器T0的初始化函数为

```
void InitTimer0()
{
    TMOD = 0x01;
    TH0=(65536-50000)/256;
    TL0=(65536-50000)%256;
    ET0=1;
    EA=1;
    TR0=1;
}
```

2. 相关处理子程序设计

系统用到的子程序包括按键检测、界面处理、LED和继电器控制、定时/计数器T0中断服务处理等。

(1)按键检测子程序设计

开发板上键盘工作方式配置为矩阵按键模式,即J5设置为KBD,按下S12按键,更改界面状态变量state_stage的值;按下S13按键,更改工作模式变量state_mode的值;在参数设置界面下按下S16按键,温度参数par+1,按下S17按键,温度参数par-1,par的变化范围为10~99;在时间显示界面下,S17按键被按下时,时间显示状态变量state_time=1,否则为state_time=0。

按键检测子程序代码如下:

```
void key_work()
{
    C3=C4=1;
    R3=0;R4=1;
    if(C4==0)                    //三列四行S12
    {
        delay(10);
        if(C4==0)
        {
```

```c
            state_stage++;
            if(state_stage==3)
            state_stage=0;
            while(C4==0)
            stage();
        }
    }
    if(C3==0)                    //三列三行 S13
    {
        delay(10);
        if(C3==0)
        {
            state_mode=~state_mode;
            while(C3==0)
            stage();
        }
    }
    C3=C4=1;
    R3=1;R4=0;
    if(state_stage==2)
    {
        if(C4==0)                //四列四行 S16
        {
            delay(10);
            if(C4==0)
            {
                if(par<99)
                par+=1;
                while(C4==0)
                {
                    control();
                    stage();
                }
            }
        }
        if(C3==0)                //四列三行 S17
        {
            delay(10);
            if(C3==0)
            {
                if(par>10)
                par-=1;
                while(C3==0)
```

```
                {
                    control();
                    stage();
                }
            }
        }
        if(C3==0)                    //四列三行 S17
        {
            delay(10);
            if(C3==0)
            {
                while(C3==0)
                {
                    state_time=1;
                    stage();
                    control();
                }
                state_time=0;
                control();
            }
        }
    }
```

(2)界面处理子程序设计

当更改界面状态变量 state_stage=0 时,数码管处于温度显示界面;state_stage=1 时,数码管处于时间显示界面;当 state_stage=2 时,数码管处于参数设置界面。当时间显示状态变量 state_time=0 时,显示时、分界面;当 state_time=1 时,显示分、秒界面。state_stage 和 state_time 的值由按键控制。

界面处理子程序代码如下:

```
void stage()
{
    if(state_stage==0)                //温度显示界面
    {
        get_temp();                   //温度读取
        display(0,12,0);
        display(1,1,0);
        display(2,10,0);
        display(3,10,0);
        display(4,10,0);
        display(5,temp/100,0);
        display(6,temp%100/10,1);
        display(7,temp%10,0);
```

```c
            smgall();
    }
    else if(state_stage==1)            //时间显示界面
    {
        if(state_time==0)              //显示时-分
        {
            ds1302_read_time();        //读取时间
            display(0,12,0);
            display(1,2,0);
            display(2,10,0);
            display(3,write_time[2]>>4,0);
            display(4,write_time[2]&0x0f,0);
            display(5,11,0);
            display(6,write_time[1]>>4,0);
            display(7,write_time[1]&0x0f,0);
            smgall();
        }
        else                           //显示分-秒
        {
            ds1302_read_time();        //读取时间
            display(0,12,0);
            display(1,2,0);
            display(2,10,0);
            display(3,write_time[1]/16,0);
            display(4,write_time[1]%16,0);
            display(5,11,0);
            display(6,write_time[0]>>4,0);
            display(7,write_time[0]&0x0f,0);
            smgall();
        }
    }
    else                               //参数显示界面
    {
        display(0,12,0);
        display(1,3,0);
        display(2,10,0);
        display(3,10,0);
        display(4,10,0);
        display(5,10,0);
        display(6,par/10,0);
        display(7,par%10,0);
        smgall();
    }
}
```

温度读取函数 void get_temp()的代码如下：

```
void get_temp()
{
    temp=ds18b20_Temperread();
    temp=temp*0.0625*10;            //小数点后一位
}
```

由于温度显示和时间显示时，小数点显示状态不一样，为了方便处理，这里修改数码管底层函数，用 display(u8 pos,u8 value,u8 dot)函数进行数码管显示，其中变量 pos 表示用哪个数码管显示，范围为 0～7。变量 value 表示数码管显示的数值在数码管段码组中的位置。变量 dot 表示小数点标志位，当 dot＝0 时，表示小数点熄灭，dot＝1 时表示小数点亮。修改后的 LED_display.c 和 LED_display.h 代码如下：

```
/*********************** * LED_display.c*********************** */
#include "LED_display.h"
u8 code value_tab[]={0xc0,0xf9,0xa4,0xb0,0x99,0x92,0x82,0xf8,0x80,0x90,
0xff,0xbf,0xc1};                    //0～9,灭,'-','U'
void display(u8 pos,u8 value,u8 dot)
{
    hc_74573(6);
    P0=0x01<<pos;
    hc_74573(7);
    if(dot==0)
    P0=value_tab[value];
    else
    P0=value_tab[value]&0x7f;
    delay(8);
}
void smgall()                       //数码管熄灭
{
    hc_74573(6);
    P0=0xff;
    hc_74573(7);
    P0=0xff;
    hc_74573(0);
}
/*********************** * LED_display.h*********************** */
#ifndef __LED_display_H__
#define __LED_display_H__
#include "common.h"
extern u8 code value_tab[];
void display(u8 pos,u8 value,u8 dot);
void smgall();
#endif
```

(3) LED 和继电器控制子程序设计

当工作模式状态值为 0 时,实际温度大于温度参数,继电器工作状态值为 1,否则为 0;当继电器工作状态值为 0 时,继电器断开且 L3 熄灭;当继电器工作状态值为 1 时,继电器闭合且 L3 闪烁;当 L1 工作状态值为 0 时,L1 熄灭,否则 L1 点亮,L1 工作状态值由时间是否整点控制。LED 和继电器控制子程序代码如下:

```c
void control()
{
    time_judge();                              //判断是否整点
    if(state_mode==0)
    {
        state_led=state_led&0xfd;
        if((temp>(par*10))&&flag_relay==0)     //实际温度大于参数
        flag_relay=1;
        else if(temp<=(par*10))
        flag_relay=0;
    }
    if(flag_relay==0)
    {
        state_relay=state_relay&0xef;
        state_led=(state_led|0x04)|0xf8;
    }
    else                                       //继电器吸合
    {
        state_relay|=0x10;
        if(flag_L3==0)
        state_led=(state_led|0x04)|0xf8;
        else
        state_led=(state_led&(~0x04))|0xf8;
    }
    if(flag_L1==0)
    state_led=(state_led|0x01)|0xf8;
    else
    state_led=(state_led&~(0x01))|0xf8;
    hc_74573(4);
    P0=state_led;
    hc_74573(5);
    P0=state_relay;
}
```

time_judge() 函数为整点判断函数,代码如下:

```c
void time_judge()                              //判断是否整点
{
    ds1302_read_time();                        //读取时间
```

```
            if(write_time[1]==0&&write_time[0]==0)
            flag_time=1;
            else if(write_time[1]==0&&write_time[0]==0x06)
            flag_time=0;
}
```

(4)定时/计数器 T0 中断服务处理子程序设计

当工作模式状态值为 1 时,若此时为整点,则继电器闭合 5 s 后断开,L1 点亮 5 s 后熄灭。这里用定时/计数器 T0 实现 50 ms 的定时。

T0 的中断服务函数代码如下:

```
void Service() interrupt 1
{
    count++;
    if(count%2==0)
    flag_L3=~flag_L3;                    //L3 闪烁
    if(count==100)
    count=0;
    if(state_mode==1)                    //模式
    {
        state_led=state_led|0x02;
        if(flag_time==1)
        {
            count_flag++;
            flag_relay=1;
            flag_L1=1;
            if(count_flag==100)
            {
                flag_relay=0;
                flag_L1=0;
                count_flag=0;
                flag_time=0;
            }
        }
        else
        {
            flag_relay=0;
            flag_L1=0;
            flag_time=0;
        }
    }
}
```

7.1.3 系统测试

1. 上电初始状态

系统上电时处于温度显示界面,当前实时温度为 32.5 ℃,由于当前采集温度大于温度设置参数 23 ℃,继电器吸合,L3 闪烁,L2 和 L10 点亮。如图 7-9 所示。

图 7-9 系统上电初始状态

2. 按键和显示功能

按下 S12 按键,界面在温度显示界面、时间显示界面和参数设置界面之间进行切换。如图 7-10 所示。此时工作模式为温度工作模式,当前采集的温度大于温度参数,继电器吸合,L3 闪烁,L2 和 L10 点亮。

(a)温度显示界面

(b)时间显示界面

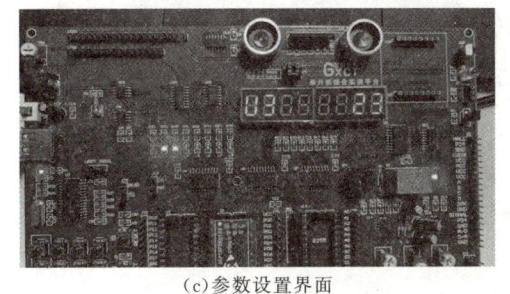

(c)参数设置界面

图 7-10 S12 按键切换界面

按下 S13 按键，切换工作模式为时间控制模式，如图 7-11 所示。继电器断开，L3、L2 和 L10 熄灭。

图 7-11 时间控制模式

按下 S12 按键进入时间显示界面，按下 S17 按键不释放，时间界面显示当前的分、秒，即 26 分 25 秒，松开 S17 按键，则显示时、分，即 00 时 26 分。显示效果如图 7-12 所示。

(a)S17 按键按下时的时间界面　　(b)S17 按键松开后的时间界面
图 7-12　S17 按键切换工作模式

按下 S12 按键进入参数设置界面，按下 S16 和 S17 按键，对温度参数进行调整，当前实际温度为 32.5 ℃，调整温度参数为 29 ℃时，继电器吸合，L3 闪烁，L2 和 L10 点亮；调整温度参数为 36 ℃时，继电器断开，L3 和 L10 熄灭。显示效果如图 7-13 所示。

(a)实时温度大于设定温度显示效果　　(b)实时温度小于设定温度显示效果
图 7-13　温度显示效果

请同学们将程序下载到开发板上，自行完成测试验证。

7.2 单片机设计与开发综合应用(二)

7.2.1 系统功能要求

系统硬件框图如图 7-14 所示。

图 7-14 系统硬件框图

1. 功能描述

(1)通过单片机 P34 引脚测量 NE555 输出的脉冲信号频率。
(2)支持频率数据校准功能。
(3)支持频率超限报警功能。
(4)通过读取 DS1302 RTC 芯片,获取时间数据。
(5)通过数码管完成题目要求的数据显示功能。
(6)通过键盘实现界面切换、参数设定等功能。
(7)通过 PCF8591 实现 DAC 输出功能。
(8)通过 LED 指示灯完成题目要求的输出指示和状态反馈功能。

2. 性能要求

(1)频率测量精度:±8%。
(2)按键动作响应时间≤0.1 s。
(3)指示灯动作响应时间≤0.1 s。
(4)数码管动态扫描周期、位选通间隔均匀,显示效果清晰、稳定,无闪烁、过暗、亮度不均等明显缺陷。
(5)温度参数调整范围要求:10~99 ℃。

3. 显示功能

(1)频率界面

频率界面如图 7-15 所示,显示内容包括界面编号(F)和频率数据,频率数据单位为 Hz,整数。

编号	熄灭	当前频率:2 350 Hz
F	8 8 8	2 3 5 0

图 7-15 频率界面

通过 5 位数码管显示频率数据,当数据长度不足 5 位时高位(左侧)熄灭。

(2)参数界面

超限参数界面如图 7-16 所示,显示内容包括界面编号(P1)和超限参数 P_F,单位为 Hz,整数。

P	1	8	8	2	0	0	0
编号		熄灭		超限参数:2 000 Hz			

图 7-16 超限参数界面

校准值参数界面如图 7-17 所示,显示内容包括界面编号(P2)和校准值参数,单位为 Hz,整数。

P	2	8	8	3	0	0
编号		熄灭		校准值:300 Hz		

(a)校准值参数界面(正数)

P	2	8	8	-	3	0	0
编号		熄灭		校准值:-300 Hz			

(b)校准值参数界面(负数)

P	2	8	8	8	8	8	0
编号		熄灭		校准值:0			

(c)校准值参数界面(0)

图 7-17 校准值参数界面

通过 4 位数码管显示校准值参数,负数显示符号。

(3)时间界面

时间界面如图 7-18 所示,显示内容包括时、分、秒数据和间隔符"-",时、分、秒数据固定使用 2 位数码管显示,不足 2 位补 0。

1	3	-	0	3	-	0	5
		时间显示:13 时 3 分 5 秒					

图 7-18 时间界面

(4)回显界面

频率回显界面如图 7-19 所示,由界面编号(HF)和最大频率值组成。

H	F	8	8	8	2	4	2
编号		熄灭		最大频率值:8 242 Hz			

图 7-19 回显界面(频率)

通过 5 位数码管显示最大频率数据,当数据长度不足 5 位时高位(左侧)熄灭。

时间回显界面如图 7-20 所示,由界面编号(HR)和最大频率发生时间组成。

H	R	1	2	3	5	5	4
编号		最大频率发生时间:12 时 35 分 54 秒					

图 7-20 回显界面(时间)

(5)显示功能设计要求

- 按照题目要求的界面格式和切换方式进行设计。
- 数码管显示稳定、清晰,无重影、闪烁、过暗、亮度不均匀等严重影响显示效果的设计缺陷。
- 数码管显示内容刷新率≤0.1 s。
- 切换不同的数码管显示界面,不影响频率采集和 DAC 输出功能。

4. 频率测量功能

(1)频率测量:测量 NE555 输出信号的频率。

(2)频率校准:系统内置频率校准值参数,取值范围为-900~900 Hz,用直接测量到的频率数据加校准值参数作为频率数据的最终结果。

若校准后结果为负数,频率界面数码管显示 LL,表示此状态错误,如图 7-21 所示。

F	8	8	8	8	8	L	L
编号	熄灭		错误状态:校准后结果为负数				

图 7-21 判断错误界面

(3)频率最大值统计:统计频率最大值和发生时间,并可以在回显界面显示。

5. DAC 输出功能

通过 PCF8591 实现 DAC 输出功能,DAC 输出与测量频率关系如图 7-22 所示。

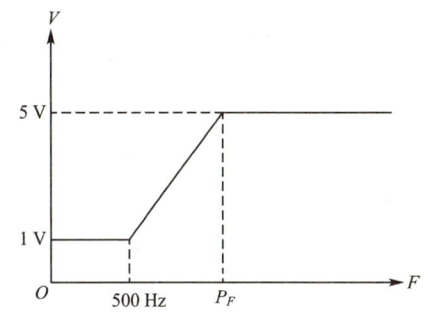

图 7-22 DAC 输出与测量频率关系

P_F 代指超限参数,单位为 Hz。

若频率状态错误(校准后结果为负数),DAC 固定输出 0 V。

6. 按键功能

(1)功能说明

使用 S4、S5、S8、S9 按键完成界面切换与设置功能。

- S4:定义为"界面"按键,按下 S4 按键,切换频率、参数、时间和回显四个界面,切换模式如图 7-23 所示。

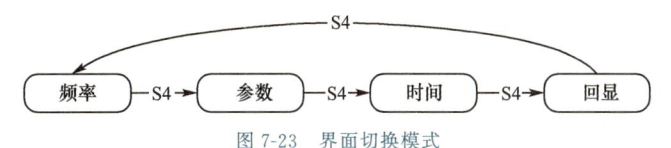

图 7-23 界面切换模式

S4 按键在任意界面下有效。

- S5:定义为"选择"按键,在参数和回显界面下有效。

① 参数界面下,按下 S5 按键,切换超限参数(图 7-16)和校准值参数(图 7-17)两个子界面,切换模式如图 7-24 所示。

```
        ┌──────── S5 ────────┐
        ↓                    │
    ┌────────┐            ┌──────────┐
    │超限参数│── S5 ────→│校准值参数│
    └────────┘            └──────────┘
```

图 7-24　参数子界面切换模式

要求：每次从频率界面切换到参数界面时，处于超限参数子界面。

②回显界面下，按下 S5 按键，切换频率回显(图 7-19)和时间回显(图 7-20)两个子界面，切换模式如图 7-25 所示。

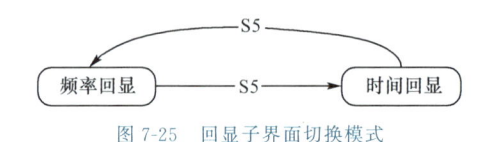

```
        ┌──────── S5 ────────┐
        ↓                    │
    ┌────────┐            ┌────────┐
    │频率回显│── S5 ────→│时间回显│
    └────────┘            └────────┘
```

图 7-25　回显子界面切换模式

要求：每次从时间界面切换到回显界面时，处于频率回显子界面。

S8、S9 分别定义为"加"和"减"按键，在参数界面的两个子界面下有效。

①超限参数界面下，按下 S8 按键，超限参数增加 1 000 Hz，按下 S9 按键，超限参数减小 1 000 Hz。

②校准值参数界面下，按下 S8 按键，校准值参数增加 100 Hz，按下 S9 按键，校准值参数减小 100 Hz。

(2)按键功能设计要求

- 按键应做好消抖处理，避免出现一次按键动作导致功能多次触发。
- 按键动作不影响数据采集和数码管显示等其他功能。
- 参数调整时，考虑边界值范围，不出现无效参数。

超限参数可调整范围：1 000～9 000 Hz

校准值参数可调整范围：-900～900 Hz

5. LED 指示灯功能

(1)界面指示灯

频率界面下指示灯 L1 以 0.2 s 为间隔切换亮、灭状态，其他界面下熄灭。

(2)报警指示灯

当前频率数据大于超限参数时，指示灯 L2 以 0.2 s 为间隔切换亮、灭状态，否则熄灭。

若频率状态错误(校准后结果为负数)，L2 指示灯点亮。

(3)其余未涉及的指示灯均处于熄灭状态。

6. 初始状态说明

(1)处于频率界面。

(2)频率超限参数：2 000 Hz。

(3)频率校准值参数：0。

7. 竞赛板配置要求

(1)将 IAP15F2K61S2 单片机内部振荡器频率设定为 12 MHz。

(2)键盘工作模式跳线 J5 配置为 KBD 键盘模式。

(3)扩展方式跳线 J13 配置为 I/O 模式。

7.2.2 系统设计

1. 主程序设计

系统上电时，单片机首先对继电器和蜂鸣器、定时/计数器 T0 和 T1、DS1302、PCF8591 等进行初始化，开始测量脉冲信号并进行频率校准处理、数模信号转换处理，之后读取 DS1302 的当前时间，调用按键检测函数和数码管显示函数。其中按键检测函数主要是对界面选择的判断和对频率参数的处理。频率测量的基准时间 1 s 和 LED 指示灯功能由定时/计数器 T1 中断服务处理程序实现。主程序流程如图 7-26 所示。

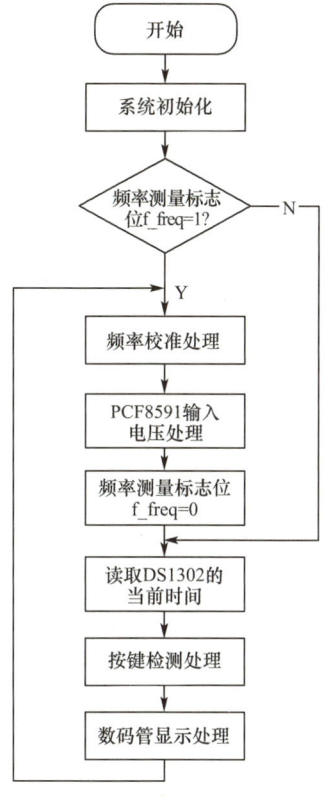

图 7-26 主程序流程

main.c 主程序代码如下：

```
#include "DS1302.h"
#include "LED_display.h"
#include "math.h"
#include "PCF8591ADDA.h"
//C 行 R 列
sbit R1 = P3^3;
sbit R2 = P3^2;
sbit C1 = P4^4;
sbit C2 = P4^2;
//时间记录变量定义
u8 record_hour = 0;
```

```c
u8 record_min = 0;
u8 record_sec = 0;
long freq = 0;                  //测量频率
long freq_smg = 0;              //显示校准后的频率
long freq_max = 0;              //最大频率
int freq_jz = 0;                //频率校准参数
int freq_jz_smg = 0;            //频率校准数码管显示
int freq_chao = 2000;           //频率超限参数
bit f_freq = 0;                 //频率测量标志位
bit f_jz = 0;                   //频率校准标志位
u8 stat_led = 0xff;             //初始所有 LED 为熄灭状态,采用位运算来具体控制 LED 的亮、灭
u8 stat_smg = 1;                //界面状态
u16 count_t1 = 0;               //10 ms 单位计数
u16 count_t2 = 0;               //10 ms 单位计数
u16 count_t3 = 0;               //10 ms 单位计数
u8 dac_value = 0;               //DAC 的输出
void System_init()
{
    clr_init();
    ds1302_init();
    Init_Timer0_Timer1();
    PCF8591_DA(dac_value);
}
void main()
{
    System_init();
    while(1)
    {
        if (f_freq == 1)        //判断频率测量是否完成
        {
            Handle_Freq();      //处理频率
            Handle_DAC();       //处理 DAC 输出
            f_freq = 0;         //清除标志位
        }
        ds1302_read_time();     //读取实时时间
        Key_Scan();             //按键扫描
        DisplaySMG();           //数码管显示
    }
}
```

系统初始化功能由前面章节中所讲的函数实现:

(1)继电器和蜂鸣器初始化由头文件 common.h 中的 clr_init() 函数实现。

(2)DS1302 初始化由头文件 DS1302.h 中的 ds1302_init() 函数实现。

(3) DS18B20 初始化由头文件 onewire.h 中的 onewire_Init() 函数实现。

(4) PCF8591_DA 初始化由 PCF8591ADDA.h 中的 PCF8591_DA(u8 temp) 函数实现。定时/计数器 T0、T1 的初始化函数为

```c
void Init_Timer0_Timer1()
{
    TH1 = (65535 - 10000) / 256;        //T1 产生一个 10 ms 的时间
    TL1 = (65535 - 10000) % 256;
    TH0 = 0;
    TL0 = 0;
    TMOD = 0x15;                         //T0 计数,T1 定时;
    ET1 = 1;
    EA = 1;
    TR0 = 1;
    TR1 = 1;
}
```

2. 相关处理子程序设计

系统用到的子程序包括频率处理、PCF8591 输出电压处理、按键检测处理、数码管显示、定时/计数器 T1 中断服务处理等。

(1) 频率处理子程序设计

测量频率用变量 freq 表示,频率校准参数用变量 freq_jz 表示,校准后的频率用变量 freq_smg 表示,频率校准标志位用变量 f_jz 表示,最大频率用变量 freq_max 表示。数码管显示频率等于实际频率 freq 的值加上校准值 freq_jz。当 freq_smg 大于等于 0 时,f_jz 为 0;当 freq_smg 大于 freq_max 时,则记录最大频率和当前的时间,即将 freq_smg 的值赋给 freq_max,通过 ds1302_read_time() 读取当前的时间,将秒、分、时分别存放于变量 record_sec、record_min 和 record_hour 中,L2 间隔 0.2 s 闪烁放在定时/计数器 T1 中断服务函数中进行。当 freq_smg 小于 0 时,f_jz=1,L2 指示灯点亮。

频率处理子程序代码如下:

```c
void Handle_Freq()
{
    freq_smg = freq + freq_jz;           //频率校准
    if (freq_smg >= 0)
    {
        f_jz = 0;                        //标志正确状态
        if (freq_smg > freq_max)
        {
            freq_max = freq_smg;         //记录最大频率
            ds1302_read_time();          //记录最大频率的时间
            record_hour = write_time[2];
            record_min = write_time[1];
            record_sec = write_time[0];
        }
    }
```

```c
        else
        {
            f_jz = 1;                    //标志错误状态
            stat_led &= ~0x02;           //L2 亮
            hc_74573(4);
            P0 = stat_led;
        }
    }
```

(2) PCF8591输出电压处理子程序设计

用变量 dac_value 表示 PCF8591 须转换的数字量,根据 DAC 输出与测量频率关系图可得 dac_value 的大小跟频率超限参数 freq_chao 和校准后的频率 freq_smg 有关,当 freq_smg 小于 freq_chao 时,dac_value = ((255.0-51.0)/(freq_chao -500.0)) * (freq_smg-500) + 51。

PCF8591输出电压处理子程序代码如下:

```c
void Handle_DAC()
{
    if (f_jz == 0)
    {
        if (freq_smg < 500)
        PCF8591_DA(51);//输出 1 V
        else if (freq_smg < freq_chao)
        {
            dac_value = ((255.0-51.0) / (freq_chao-500.0)) * (freq_smg-500) + 51;
            PCF8591_DA(dac_value);
        }
        else
        PCF8591_DA(255);//输出 5 V
    }
    else
    PCF8591_DA(0);//输出 0 V
}
```

(3) 按键检测子程序设计

开发板上键盘工作方式配置为矩阵按键模式,即 J5 设置为 KBD。界面状态用变量 stat_smg 表示。S4、S5 按键的操作将会改变 stat_smg 的值。频率超限参数用变量 freq_chao 表示,频率校准用变量 freq_jz 表示,在超限界面和校准界面状态下,S8、S9 按键的操作将会改变 freq_chao 的值。

按键检测子程序代码如下:

```c
void Key_Scan()
{
    R1 = 0;R2 = 1;
    if (C1 == 0)                    //S4 按键按下
```

```c
{
    delay(50);
    if (C1 == 0)
    {
        if (stat_smg == 1)
        {
            stat_smg = 2;
        }
        else if (stat_smg == 2 | stat_smg == 3)
        {
            stat_smg = 4;
        }
        else if (stat_smg == 4)
        {
            stat_smg = 5;
        }
        else if (stat_smg == 5 | stat_smg == 6)
        {
            stat_smg = 1;
        }
        while(C1 == 0)
        DisplaySMG();
    }
}
if (C2 == 0)                         //S8 按键按下
{
    delay(50);
    if (C2 == 0)
    {
        if (stat_smg == 2)           //超限参数界面
        {
            freq_chao = freq_chao + 1000;
            if (freq_chao > 9000)
            freq_chao = 9000;
        }
        else if (stat_smg == 3)      //校准值参数界面
        {
            freq_jz = freq_jz + 100;
            if (freq_jz > 900)
            freq_jz = 900;
        }
        while(C2 == 0)
        DisplaySMG();
```

```
        }
    }
    R1 = 1;R2 = 0;
    if (C1 == 0)                    //S5 按键按下
    {
        delay(50);
        if (C1 == 0)
        {
            switch(stat_smg)
            {
                case 2:stat_smg = 3;break;
                case 3:stat_smg = 2;break;
                case 5:stat_smg = 6;break;
                case 6:stat_smg = 5;break;
            }
            while(C1 == 0)
            DisplaySMG();
        }
    }
    if (C2 == 0)                    //S9 按键按下
    {
        delay(50);
        if (C2 == 0)
        {
            if (stat_smg == 2)
            {
                freq_chao = freq_chao - 1000;
                if (freq_chao < 1000)
                freq_chao = 1000;
            }
            else if (stat_smg == 3)
            {
                freq_jz = freq_jz - 100;
                if (freq_jz < -900)
                freq_jz = -900;
            }
            while(C2 == 0)
            DisplaySMG();
        }
    }
}
```

(4) 数码管显示子程序设计

系统显示的界面有频率界面、超限参数子界面、校准参数子界面、时间显示界面、频率回显子界面和时间回显子界面,对应界面状态变量 stat_smg 的值为 1～6。校准参数子界面显示的频率校准参数用变量 freq_jz_smg 表示,当频率校准参数 freq_jz 为负值时,需用 abs 函数将 freq_jz 的值求绝对值之后赋给 freq_jz_smg,abs 函数对应的头文件为 math.h。在时间回显子界面将会用到频率校准处理 Handle_Freq 函数中记录时间的 record_hour、record_min 和 record_sec 变量。

数码管显示子程序代码如下:

```
void DisplaySMG()
{
    switch(stat_smg)
    {
        case 1:                          //频率界面
            display(0,15,0);
            if (f_jz == 0)
            {
                if (freq_smg > 9999)
                    display(3,freq_smg / 10000,0);
                if (freq_smg > 999)
                    display(4,freq_smg / 1000 % 10,0);
                if (freq_smg > 99)
                    display(5,freq_smg / 100 % 10,0);
                if (freq_smg > 9)
                    display(6,freq_smg / 10 % 10,0);
                display(7,freq_smg % 10,0);
            }
            else
            {
                display(6,18,0);
                display(7,18,0);
            }
            break;
        case 2:                          //超限参数子界面
            display(0,19,0);
            display(1,1,0);
            display(4,freq_chao / 1000,0);
            display(5,freq_chao / 100 % 10,0);
            display(6,freq_chao / 10 % 10,0);
            display(7,freq_chao % 10,0);
            break;
        case 3:                          //校准参数子界面
            freq_jz_smg = abs(freq_jz);
```

215

```c
            display(0,19,0);
            display(1,2,0);
            if(freq_jz == 0)
            display(7,0,0);
            else
            {
                display(5,freq_jz_smg / 100,0);
                display(6,freq_jz_smg / 10 % 10,0);
                display(7,freq_jz_smg % 10,0);
                if (freq_jz < 0)
                display(4,16,0);
            }
            break;
            case 4:                         //时间显示界面
            display(7,write_time[0] % 16,0);
            display(6,write_time[0] / 16,0);
            display(5,16,0);
            display(4,write_time[1] % 16,0);
            display(3,write_time[1] / 16,0);
            display(2,16,0);
            display(1,write_time[2] % 16,0);
            display(0,write_time[2] / 16,0);
            break;
            case 5:                         //频率回显子界面
            display(0,20,0);
            display(1,21,0);
            if (freq_max > 9999)
            display(3,freq_max / 10000,0);
            if (freq_max > 999)
            display(4,freq_max / 1000 % 10,0);
            if (freq_max > 99)
            display(5,freq_max / 100 % 10,0);
            if (freq_max > 9)
            display(6,freq_max / 10 % 10,0);
            display(7,freq_max % 10,0);
            break;
            case 6:                         //时间回显子界面
            display(0,20,0);
            display(1,10,0);
            display(2,record_hour / 16,0);
            display(3,record_hour % 16,0);
            display(4,record_min / 16,0);
            display(5,record_min % 16,0);
```

```
            display(6,record_sec / 16,0);
            display(7,record_sec % 16,0);
            break;
    }
}
```

(5) 定时/计数器 T1 中断服务处理程序设计

系统通过定时/计数器 T0 来对 555 产生的信号进行计数,用 T1 产生 10 ms 的基准计时时间。用 count_t1、count_t2 表示进入中断的次数,用位变量 f_freq 作频率测量完成标志,初始值为 0。当 count_t1＝100 时,将 T0 的数据送至变量 freq,同时 T0 的值复位,f_freq＝1。count_t2＝20,即 0.2 s 到时,LED 指示灯的状态用变量 stat_led 表示。

定时/计数器 T1 中断服务函数代码如下:

```
void Service_Timer1() interrupt 3                    //10 ms 定时
{
    TH1 = (65535 - 10000) / 256;
    TL1 = (65535 - 10000) % 256;
    count_t1++;
    count_t2++;
    if (count_t1 == 100)                             //1 s 到
    {
        count_t1 = 0;
        freq = (TH0 << 8) | TL0;                     //获取频率值
        TH0 = 0;
        TL0 = 0;
        f_freq = 1;                                  //频率测量完成
    }
    if (count_t2 == 20)                              //0.2 s LED 翻转
    {
        count_t2 = 0;
        if ((stat_led & 0x01) == 0x00)               //L1 控制闪烁
        {
            stat_led |= 0x01;
            hc_74573(4);
            P0 = stat_led;
        }
        else if (stat_smg == 1)
        {
            stat_led &= ~0x01;
            hc_74573(4);
            P0 = stat_led;
        }
        if ((stat_led & 0x02) == 0x00 && f_jz == 0)  //L2 控制闪烁
        {
```

```
                stat_led |= 0x02;
                hc_74573(4);
                P0 = stat_led;
            }
            else if (freq_smg > freq_chao)
            {
                stat_led &= ~0x01;
                hc_74573(4);
                P0 = stat_led;
            }
        }
    }
```

7.2.3 系统测试

1. 上电初始状态

测试前,需用短路帽将 555 定时器模块输出引脚(OUT)和 P34 引脚进行短接,这样单片机才能读取 555 定时器模块输出脉冲信号的频率。

系统上电时处于频率界面,频率校准参数 freq_jz=0,超限参数 freq_max=2000,当前数码管显示的频率为 1 257 Hz,L1 以 0.2 s 为间隔切换亮、灭状态,如图 7-27 所示。

图 7-27 系统上电初始状态

2. 按键功能

(1) S4 按键功能测试

在频率界面下,按下 S4 按键,进入超限参数界面,第二次按下进入时间界面,第三次按下进入回显界面,第四次按下又切换至频率界面,除频率界面外,LED 指示灯均为熄灭状态。当前频率为 1 262 Hz,在误差要求范围内,运行效果如图 7-28 所示。

(a)频率界面

(b)时间界面

(c)回显界面

图 7-28　S4 按键功能测试

(2)S5、S8 和 S9 按键功能测试

在参数界面下,按下 S5 按键,切换超限参数和校准值参数两个子界面,在回显界面下,按下 S5 按键,切换频率回显和时间回显两个子界面,测试效果如图 7-29 所示。

(a)超限参数界面 　　　　　　　　　　　　(b)校准值参数界面

(c)频率回显界面 　　　　　　　　　　　　(d)时间回显界面

图 7-29　S5 按键功能测试效果

超限参数界面下,按下 S8 按键,超限参数增加 1 000 Hz,按下 S9 按键,超限参数减少 1 000 Hz。校准值参数界面下,按下 S8 按键,校准值参数增加 100 Hz,按下 S9 按键,校准值参数减少 100 Hz。在当前显示频率为 1 260 Hz 下,操作 S8、S9 按键将超限参数设为 3 000,校准值参数设为 700,得到校准后的频率为 1 960 Hz。测试效果如图 7-30 所示。

(a)当前频率界面　　　　　　　　　　(b)超限参数界面

(c)校准值参数界面　　　　　　　　　(d)校准后的频率界面

图 7-30　S8 和 S9 按键测试效果

3. 回显功能测试

在 00 时 13 分开始调整实验板上 Rb3 电阻器,使数码管显示的校准后的频率超过 3 000 Hz,在频率界面,可以看到指示灯 L1 和 L2 均以 0.2 s 为间隔切换亮、灭状态。按下 S4 按键进入回显界面,此时频率最大值为 4 965 Hz,按下 S5 按键,此时数码管显示记录的最大频率发生的时间为在 00 时 13 分 57 秒,运行效果如图 7-31 所示。

(a)频率显示界面

(b)频率回显界面

(c)时间回显界面

图 7-31　回显界面功能测试运行效果

4. PCF8591 输出功能

调整 Rb3，用万用表测量 PCF8591 的 15(AOUT)号引脚，记录数码管显示的频率和 PCF8591 输出电压值，验证是否满足题目中给出的 DAC 输出与频率数据的对应关系，具体测试由同学们自行完成。

习 题

请根据以下任务要求，完成系统的软件设计和测试。

一、系统功能概述

❶ 通过 PCF8591 的 ADC 通道测量光敏电阻和固定电阻上的分压结果，实现"亮""暗"两种状态的检测。

❷ 通过读取 DS1302RTC 芯片，获取时间数据。

❸ 通过读取 DS18B20 温度传感器，获取环境温度数据。

❹ 通过单片机 P34 引脚测量 NE555 输出的脉冲信号频率，并将其转换为环境湿度数据。

❺ 通过数码管、按键完成题目要求的数据显示、界面切换、参数设置功能。

❻ 通过 LED 指示灯完成题目要求的输出指示功能。

二、性能要求

❶ 频率测量精度：±8%。

❷ 按键动作响应时间≤0.2 s。

❸ 指示灯动作响应时间≤0.1 s。

❹ "亮""暗"状态变化感知时间≤0.5 s。

三、湿度测量

通过单片机 P34 引脚测量 NE555 脉冲输出频率，频率与湿度的对应关系如图 7-32 所示，若测量到的频率不在 200～2 000 Hz 内，认为是无效数据。

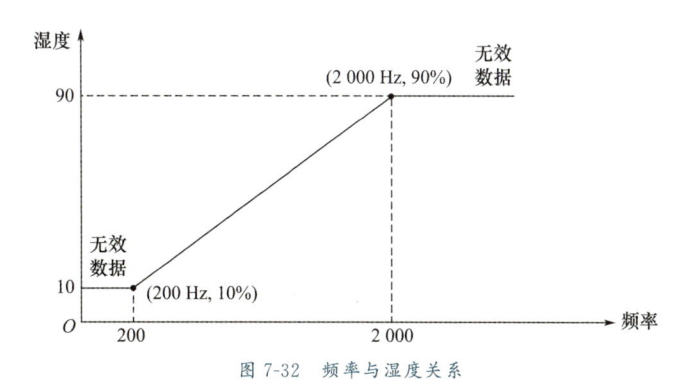

图 7-32 频率与湿度关系

四、显示功能

❶ 时间界面

时间界面如图 7-33 所示，显示内容包括时、分、秒数据和间隔符(-)，时、分、秒数据固定占 2 位显示宽度，不足 2 位补 0。

1	3	-	0	3	-	0	5
			时间显示:13时3分5秒				

图 7-33　时间界面

❷ 回显界面

回显界面包括温度回显、湿度回显和时间回显三个子界面。温度回显界面如图 7-34 所示,由标识符(C)、最大温度、间隔符(-)和平均温度组成。

C	8	2	8	-	2	3.	2
编号	熄灭	最大温度:28 ℃		间隔	平均温度:23.2 ℃		

图 7-34　温度回显

湿度回显界面如图 7-35 所示,由标识符(H)、最大湿度、间隔符(-)和平均湿度组成。

H	8	6	8	-	5	0.	4
编号	熄灭	最大湿度:68%		间隔	平均湿度:50.4%		

图 7-35　湿度回显

温度、湿度最大值为整数,平均值保留小数点后 1 位有效数字。

时间回显界面如图 7-36 所示,由标识符(F)、触发次数、时、间隔符(-)、分数据组成。

F	0	2	2	1	-	1	3
编号	触发次数:2		21时		间隔	13分	

图 7-36　时间回显

触发次数:采集功能累计触发的次数,长度不足 2 位时左侧补 0。触发时间:最近一次触发数据采集功能的时间。

当触发次数为 0 时,时间回显子界面的时、间隔符、分显示位置熄灭;温度、湿度回显子界面除界面标识符外的其他位熄灭。

❸ 参数界面

参数界面如图 7-37 所示,显示内容包括界面编号(P)、温度参数。

P	8	8	8	8	8	3	0
编号			熄灭			温度参数:30 ℃	

图 7-37　参数界面

❹ 温湿度界面

温湿度界面如图 7-38 所示,显示内容包括界面编号(E)、温度数据、间隔符(-)和湿度数据。温湿度界面下,温度、湿度数据均为整数。

E	8	8	2	2	-	4	8
编号	熄灭		温度:22 ℃		间隔	湿度:48%	

图 7-38　温湿度界面

要求:若采集到的湿度数据无效,以字符 AA 代替无效的湿度数据,温度、湿度、触发次数、触发时间等数据不在回显界面统计和计算。

❺ 显示要求

按照题目要求的界面格式和切换方式进行设计。

数码管显示无重影、闪烁、过暗、亮度不均匀等严重影响显示效果的缺陷。

温度(含参数)数据显示范围为 0~99 ℃,不考虑负温度。

五、采集触发

❶ 通过 PCF8591 采集光敏电阻与固定电阻的分压结果,光敏电阻在"挡光"条件下,认为是"暗"状态,反之认为是"亮"状态。当检测到环境从"亮"状态切换到"暗"状态时,触发一次温度、湿度数据采集功能。

❷ 采集功能触发后,数码管立刻切换到温湿度界面(图 7-38),显示本次采集到的温度、湿度数据,3 s 内不可再重复触发,3 s 后返回"原状态"。采集功能触发后的界面切换模式如图 7-39 所示。

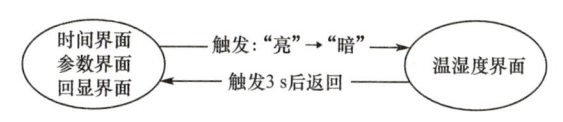

图 7-39　采集功能触发后的界面切换模式

六、按键功能

❶ 功能说明

使用 S4、S5、S8、S9 按键完成界面切换与设置功能。

S4:定义为"界面"按键,按下 S4 按键,切换显示时间界面、回显界面和参数界面,如图 7-40 所示。

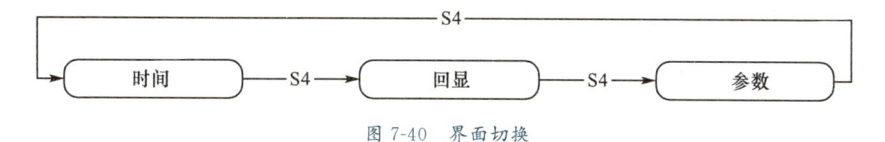

图 7-40　界面切换

S5:定义为"回显"按键,在回显界面下,按下 S5 按键,切换温度回显、湿度回显和时间回显三个子界面,如图 7-41 所示。S5 按键在时间界面无效。

图 7-41　回显子界面切换

要求:每次从时间界面切换到回显界面时,处于温度回显子界面。

S8:定义为"加"按键,参数界面下,按下后温度参数值加 1。

S9:定义为"减"按键,参数界面下,按下后温度参数值减 1;时间回显子界面下,长按 S9 超过 2 s 后松开,清除所有已记录的数据,触发次数重置为 0。

❷ 按键要求

按键应做好消抖处理,避免出现一次按键动作导致功能多次触发。

按键动作不影响数码管显示等其他功能。

S5 按键仅在回显界面有效。

S8 按键仅在参数设置界面下有效。

数码管处于温湿度界面期间,所有按键操作无效。

合理设计按键的长按和短按功能,按键功能互不影响。

七、LED 指示灯功能

❶ 界面指示灯

时间界面下,指示灯 L1 点亮,否则指示灯 L1 熄灭。

回显界面(三个子界面)下,指示灯 L2 点亮,否则指示灯 L2 熄灭。

温湿度界面下,指示灯 L3 点亮,否则指示灯 L3 熄灭。

❷ 报警指示灯

(1)采集温度大于温度参数时,指示灯 L4 以 0.1 s 为间隔切换亮、灭状态。

(2)采集到无效的湿度数据时,指示灯 L5 点亮,直到下一次采集到有效数据时熄灭。

(3)若与上一次采集到的数据相比(触发次数 N≥2),本次采集到的温度、湿度均升高,指示灯 L6 点亮,否则指示灯 L6 熄灭。

❸ 其余试题未涉及的指示灯均处于熄灭状态。

八、初始状态

请严格按照以下要求设计作品的上电初始状态:

❶ 处于时间显示界面。

❷ 默认温度参数 30 ℃。

❸ 触发次数为 0。

参考文献

[1] 宏晶科技.STC15系列单片机器件手册[Z].2011.
[2] 彭大海."蓝桥杯"全国软件和信息技术专业人才大赛(电子类)实训指导书[M].北京：电子工业出版社.2019.
[3] 徐爱钧.STC15增强型8051单片机C语言编程与应用[M].北京：电子工业出版社.2014.
[4] 赖义汉.单片机原理及应用——基于5TC15系列单片机＋C51编程[M].成都：西南交通大学出版社.2016.
[5] 周小方,陈育群.STC15单片机C语言项目开发[M].北京：清华大学出版社.2021.
[6] 项新建.单片机原理与应用[M].北京：机械工业出版社.2024.
[7] 朱兆优,陈坚,王海涛.单片机原理与应用——基于STC系列增强型80C51单片机(第3版)[M].北京：电子工业出版社.2024.
[8] 丁向荣.增强型8051单片机原理与系统开发[M].北京：清华大学出版社.2013.
[9] 何宏.单片机原理及应用[M].北京：清华大学出版社.2022.
[10] 林立.单片机原理及应用基于Proteus仿真(第5版)[M].北京：电子工业出版社.2022.
[11] 朱丹,谢云.单片机系统设计基础及应用[M].北京：北京理工大学出版社.2017.